THE
STORY
OF
MANKIND

人类的故事

〔美〕**房龙** 著

Hendrik Willem van Loon

秦立彦

译

人民文学出版社
PEOPLE'S LITERATURE PUBLISHING HOUSE

〔美〕**房龙**

Hendrik Willem van Loon

1882－1944

◎ 荷兰裔美国历史学家、作家、插画家。1882年出生于荷兰鹿特丹，1905年取得康奈尔大学学士学位，1911年取得慕尼黑大学博士学位。其作品多以散文形式讲述和评论历史事件与人物，文笔生动诙谐，深受读者喜爱。代表作品包括《人类的故事》《宽容》《地球的故事》等。

译者

秦立彦

◎ 现任北京大学中文系比较文学与比较文化研究所副教授。美国加州大学圣地亚哥校区比较文学博士，北京大学硕士、学士。主要研究领域为中美文学关系研究、英美诗歌，并著有《理想世界及其裂隙 —— 华兹华斯叙事诗研究》，译有《我孤独地漫游，如一朵云 —— 华兹华斯抒情诗选》《华兹华斯叙事诗选》等。除学术发表外，亦从事诗歌创作，出版有诗集《各自的世界》《可以幸福的时刻》《地铁里的博尔赫斯》。

人类的故事

THE
STORY
OF
MANKIND

图书在版编目（CIP）数据

人类的故事 ／（美）房龙著；秦立彦译 . — 北京：人民文学出版社，2023
ISBN 978 − 7 − 02 − 017768 − 4

Ⅰ. ①人 … Ⅱ. ①房 … ②秦 … Ⅲ. ①人类学 — 普及读物②世界史 — 普及读物 Ⅳ. ① Q98 − 49 ② K109

中国国家版本馆 CIP 数据核字（2023）第 017704 号

责任编辑　冯　娅
装帧设计　刘　远
责任印制　张　娜

出版发行　人民文学出版社
社　　址　北京市朝内大街166号
邮政编码　100705

印　　刷　北京盛通印刷股份有限公司
经　　销　全国新华书店等

字　　数　294千字
开　　本　880毫米×1230毫米　1/32
印　　张　14.875　插页3
印　　数　1—6000
版　　次　2023年2月北京第1版
印　　次　2023年2月第1次印刷

书　　号　978-7-02-017768-4
定　　价　78.00元

如有印装质量问题，请与本社图书销售中心调换。电话：010−65233595

我们的历史，发生在浩瀚宇宙中的一个小小星球上。

献给杰米

一本书要是没有图画，能有什么用？

—— 爱丽丝

前　言

给汉斯杰与威廉：

　　我十二三岁的时候，我的一个舅舅（是他教我热爱书籍和绘画）答应带我做一次难忘的探险。我将跟他一起，登上鹿特丹古老的圣劳伦斯大教堂塔顶。

　　于是，天气晴好的一天，一个教堂司事拿了把大钥匙（像圣彼得的钥匙① 那么大），打开了一道神秘的门。他说："等你们回来，想出去的时候，按门铃就行。"生锈的古老铁链子发出沉重的轧轧声，他就这样把我们与外面喧嚣的街道隔开，我们被锁进了一个充满奇特新体验的世界。

　　我平生第一次感受到如此这般的寂静。爬完了第一道楼梯后，在我对自然现象的有限认知中，又添了一个新发现 —— 伸手能摸得到的黑暗。一根火柴告诉我们朝上去的路在哪里。我们到了上面一层，然后又上一层，直到我记不清是第几层了，然后又是一层。突然，

---

　　① 《圣经》记载，耶稣十二门徒之一的圣彼得拥有通往天堂和地狱的两把钥匙。

1

周围有了足够的光亮。这一层跟教堂顶在同一高度，被当作储藏室用。几英寸厚的灰尘下，是一个神圣信仰的弃物，这城中的好居民多年前就已抛弃那一信仰了。这些东西对我们的祖先曾经意味着生与死，现在成了垃圾。"勤劳"的老鼠在雕像之间做窝，永远警觉的蜘蛛在一位和蔼圣人伸出的双臂之间忙碌。

再往上一层，我们才知道刚才的光来自哪里。敞开的大窗户上铸着粗大的铁栏，这又高又荒凉的一间屋子成了几百只鸽子的巢穴。风从铁栏间的缝隙吹进来，空气中充满了奇特而悦耳的音乐。这是我们下面的市井之声，但由于距离遥远，已经被净化。大车发出的隆隆声，马蹄发出的嘚嘚声，起重机和滑轮的轧轧声，蒸汽机发出的嘶嘶声（它可以用成百上千种方式干人力活）——这些都融为一种轻柔的沙沙低语，而鸽子的咕咕叫声，则衬托在这美好的声音背景前面。

楼梯到这里结束，下一段是爬梯子。第一段梯子很古老，滑溜溜的，叫人不得不小心地用脚探索。爬过这段梯子后，又是新的更大的奇观——给全城报时的时钟。我看到了时间的心脏。我可以听到快速行走的秒针的沉重脉搏——一声、两声、三声，直到六十声。这声音让我们突然感到战栗，似乎大钟所有的齿轮都停止了走动，一分钟的时间就这样从永恒中切割了下来。大钟不停步地又开始了下一分钟，一分钟、两分钟、三分钟。直到最后，一声轰鸣，似在发出警告，许多齿轮摩擦在一起，然后在我们头顶上发出雷鸣般的声音，向世界宣告正午的来临。

再往上一层是钟楼。有精美的小钟，让人害怕的大钟，中间是最大的钟。当我夜半听到它的声音时，我会不寒而栗，因为那表示着火了或者发水了。它孤独而庄严，仿佛在反思过去六百年的历史，在这六百年里，它分享着鹿特丹市民的苦乐。它周围整齐地挂着小钟，仿佛老式药房里整齐排列的蓝罐子一样。每周有两次，乡村百姓会来赶集，或买或卖，探听大千世界的新闻。这时，这些钟就为他们演奏一曲美妙的音乐。角落里则有一口黑色大钟，孑然独立，远离众人，显得无声而庄严——这是宣告死亡的钟。

再往上去又是黑暗，又是更多的梯子，比我们刚刚爬过的更陡更险，然后突然是广阔天宇的清新空气。我们到了最高的阁楼，头上是天空，脚下是城市——小小的玩具般的城市，忙碌的蚂蚁般的人们来去匆匆，人人都一心忙着自己的事。在一座座石头建筑之外则是辽阔苍茫的绿色原野。

这是我第一次看到广大的世界。

从那以后，一有机会，我就爬到塔顶上自娱自乐。爬上来并不容易，但爬那些楼梯费的力气完全值得。

而且，我知道我的回报是什么。我会看到大地和天空，我会听到我的看守人朋友讲的故事——他住在一个小棚子里，在阁楼避风的一角。他照管时钟，就像那些大小钟的父亲。他还负责发出火警。但他也有很多闲暇，那时他就吸着烟斗，悠然想着他的事。他差不多五十年前上过点儿学，读书不多，但他在塔顶上住了这么多年，已经吸取了那从四面八方环抱着他的广大世界的智慧。

关于历史，他所知甚多。对他来说历史是活生生的。他会指着河的一个转弯处说："在那儿，孩子，看到那些树了吗？奥兰治亲王①就是在那儿凿开大堤，淹了地面，拯救了莱顿。"或者，他会给我讲老默兹河②的故事，一直讲到这条大河不再是个方便的港口，而成了一条奇妙的"大道"，勒伊特与特龙普③的船就是在那里踏上著名的最后一次征程——他们为了让大海属于所有人，献出了生命。

我们还看到了那些小村庄，环绕在庇护它们的教堂周围。多年前，那教堂曾是它们的圣人保护者的家。在远方，我们可以看到代尔夫特的斜塔，沉默者威廉就是在离它的穹拱不远的地方被暗杀的。也是在那儿，格劳秀斯④学会了造第一个拉丁句子。再朝远处是又长又低矮的豪达教堂，那是伊拉斯谟最早的家园。历史证明，他的诙谐的力量，胜过好几个皇帝的大军，整个世界都知道这位少年时曾靠救济为生的人的大名。

最后是无边大海的银色海岸线。就在我们脚下，与大海形成鲜明对照的，则是斑驳的屋顶、烟囱、房子、花园、医院、学校、铁路，我们称之为我们的家，但这座塔让我们以一种新的眼光看待我们的旧居。混乱嘈杂的街道、集市、工厂、作坊，成了人类力量与意志

---

① 指荷兰国父沉默者威廉（1533—1584）。

② 默兹河：西欧河流，在荷兰入海。

③ 勒伊特（De Ruyter），特龙普（Tromp）：均为十七世纪荷兰海军将军，分别在与法国舰队、英国舰队的战斗中战死。

④ 格劳秀斯（Grotius，1583—1645）：荷兰法学家。

的清晰表达。最好的，则是从四面包围着我们的辽阔而辉煌的过去。当我们重回到日常生活中，这过去会给我们新的勇气，以面对未来的问题。

历史就是雄伟的经验之塔，是时间在过去时代的无边原野中构筑起来的。想到达这一古老建筑的顶部，看到全貌，并非易事。塔里没有电梯，但年轻人可以用强有力的双脚登上去。

现在，我把大门的钥匙给你们。

你们回来的时候，就会明白我为什么热衷于此。

亨德里克·威廉·房龙

在遥远北方一个叫斯维斯约德①的土地上，耸立着一块巨石。它有一百英里高、一百英里宽。每隔一千年，就有一只小鸟飞到这块巨石上，磨砺自己的喙。

巨石就这样被磨光之后，永恒中才过了一天。

---

① 斯维斯约德（Svithjod，也拼成 Svithiod）：即瑞典（Sweden）。

目　录

1. 舞台布景 · 1

2. 我们最早的祖先 · 8

3. 史前人类 · 12

4. 象形文字 · 15

5. 尼罗河谷地 · 20

6. 埃及的故事 · 25

7. 两河流域 · 28

8. 苏美尔人 · 30

9. 摩西 · 36

10. 腓尼基人 · 39

11. 印欧人 · 42

12. 爱琴海 · 45

13. 希腊人 · 50

14. 希腊城市 · 54

15. 希腊的自治 · 58

16. 希腊生活 · 61

17. 希腊戏剧 · 66

18. 波斯战争 · 69

19. 雅典对阵斯巴达 · 75

20. 亚历山大大帝 · 77

21. 小结 · 80

22. 罗马与迦太基 · 83

23. 罗马的崛起 · 98

24. 罗马帝国 · 101

25. 拿撒勒的约书亚 · · · · · · · · · · · · · · · · · · · 111

26. 罗马的衰亡 · 116

27. 教会的崛起 · 122

28. 穆罕默德 · 129

29. 查理大帝 · 135

30. 北欧人 · 141

31. 封建社会 · 145

32. 骑士制度 · 150

33. 教皇对阵皇帝 · 153

34. 十字军东征 · 160

35. 中世纪城市 · 166

36. 中世纪的自治 · 178

37. 中世纪世界 · 183

38. 中世纪的贸易 · 191

39. 文艺复兴 · 198

40. 表现的时代 · 212

41. 大发现 · 219

42. 佛陀与孔子 · 234

43. 宗教改革 · 244

44. 宗教战争 · 255

45. 英国革命 · 272

46. 势力均衡 · 287

47. 俄罗斯的崛起 · 292

48. 俄罗斯对阵瑞典 · 299

49. 普鲁士的崛起 · 304

50. 重商主义 · 308

51. 美国革命 · 312

52. 法国革命 · 322

53. 拿破仑 · 337

54. 神圣同盟 · 349

55. 大反动 · 362

56. 民族独立 · 370

57. 发动机的时代 · 390

58. 社会革命 · 401

59. 解放 · 407

60. 科学的时代 · 414

61. 艺术 · 421

62. 殖民扩张与战争 · 435

63. 新世界 · 445

64. 颠扑不破的真理 · 454

附录 图画年表 · 455

1. 舞台布景

我们生活在一个巨大问号的阴影之下。

我们是谁？

我们来自哪里？

我们去向何方？

我们凭着韧性与勇气，慢慢地把这问号一步步推向遥远的地平线 —— 我们希望在地平线之外找到答案。

我们并没走出多远。

我们所知仍很少，但我们已经到达了这样一个阶段：我们能相当准确地猜测很多事。

在本章，我将凭我们现有的知识告诉你，人类第一次出现的时候，舞台布景是怎样的。

如果把动物在地球上生存的时间表示成这么长的一条线，下面

那条小小的线，就代表人类（或多多少少类似人的生物）在地球上生活的时间。

人类是最后一个登场的，但却是第一个用自己的大脑来征服自然力量的。就是由于这个原因，我们要研究人类，而不是研究猫、狗、马或别的什么动物——当然，这些动物身后也都有自己非常有趣的发展史。

雨下个不停

就我们所知，我们居住的星球一开始是个燃烧的大火球，是浩瀚的宇宙海洋中的一小团云烟。慢慢地，经过了几百万年，地球表面烧完了，外面覆盖了薄薄的一层岩石。倾盆大雨下个不停，落在这毫无生气的岩石上，磨蚀了坚硬的花岗岩，把泥沙带入山谷。在冒着热气的地球上，这些山谷隐藏在高高的悬崖之间。

最后，时机到了，太阳冲破乌云，它看到这个小星球上有几个

小水洼 —— 水洼后来发展成了东西半球浩渺的海洋。

然后有一天，伟大的奇迹发生了。本是无生命之物，却诞生出了生命。

第一个有生命的细胞，漂浮在海面上。

几百万年中，它漫无目的地漂流着，随波逐流。但在这段时间里，它培养出了一些习性，使它能在环境恶劣的地球上更易存活下来。这些细胞中，有的最喜欢待在湖泊、水洼的黑暗深处，它们在水中沉积的淤泥里扎了根（淤泥是水从山顶带下来的），成了植物。其他细胞则喜欢四处游走，长出了奇怪的有关节的腿，像蝎子那样，开始在海底爬行，它们周围是植物以及水母般的淡绿色生物。还有一些细胞身上覆盖了鳞片，靠着游泳的动作，从一处到另一处觅食。它们逐渐让海洋里布满了成千上万种鱼类。

同时，植物的数量也越来越多，它们开始寻找新的生长环境 —— 海底空间已经不够它们施展。它们不情愿地离开了水，在沼泽、山脚的滩涂上开辟了新家园。一天两次的海洋潮汐以咸咸的海水把它们淹没。其余的时间里，这些植物努力适应自己不惬意的环境，力求在当时包围着地球表面的空气中生存下来。经过千万年的训练，它们学会了如何在空气中也跟在水里一样舒适地生活。它们变得越来越大，长成了灌木和树。最后它们还学会了开出美丽的花朵，吸引忙碌的大黄蜂和鸟。鸟把植物的种子带到远方，直到整个地球上都覆盖着青青草原，或者都沐浴在大树的阴凉之下。

有的鱼也开始离开大海，学会了既用鳃呼吸，也用肺呼吸。我

3

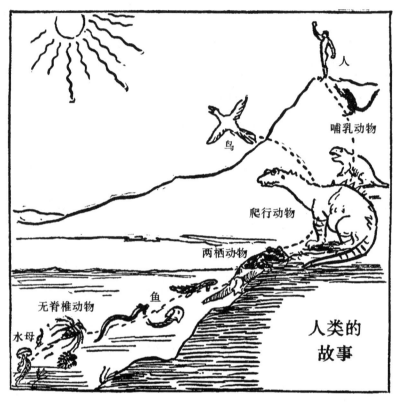

人类的攀升

们称之为两栖动物，意思是它们无论在地面还是在水里，都能自如地生活。从你面前的路上爬过的第一只青蛙就能告诉你，拥有两栖动物的双重身份有多么惬意。

这些动物离开了水，就逐渐适应陆地的生活。它们有的成了爬行动物（像蜥蜴一样在地上爬），与昆虫共享森林的寂静。为了能在柔软的土地上更快移动，它们的腿越来越发达，个头越来越大，直

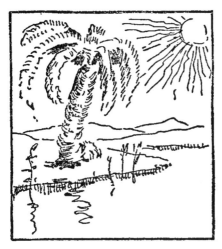

植物离开海洋

到整个世界都布满了这些庞然大物（生物学手册把它们称为鱼龙、巨齿龙、雷龙）。它们一直长到三四十英尺① 长，能像成年的大猫跟小猫咪玩一样，逗现在的大象玩儿。

爬行动物家族中的某些成员开始在树上生活（当时的树常常高达一百多英尺）。它们已不需要用腿行走，但它们必须迅速地从一个树枝移到另一个树枝。于是，它们把自己的一部分皮肤变成了"降落伞"，从身体两侧一直伸展到前脚的小脚趾。逐渐地，它们在这个皮"降落伞"外面覆盖上羽毛，把尾巴变成转向杆，从一棵树飞到另一棵树，成了真正的鸟类。

此后发生了一件怪事儿。所有大型爬行动物都在很短时间内灭绝了。我们不知其原因，大概是因为气候的骤然变化。或者因为它

---

① 1英尺约为0.3米。

们长得太大，既无法游泳，也走不动、爬不动，眼睁睁看着高大的蕨类植物和树木，但就是够不到，于是饿死了。不论原因如何，巨大爬行动物的百万年之久的帝国，就这样灭亡。

然后，世界上开始出现与从前大不相同的生物。它们是爬行动物的后代，却与爬行动物迥异。它们用母亲的乳房来哺育幼儿，现代科学称它们为"哺乳动物"。它们蜕去了鱼的鳞，也没有换上鸟的羽毛，而是在体外覆盖了毛发。哺乳动物发展出了一些别的习性，使其种族优越于其他动物。母亲把幼子的卵置于体内，直到出生。此前，所有其他动物都让自己的幼崽暴露于冷热等极端环境，以及野兽袭击的危险之下，哺乳动物则把幼崽长期带在身边，在幼崽还太弱小，无法抗击敌人时，保护着幼崽。这样，幼崽存活的概率就大得多，因为它们从母亲那里学会了很多本领。如果你见过猫教小猫咪照顾自己，比如如何洗脸、如何捉老鼠，你就能明白这一点。

关于哺乳动物我无须多说，因为你很熟悉它们。你周围到处都是。它们是你在街上、在家中的日常伙伴，而在动物园的铁栅栏后面，你还能看到自己不太熟悉的"远亲"。

现在，我们到了该分道扬镳的地方了。人类离开了浑浑噩噩、自生自灭的生物的漫长队伍，开始用自己的理性，塑造种族的命运。

有一种哺乳动物，寻找食物和栖身之所的能力尤其出众。它学会了用前脚拿取猎物，经过练习，它发展出了手一般的爪。无数次尝试后，它学会了把全身重量都放在后腿上（这是个高难度动作，虽然人类做这动作已有一百多万年之久，但每个孩子出生后都要重新学习）。

这个动物似猴似猿，又胜过二者。它成了最成功的捕猎者，在任何气候下都能存活下来。为了更安全，它常常成群活动。它学会了发出奇怪的嘟啾声，警告幼崽有危险迫近。过了几十万年，它开始用喉咙里发出的这些声音来交谈。

也许你很难相信，这个动物就是你的第一个"类人的"祖先。

2. 我们最早的祖先

关于第一批"真正的"人，我们所知甚少。我们没见过他们的照片。在古老土地的最深一层泥土中，我们有时会发现他们的骨头碎片，埋在其他动物的残骸中，那些动物早已从地球上消失。人类学家（这是些渊博的科学家，致力于把人作为动物界的一员来研究）拿到了这些骨头，比较准确地重现了我们的最早祖先。

人类的曾曾祖父，是一种丑陋的、毫无魅力的哺乳动物。他很

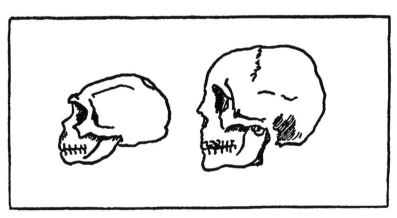

人类头骨变大

矮小，比现代人矮小得多。日光的暴晒、严冬的刺骨寒风使他的皮肤变成了深棕色。他的头上，大部分躯干上，还有臂上、腿上，都覆盖着长长的粗毛。他手指很细，但很有力，使他的手看起来仿佛猴子的爪子。他前额很低，长着类似野兽的下颚，他把牙齿当作刀叉来用。他不穿衣服。除了轰鸣的火山喷出的火焰（火山让大地上布满了浓烟和岩浆），他没见过别的火。

他生活在潮湿、黑暗、广袤的森林中（直到今天，非洲的俾格米人①仍住在这种地方）。他饥饿时，就吃植物的生叶子和根，或者从一只愤怒的鸟那里拿走鸟蛋，给自己的孩子吃。偶尔地，他经过漫长而耐心的追逐后，也能捉到一只麻雀或小野狗，或一只兔子。这些他都生吃，因为他从来不知道食物烹过之后味道更好。

白天的时间，这个原始人四处游荡，寻找食物。

当夜幕降临大地，他把妻儿藏在空树干里，或藏在大石头后面。因为四周都是凶猛的野兽，天黑时这些野兽就开始游荡，为自己的配偶和孩子寻找食物。它们喜欢人肉的滋味。在那个世界里，你要么吃，要么被吃，生活极不舒服，充满了恐惧和痛苦。

夏天，他要忍受日光暴晒。冬天，他的孩子会在他怀里冻死。当他受了伤（捕猎的动物总是容易骨折，或者扭伤脚踝），没人照顾他，他只能惨死。

动物园里的很多动物都会发出奇特的叫声。像它们一样，早期

---

① 俾格米人（Pygmies）：非洲的原始民族，个子矮小。

的人也喜欢嘟哝。他不停重复同样的、不清楚的咕哝，因为他喜欢听到自己的声音。过了很长时间，他意识到，危险临近时，他可以用喉咙发出的这种声音来警告同伴。他会发出某些小小的尖叫，现代的意思大致是"来了头老虎"或者"来了五头大象"。然后别人也朝他发出一些声音，意思是"我看到了"，或者"我们快跑，躲起来"。这大概就是所有语言的起源。

但我前面已经说过，关于这些最初的事，我们所知甚少。早期的人没有工具，也不盖房子。他们生存，死亡，只留下几根锁骨、几块头骨，此外便没有他们存在过的其他迹象。这几块骨头告诉我们，几百万年之前，世界上生活着某种哺乳动物，跟所有其他动物都很不一样。这种动物大概起源于另一种未知的猿一般的动物，学会了用后腿走路，以前爪为手。它们很可能跟我们自己的直系祖先有关。

我们知道的少而又少，剩下的全是未解之谜。

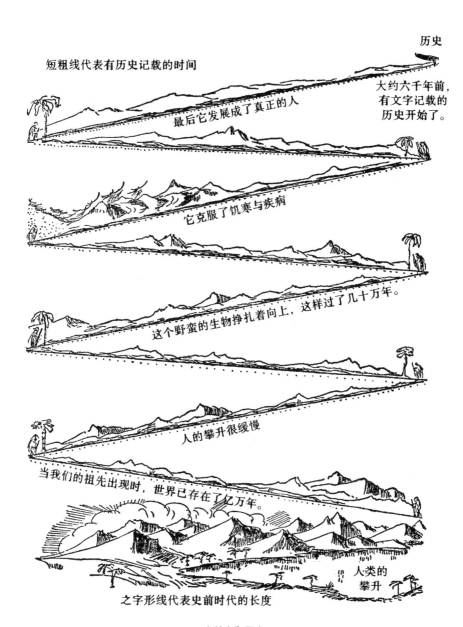

短粗线代表有历史记载的时间

历史

最后它发展成了真正的人

大约六千年前,
有文字记载的
历史开始了。

它克服了饥寒与疾病

这个野蛮的生物挣扎着向上,这样过了几十万年。

人的攀升很缓慢

当我们的祖先出现时,世界已存在了亿万年。

人类的
攀升

之字形线代表史前时代的长度

史前史和历史

3.史前人类

史前人类开始为自己制造物品

早期人类不知道什么是时间。他并不记着生日、结婚纪念日，或者忌日。他没有天、星期甚至年的概念。但他笼统地记着季节的变化，因为他已经注意到，寒冬之后总是温暖的春天。春天变成炎热的夏天，果实成熟，玉米须可以吃了。当突然刮起的风把叶子从树上吹下来，一些动物开始准备漫长的冬眠时，夏天就结束了。

但现在发生了一件骇人的奇事，天气似乎出了问题。温暖的夏天来得太迟，果实都来不及成熟。本来覆盖着青草的山顶，现在深埋在一层厚厚的积雪下面。

然后，有一天早晨，几个与当地人不同的野人，从高山地区游荡下来。他们看起来很瘦，似乎在挨饿。他们发出谁也听不懂的声音，似乎在说他们很饿。食物不够老居民和新来者吃的。他们想多待几天，这时爆发了可怕的战争，他们以爪一般的手脚为武器，一家子一家子的人被杀死。其余的人逃回山坡上，在下一场暴风雪中死于非命。

住在森林中的人们非常害怕。白天变得异常地短，夜晚变得异常地冷。

最后，在两座高山之间的一个豁口中，出现了一小块发着绿光的冰。它迅速变大。一块巨大的冰川顺着山坡滑下来，把巨石推到山谷中。随着十几声雷鸣般的巨响，冰、泥浆、大块的花岗岩，像下雨一般，突然落在森林中熟睡的人们身上，砸死了他们。已经生长了上百个年头的树，被压成了引火棍儿。然后开始下雪。

雪接连不停地下着。植物都死了，动物仓皇逃窜，寻找南方的太阳。人类把孩子背在背上，跟那些动物一起逃生。但人走得不如野兽那么快。要么是快想办法逃生，要么就是很快死掉，他们不得不在这两者之间进行选择。他们似乎选择了前者，因为人们设法在可怕的冰川时期生存了下来——这样的冰川期共有四次，差点儿消灭地球上的所有人。

首先，人必须穿上衣服，否则就会冻死。他学会了挖大洞，把洞口用树枝和树叶盖上，用这些陷阱来捕捉熊和土狼。然后，他用大石头把它们砸死，用它们的皮给自己和家人做外衣穿。

接下来就是居住问题。这很简单，很多动物都习惯于睡在黑暗的洞穴中。人类也学着它们的样子，把它们从温暖的巢穴里赶出去，将洞据为己有。

即便如此，对大多数人来说，气候还是太严酷了，老人孩子尸体枕藉。然后，一个天才想到了火。他有一次外出狩猎，曾被困在森林大火中，他记得差点儿被火烤死。在此之前，火都是敌人，现在火成了朋友。人们把一根枯木拖进洞里，用燃烧的树枝点燃它，洞穴于是成了一个舒适的小房间。

然后，有一天晚上，一只死鸡掉进火里。等人们把它捡出来，它已经烤熟了。人们发现，鸡肉烧过后味道更美。于是，人类立即改变了自己跟其他动物共有的旧习惯，开始做饭。

就这样，几千几万年过去，只有具备最聪明头脑的人，才生存下来。他们必须日夜与饥寒斗争，他们被迫发明了工具。他们学会了如何把石头磨成斧子，如何做锤子。他们不得不储备大量食物，以应付漫长的冬日。他们发现黏土可以做成碗、罐，然后在阳光下晒硬。就这样，冰川期本来险些毁灭人类，却成了人类最伟大的老师，迫使人使用自己的头脑，学会思考。

4.象形文字

埃及人发明了文字，有文字记载的历史开始了

我们最早的祖先，也就是住在欧洲广袤荒野中的那些人，很快就学会了很多新事物。可以断言，经过足够长的时间，他们会放弃野蛮人的生活方式，发展出自己的文明。但是，他们与世隔绝的生活突然就终止了，因为他们被发现了。

从未知的南方来了一个旅行者，他大胆地渡过海洋，穿越高山，见到了欧洲大陆的野蛮人。他来自非洲，他的家在埃及。

其实在西方人梦想到叉子、轮子、房子之前几千年，尼罗河谷地就已出现了高度的文明。因此，让我们先把我们的祖先留在洞穴里，去探访一下地中海的南岸和东岸，那里是人类最早的摇篮。

埃及人教会了我们很多东西。他们是优秀的农夫，精通灌溉。他们兴建的庙宇，后来被古希腊人效仿，也是教堂的最早范本（我们至今还在这样的教堂中祈祷）。他们发明的历法很有用，可以测量时间，经过若干修改，一直沿用至今。但最重要的是，埃及人学会了

怎样把言语保存下来，留给后世。他们发明了文字。

我们已经习惯了报纸、书籍、杂志，想当然地以为人类一直以来就会读书写字。实际上，文字这一最重要的发明是很晚的事。没有文字资料，我们就会像猫和狗一样：它们只能教自己的孩子几件简单的事，由于不会写字，它们无法利用以前一代代猫和狗的经验。

公元前一世纪，罗马人来到埃及时，他们发现河谷中到处都是奇怪的小图画，似乎跟这个国家的历史有关。庙墙、宫墙，以及大量用莎草做成的纸上，都布满了这种图画。但罗马人对任何"异国的"东西都不感兴趣，没有去探究这些奇怪图形的起源。在埃及，只有祭司才知道创作这些图画的神圣艺术，但最后一位这样的祭司已在若干年前死去。丧失了独立的埃及成了一个储藏室，装满重要的历史文献，却没人能破译它们，它们没什么实际用处。

十七个世纪过去了，埃及依旧是一个神秘国度。1798年，一个名叫拿破仑·波拿巴的法国将军碰巧来到东非，准备进攻英属印度殖民地。他没能渡过尼罗河，他的战役也失败了。但凑巧的是，法军这次著名远征解决了古埃及的象形文字问题。

一天，一个年轻的法国军官，因为厌倦了罗塞塔河（尼罗河河口的一条支流）边上小要塞的单调生活，决定在尼罗河三角洲的废墟中搜寻一番，以此打发几小时的无聊时光。瞧！他发现了一块令他大惑不解的石碑。跟埃及的其他很多东西一样，石碑上布满小图案。但这块黑色玄武岩石碑跟以前发现的一切又都不同。它上面刻着三种文字，其中一种是希腊文。希腊文是人们知道的，于是他推断说，

"只需把希腊文跟埃及图案比较，就能马上揭示其秘密。"

听来很简单，但这谜却用了二十多年的时间才解开。1802年，一位名叫商博良的法国教授开始比较这块著名的罗塞塔石碑上的古希腊文和埃及文。1823年，他宣布自己明白了十四个小图形的意思。不久，他就因劳累过度而死，但埃及文字的主要规则则已经被世人所知。于是，现在我们对尼罗河谷地知道得比密西西比河上的事还多，因为尼罗河拥有四千多年有文献记载的历史。

古埃及象形文字（英文的意思是"神圣的文字"）在历史上扮演了极为重要的角色，有几个象形文字改头换面之后，甚至出现在我们的字母表里。所以，你应该了解一下，五千年前人们是用怎样巧妙的体系来为后人保留口头语言的。

当然，你知道什么是符号语言。美洲平原上的每个印第安故事，都有一章写的是奇怪信息，用小图案写成，告诉我们人们杀了多少头野牛，某一队列里有多少猎手。一般来说，这些信息并不难懂。

但古埃及的文字并非符号语言。尼罗河畔这个聪明的民族，早已超越了那一阶段。他们这些图形的意义要远远超过图形本身所画之物。我下面就努力解释给你听。

假设你是商博良，正在研究一摞莎草纸，纸上写满象形文字。突然你看到一个图形，画一个人拿着一把锯。你可能会说："啊，这当然是说一个农夫出去砍树。"然后你又拿起一张莎草纸，它说的是一个女王的故事，她八十二岁时去世了。在某句中间，又出现了"人拿锯"的图形。八十二岁的女王是不会拿锯子的。所以，这个图形是别的意思，但究竟是什么意思呢?

商博良这个法国人最终解开了谜。他发现，埃及人是第一个使用我们现在说的"语音文字"的。这一文字系统再现的是口语的"声音"（语音），借助它，就能把所有口头用语都转化成书面形式，只要几个点、横杠、S形符号等就行了。

让我们回头看一下拿着锯子的这个小人儿。锯① 也许代表你在木匠店里看到的那种工具，或者代表"看"② 这个动词的过去式。

在千百年的时间里，这个字的变化历程是这样的。一开始，它只代表它画出来的那种工具。然后，这一意义消失，它成了一个动词的过去式。过了几百年，埃及人又抛弃了这两种意义，图形开始只代表一个字母，就是字母 S。下面的短句会说明我的意思。这是一个现代英语的句子，假如写成象形文字，可能会是这样的:

的意思，可以是你头上这两个让你看见物体的圆东西（眼睛）。或者，它可以是"我"③，也就是说话人。

---

① 英文为"saw"。

② 英文为"see"。

③ 英文为"I"。

图形 ，可以是只采蜜的昆虫，也可以是动词 "be"，意思是 "存在"。再进一步，它可以是动词 "be-come" 或 "be-have" 的第一部分。在前面列举的句子中，它后面是图形 ，可以表示 "叶子"①，或动词 "leave" 或 "lieve"（三个词的读音是一样的）。

然后又是我们见过的 "eye"。

句子最后是图形 。这是一只长颈鹿，它属于古老的符号语言，象形文字就是从符号语言发展而来的。现在你不用太费力，就读出了这个句子：

"I believe I saw a giraffe."（我觉得我看到了一只长颈鹿。）

埃及人发明这一体系后，用几千年的时间来发展它，直到他们能写下自己想写的一切。他们用这些 "记录声音的字"，给朋友传递信息，记账，记载自己国家的历史，以便后世能从前人的错误中吸取教训。

---

① 英文为 "leaf"。

5. 尼罗河谷地

尼罗河谷地的最初文明

人类的历史，就是一个饥饿的生物寻觅食物的历史。哪里食物丰富，人类就去哪里定居。

尼罗河谷地必定很早就声名远播。人们从非洲内陆，从阿拉伯的沙漠地带，从西亚，蜂拥到埃及，分享那里富饶农田的物产。这些入侵者一起形成了一个新民族，自称为"莱米"，也就是"人"的意思，正如我们常常称美国为"上帝之国"一样。他们该感激命运把他们带到这块狭长地带。每年夏天，尼罗河把谷地变成一个浅浅的湖。水退去后，谷地和牧场上都覆盖了几英寸厚的沃土。

在埃及，一条仁慈的河，做着几百万人才能做的工作，养育了我们有史记载的最早几个大城市中的芸芸众生。诚然，并非所有的可耕地都在谷地中。但小运河和升降提水装置构成了一个复杂网络，把水从河面运到最高的河岸上。灌溉渠则构成一个更复杂的网络，把水输送到各地。

尼罗河谷

　　史前时代的人类在一天二十四小时中，得花十六个小时为自己和部落中的人觅食。埃及农夫或城市居民则发现自己有一定的闲暇。他们利用空闲时间，为自己做了很多只有装饰意义而毫无实际用处的东西。

　　当然，还不止于此。有一天埃及人发现，他的大脑可以想各种事情，这些事跟吃、睡、给孩子找住处毫无关系。埃及人开始思考自己面对的很多奇怪问题。星星从哪里来？ 那让他如此恐惧的雷声是谁发出来的？ 谁让尼罗河定期泛滥，以至于可以根据洪水的消长来制作历法？他自己，一个奇怪的小生物，被死亡与疾病包围，而他却这样快乐，这样充满欢笑——他自己又是谁呢？

他问了这些问题。有一些人亲切地走上前来，努力回答这些问题。埃及人把这些人叫"祭司"。他们成了埃及人思想的守护者，在社会上赢得了很高威望。他们知识渊博，还承担了做文字记录的神圣任务。他们认为，人类不能只考虑此世中与自己切身相关之事。他们让人把注意力转向来世，那时，人的灵魂住在比西边的大山更往西的地方，必须向奥西里斯陈述自己的所作所为（大神奥西里斯统治着生者与死者，按照人们的德行来评判其行为）。实际上，祭司们过度夸大了伊西斯①和奥西里斯所控制的来世，以至于埃及人开始把一生只看作来世的短暂预备期。他们把人烟稠密的尼罗河谷地，变成了一块献给死者的土地。

奇怪的是，埃及人相信肉体是灵魂在尘世的栖身之所，没有了肉体，灵魂也无法进入奥西里斯的国度。因此，一旦人死了，亲属就会把他的尸体涂上油，在碳酸钠溶液中浸泡几星期，然后在里面填上沥青。波斯语称沥青为"Mumiai"，涂了油的尸体就被称作"木乃伊"。尸体用长长的专门的麻布包裹起来，放在专门预备的棺材中，准备抬到最后的存放处。埃及的坟墓是真正意义上的家。尸体周围环绕着家具、乐器（以消磨无聊时光），还有厨师、面包师、理发匠的小塑像（这样，这个黑暗之家的主人就能有美食吃，也不会没人给

---

① 伊西斯：奥西里斯的妻子。

修建金字塔

他剃胡子）。

　　本来这些坟墓是挖在西边山上的岩石中的。但随着埃及人朝北迁移，他们被迫在沙漠上修建墓地。沙漠上到处是野兽，还有同样凶猛的强盗，他们挖开坟墓，翻动木乃伊，或者抢走陪葬的首饰。为防止这种可恶的亵渎神灵的行为，埃及人常常在坟墓上堆起小石堆。小丘越来越大，因为富人的丘比穷人的高，大家互相攀比，看谁的石头山最高。记录是由法老胡夫创下的，古希腊人称他为基奥普斯，他生活在公元前三千年。他的坟丘被希腊人称为金字塔①，这座金字塔有五百多英尺高。

它占据了十三英亩多的沙漠，比圣彼得教堂还大三倍，而圣彼得教堂是基督教世界最大的建筑。

十几万人用了二十年的时间，忙着把所需的石头，从河对岸运过来，运过尼罗河（我们不知道他们是怎样做到这一点的），多次将其在沙漠中拖拉很长的距离，最后放在正确的位置。但这位法老的建筑师和工程师做得极为出色，大石头金字塔中心通往墓室的窄通道，并没有被四周成千上万吨石头压变形。

---

① "金字塔"英文为"pyramid"，因为古埃及人称"高"为"pir-em-us"。

6.埃及的故事

埃及的兴衰

尼罗河是人类的好友，但它偶尔也是严厉的监工。它教给两岸居民"团队协作"的伟大艺术。人们彼此依赖，修灌溉渠，维护堤防。这样，他们学会了如何跟邻居相处。他们通过互惠的合作，很容易就发展成了一个有组织的国家。

然后，某个人变得比大多数邻居都强大，成了社会的领袖。当心怀妒忌的西亚邻居侵入这富饶谷地，他又成了总司令。经过相当长的时间，他成了他们的王，统治着从地中海到西部山区的所有土地。

但庄稼地里勤劳耐心的农夫对这些古代法老（意思是"住在大房屋里的人"）的政治行动不太感兴趣。只要他不被迫朝国王交纳他认为不公正的赋税，他就接受法老的统治，正如他接受伟大的奥西里斯的统治一样。

但如果一个外来入侵者夺取了他的财产，情况就不同了。在过了两千年的独立生活之后，一个叫希克索斯的野蛮的阿拉伯牧人部落，入侵了埃及。以后的五百年里，他们成了尼罗河谷地的主人。他们很不受欢迎。还有一群犹太人在沙漠中游荡了很长时间后，也来到了歌珊地①，寻找栖身之所。他们帮助希克索斯人篡位，向他们收税，给他们当官。对这些希伯来人，埃及人也恨之入骨。

公元前1700年后不久，底比斯的居民暴动，经过长期斗争，希克索斯人被赶出去，埃及又一次独立。

一千年后，当亚述征服了整个西亚，埃及成了萨丹纳帕勒斯②的帝国的一部分。公元前七世纪，埃及再次成了独立国家，听命于住在尼罗河三角洲萨伊斯城中的国王。公元前525年，波斯国王冈比西斯占领了埃及。公元前四世纪，波斯被亚历山大大帝所灭，埃及成了马其顿的一个省。亚历山大的一位将军自立为新埃及国的国王，建立了托勒密王朝，定都于新建的亚历山大城。这时，埃及重新获得了近于独立的地位。

最后，公元前39年，罗马人来了。埃及的末代女王克娄巴特拉努力想挽救自己的国家。对罗马的将军来说，她的美貌和魅力，比七八个埃及军团更危险。她两度攻克了罗马统治者的心③。公元前30年，恺撒的甥外孙和继任者屋大维来到亚历山大城。他并不像恺撒

---

① 歌珊地（Goshen）：《圣经》中以色列人出埃及前所居住的肥沃的下埃及地区。

② 萨丹纳帕勒斯 (Sardanapalus)：传说中的亚述国王。

③ 恺撒和安东尼都爱上了她。

那样，倾慕这位美丽的女王。他摧毁了女王的军队，但饶了她的命，这样他在凯旋的时候，就能让她走在战利品的行列中。克娄巴特拉听说了这一计划，服毒自尽。埃及自此成了罗马的一个省。

7. 两河流域

两河流域 —— 东方文明的第二个中心

我将带你到最高的金字塔顶上，请你想象自己有鹰一般的眼睛。在极为遥远的地方，越过沙漠的黄沙，你会看到某种绿色的闪光之物，那是位于两条河之间的一个谷地，《旧约》中的天堂。它是一块神秘而奇异的土地，希腊人称之为"美索不达米亚"，意思是"两河流域"。

这两条河，一条是幼发拉底河（巴比伦人称之为普拉图），另一条是底格里斯河（也叫迪克拉特河）。它们发源于亚美尼亚山上的积雪（诺亚方舟就是在亚美尼亚的山上找到了落脚的地方），缓缓流经南边的平原，最后到达波斯湾的滩涂。它们很有用，把西亚的干旱地区变成了肥沃的花园。

尼罗河谷地之所以吸引人，是因为它让人不用太费力气就能得到食物。出于同样原因，两河流域也大受欢迎。这是一块充满希望的土地。不论北部山区的居民还是南边沙漠中游荡的部落，都想将其据为己有，排挤掉别人。山地人和沙漠游牧部落之间的长期争斗导致了无休止的战争，只有最强壮、最勇敢的人才有希望生存下来。这就告诉我们，为什么两河流域养育了一个强悍的民族，他们创造了各方面都与埃及不相上下的文明。

8. 苏美尔人

苏美尔人的楔形文字作者,用泥板告诉我们闪族人的大熔炉亚述和巴比伦的故事

十五世纪是大发现的时代。哥伦布想要找到去震旦岛的路,却误撞上了一个无人知晓的新大陆。一个奥地利主教装备了一支探险队,打算朝东进发,寻找莫斯科大公国的所在地,此次旅行完全失败,又过了一代人的时间,西方人才拜访了莫斯科。同时,一个叫巴布洛的威尼斯人探索了西亚的废墟,回来报告说,他发现设拉子① 庙宇的石头上,以及数不清的泥板上,刻着一种奇特的文字。

欧洲人当时正忙着别的事。直到十八世纪末,第一件"楔形文字铭文"②,才由丹麦土地测量员尼布尔带回欧洲。又过了三十年,一个名叫格罗特芬德的耐心的德国教师,解读出了头四个字母,D、A、R、

---

① 设拉子(Shiraz):伊朗古城。

② "楔形文字"英文为"cuneiform",源于拉丁语。此种文字由削尖的芦苇秆或木棒在软泥板上书写,线条笔直形同楔形。

SH，这是波斯国王大流士的名字。又过了二十年，英国军官亨利·罗林森（他发现了著名的贝希斯敦铭文）给我们提供了解开西亚楔形文字之谜的可行线索。

同解读楔形文字相比，商博良的工作就显得容易了。埃及人用的是图画，但两河流域最早的居民苏美尔人想出了把话语写在泥板上的主意。他们完全摒弃了图画，而发展出一种 V 形图形，这些图形跟它们所起源的图形看不出有多大关联。举几个例子来说明我的意思。最开始，如果用钉子把一颗星星画到泥板上，看起来大概是这样子的 。但这个图形太复杂。过了不久，在星星的

意思之外，又添了"天空"的意思，图形简化成了这样 ，看起来更让人迷惑不解了。同理，牛从 变成了 。鱼从

 变成了 。太阳本来是一个普通的圆 ，后来

成了 。如果我们今天用苏美尔文字，我们会把 写成

。这种把想法记录下来的体系，看起来相当复杂，但在三千多年的时间里，苏美尔人、巴比伦人、亚述人、波斯人，以及侵入这

一富饶谷地的所有其他民族，都使用着它。

　　两河流域的故事，就是无休止的战争与征服。先是苏美尔人从北方来了，他们是白人，本来住在山区。他们习惯在山顶上崇拜自己的神，进入平原后，他们建造了人工的小山，在山顶筑起祭坛。他们不知如何造台阶，所以他们的塔周围环绕着倾斜的走廊。我们的工程师借用了这一想法，你在我们的大火车站里会看到上升的走廊，从一层通到另一层。我们大概还从苏美尔人那里借用了别的想法，只是我们不知道罢了。苏美尔人完全被后来进入这富饶谷地的民族同化，但他们的塔仍矗立在两河流域的废墟中。犹太人流亡到巴比伦时，看到了这些塔，称之为巴比里塔，或巴别塔。

巴别塔

公元前4000年，苏美尔人就进入了两河流域。他们后来很快被阿卡德人征服。阿卡德人是来自阿拉伯沙漠的众多部落之一，这些部落说共同的方言，被称作"闪族人"，因为以前，人们以为他们是闪（诺亚的三个儿子之一）的嫡系后裔。一千年后，阿卡德人屈从于阿摩利人。这又是一个闪族的沙漠部落，他们的伟大国王汉谟拉比在圣城巴比伦建了一座豪华的王宫，向臣民颁布了一套法律，使巴比伦国成了古代世界中管理得最井井有条的帝国。然后，赫梯人席卷了这富饶的谷地，凡是带不走的都毁掉（在《旧约》中你也能见到赫梯人）。他们反过来又被沙漠大神阿舒尔的崇拜者征服，这些人自称亚述人，他们让尼尼微城成了一个令人心惊胆寒的大帝国的中心。

尼尼微

圣城巴比伦

亚述帝国征服了整个西亚、埃及，向数不清的臣服民族收税。这种局面一直延续到公元前七世纪末，这时，闪族的另一个部落迦勒底人重建了巴比伦，使巴比伦成了当时最重要的都城。尼布甲尼撒是他们的国王中最著名的一个，他鼓励科学研究。我们现代的天文学和数学知识，其最初的一些准则都是迦勒底人发现的。公元前538年，一支粗鲁的波斯牧人部落入侵了这片古老的土地，推翻了迦勒底帝国。二百年后，他们又被亚历山大大帝推翻。亚历山大把"富饶谷地"这个古代众多闪族部落的熔炉，变成了希腊的一个省。此后又来了罗马人，然后是突厥人。两河流域，世界文明的第二个中心，成了一大片荒野，巨大的土丘讲述着古代的辉煌故事。

9. 摩 西

犹太人的领袖摩西的故事

公元前两千年左右，闪族牧人中一个不起眼小部落的居民，离开了自己旧日的家园——位于幼发拉底河河口的吾珥，想在巴比伦王的国土内找到新牧场。他们被皇家军队赶走，于是朝西去，想寻找一块无主之地，支起自己的帐篷。

这支牧人部落被称为希伯来人，就是我们通称的犹太人。他们四处游荡。多年单调的漫游之后，他们在埃及找到了栖身之地。有五百多年的时间，他们生活在埃及人当中。当他们的居住国被希克索斯入侵者征服时（我在埃及的故事中讲过此事），他们听命于外来入侵者，于是他们依旧保有自己的牧场，没有被侵犯。经过长期的独立战争，埃及人把希克索斯人赶出了尼罗河谷地。此后犹太人的日子就不好过了，他们沦为普通奴隶，被迫在御道和金字塔上劳作。边界上有埃及军队把守，犹太人无法逃走。

多年的苦难后，一个名叫摩西的年轻犹太人把他们从厄运中拯救了出来。摩西有很长时间都住在沙漠里，在那儿学会了敬重他最早祖先的简朴美德：这些祖先远离城市和城市生活，拒绝被外来文明的闲适和奢侈所腐蚀。

摩西决定让他的人民重新热爱古代族长们的生活方式。他躲开了追赶他的埃及军队，带领族人进入西奈山脚下的平原深处。他在漫长孤独的沙漠生活中，学会了敬畏伟大的风雷之神的力量。这个神统治着苍穹，牧人的生命、光明、呼吸，都有赖于他。他是西亚被广泛崇拜的众多神灵之一，名为耶和华。经过摩西的布道，耶和华成了希伯来民族唯一的主人。

一天，摩西从犹太人的居住地消失了。人们窃窃私语，说他走的时候，带了两块粗糙的石板。那天下午，人们看不到山顶，一场可怕、黑暗的暴风雨，遮住了那里。但当摩西回来时，天哪！石板上刻着字，是耶和华在雷鸣电光中，对他的以色列子民说的话。从那一刻起，所有犹太人都奉耶和华为自己命运的最高主宰、唯一的真神，他让他们遵守十诫的明智教导，教他们过圣洁的生活。

摩西让他们继续在沙漠中前进，他们于是跟着他走。他告诉他们吃什么、喝什么，该避免什么，才能在炎热天气中保持身体健康。他们都听从他。最后，经过多年流浪，他们来到了一块看起来宜人富饶的土地。它叫巴勒斯坦，意思是非利士人的国度（非利士人是克里特岛的一个小部落，被从岛上赶出，沿着海岸定居下来）。不幸的是，巴勒斯坦的土地已经有另一个闪族部落居住了，他们叫迦南人。但犹太人强行进入谷地，建造了城市，并在被他们命名为耶路撒冷

摩西望见圣地

的城市（意为"和平之城"），建了一座圣殿。

至于摩西，他已不再是人民的领袖。他有幸遥望到了巴勒斯坦的山脉，然后他就永远闭上了眼睛。他曾忠诚地、殚精竭虑地侍奉耶和华。他不仅把同胞从外族人的奴役下领出来，带进了新家园的自由独立的生活，而且他让犹太人成了所有民族中第一个只崇拜一神的民族。

10.腓尼基人

腓尼基人给我们带来了字母表

腓尼基人是犹太人的邻居，也是一个闪族部落，很早就沿着地中海边定居下来。他们建造了坚固的城市 —— 泰尔和西顿。在很短的时间里，他们垄断了西方海域的贸易。他们的船定期驶向希腊、意大利、西班牙，甚至越过了直布罗陀海峡，到达了锡利群岛①，他们在那儿能买到锡。无论他们走到哪儿，他们都建造小贸易据点，他们称之为殖民地。其中很多殖民地都孕育了现代城市，比如加的斯②和马赛。

凡能给他们带来丰厚利润的，他们都买卖。他们不受良心的谴责。要是我们相信他们的所有邻居的说法，那么腓尼基人据说不知道什么叫诚实或正直。他们把装得满满的珠宝箱看作所有良民的最高理想。实际上，他们是令人很不愉快的民族，没有一个

---

① 锡利群岛（Scilly Islands）：在英格兰西南端。

② 加的斯（Cadiz）：在今西班牙。

腓尼基商人

朋友。但是，他们对后世做出了一个重大贡献。他们给我们带来了字母表。

腓尼基人早就熟悉苏美尔人发明的书写方法。但他们认为那些符号太笨拙，太耗时。他们是讲究实用的商人，不能为了刻两三个字母，就花几小时的时间。他们于是发明了一种新的书写系统，比原来的先进得多。他们从埃及人那里借用了几幅图形，又简化了苏美尔人的一些楔形图形。他们牺牲了原有文字的漂亮外观，以换取书写速度，他们把成千上万个不同图形简化成数量很少的、容易掌握的二十二个字母。

过了较长时间后，字母表越过爱琴海，进入了希腊。希腊人把自己的几个字母加了进去，将这一改进的文字系统带到了意大利。

罗马人又将之做了一些调整，把它们交给西欧的蛮族。这些蛮族正是我们的祖先。因此，本书是用起源于腓尼基的字母写的，而不是用埃及人的象形文字，或者苏美尔人的楔形文字。

11. 印欧人

印欧波斯人征服了闪族和埃及世界

埃及、巴比伦、亚述、腓尼基的世界存在了近三千年，"富饶谷地"的古老民族变得越来越衰落，越来越疲惫。当一个血气方刚的新民族出现在地平线上时，这些古老民族就遭遇了厄运。我们把这个新民族称为印欧民族，因为它不仅征服了欧洲，而且成了英属印度地区 ① 的统治阶层。

印欧人与闪族人一样是白种人，但他们说的是另一种语言。这种语言被看成所有欧洲语言的共同祖先（除了匈牙利语、芬兰语、西班牙北部的巴斯克方言外）。

我们第一次听说他们时，他们已经在里海之滨居住了好几个世纪。但有一天，他们收起帐篷，开始流浪，寻找新家园。其中一些迁入了中亚的山区，在数百年时间里，他们都住在伊朗平原周围的

---

① 作者写本书时，印度是英国殖民地。

高山上，我们称他们为雅利安人。另外一些人则追随着落日，占领了欧洲平原——我给你们讲希腊和罗马的故事时，会说到这一段。

在本章，我们只追随雅利安人的足迹。在他们的伟大先师查拉图斯特拉（又叫琐罗亚斯德）的率领下，他们中很多人离开了山区家园，顺着奔向大海的印度河前进。

还有些人更喜欢待在西亚的山区，他们形成了半独立的米底人社会与波斯人社会。这两个民族的名字，是我们从古希腊的历史书上搬来的。公元前七世纪，米底人已建立了自己的王国，名为米底。但米底亡国了，因为一个叫"安善"的部落的首领居鲁士成了部落的

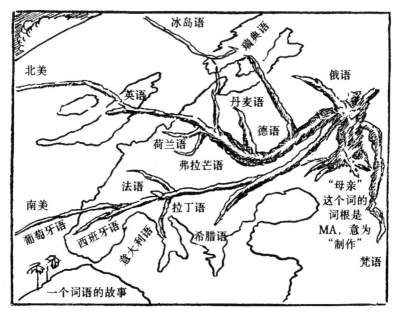

"母亲"这个词语的故事

国王。他开始了一系列征服活动，使自己和自己的子孙成了整个西亚和埃及无可争议的主人。

实际上，这些印欧波斯人把胜利的战役大力朝西推进，很快跟几百年前迁入欧洲的其他印欧部落发生了严重冲突（这些部落占领了希腊半岛以及爱琴海的岛屿）。

冲突导致了希腊和波斯之间的三次著名战争。战争期间，波斯国王大流士和薛西斯侵入了希腊半岛北部。他们在希腊人的土地上劫掠，想在欧洲大陆上获得一个立足点。

但他们没有成功。事实证明，雅典海军所向无敌。希腊水手们切断了波斯军队的补给线，每次都把这个亚洲统治者赶回老巢。

这是亚洲（古代的老师）与欧洲（年轻、热情的学生）之间的初次相遇。本书的很多其他章节会告诉你，东方和西方之间的斗争一直持续至今。

12.爱琴海

爱琴海人把古代亚洲文明带到了欧洲的蛮荒之地

特洛伊木马

当海因里希·谢里曼还小的时候，他父亲就给他讲了特洛伊的故事。在听过的故事中，他最喜欢这一个。他下定决心，一旦长大离家，他就要到希腊去"寻找"特洛伊。他出身于德国梅克伦堡的一个贫寒乡村牧师家中，但他对此毫不介意。他知道需要钱，就决定

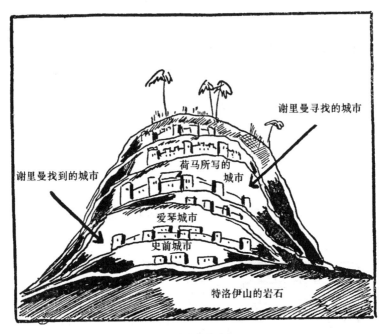

谢里曼挖掘特洛伊

先赚钱再去挖掘。实际上，他很短时间内就赚了很多钱。他的钱刚够装备一支探险队，他就出发到小亚细亚西北角。他认为特洛伊城就在那里。

古老的小亚细亚的那个角落里，矗立着一座高高的山丘，上面满眼都是庄稼。据说，这曾是特洛伊王普里阿摩斯的家园。谢里曼的热情似乎高过了他的博学。他没有花时间进行前期探索，而是马上动手挖掘。他挖得如此卖力、如此迅速，他的挖掘沟一直穿透了他要找的城市的中心，到了另一座被埋葬的城市废墟，这座城比荷马所写的特洛伊城早了至少一千年。然后发生了一件很有趣的事。

如果谢里曼发现了几块打磨过的石锤，或者几片粗陋的陶器，谁也不会吃惊，人们一般把这些东西跟史前人类联系在一起。但谢里曼发现的不是这些，而是精美的小雕塑、价值连城的珠宝，还有华丽的瓶子，其式样是希腊人中没有的。他提出一个设想：在特洛伊战争之前一千年，爱琴海沿岸居住着一个神秘的民族，他们在很多方面都比野蛮的希腊部落先进；这些希腊部落侵入了他们的国家，毁掉了他们的文明，或者把他们的文明同化了，直到找不出一丝最初的痕迹。事实证明，谢里曼猜对了。十九世纪七十年代后期，谢里曼探访了迈锡尼遗址。这些废墟极为古老，古罗马的旅游小册子都惊诧于它们的悠久。在那里的一个小圆建筑的石板下，谢里曼再次意外发现了神奇的宝藏。留下这些宝藏的神秘民族，曾在希腊海滨建

爱琴海

起许多城市，他们修的墙特别厚重坚固，希腊人称之为"泰坦"的杰作 —— 泰坦是远古的神人，常把山峰当球玩儿。

仔细研究了这些遗物后，故事的很多浪漫色彩消退了。这些早期艺术品的制造者，坚固城堡的建造者，不是魔法师，而只是水手和商人。他们住在克里特岛以及爱琴海的很多小岛上。他们是强悍的海员，把爱琴海变成了商业中心 —— 来自高度文明的东方与欧洲大陆缓慢发展的野蛮地区的人们，在这里交换商品。

阿尔戈利斯的迈锡尼

在一千多年的时间里，他们都维持着由岛屿组成的帝国，发展出了极高的艺术形式。实际上，他们最重要的城市——位于克里特岛北岸的克诺索斯——非常现代，非常讲究卫生和舒适。那儿的王宫有很好的排水设施，房子里有火炉。克诺索斯人是最早每天使用澡盆的，而澡盆在以前还无人知晓。他们国王的王宫，因其曲折的楼梯和宽敞的宴会厅而著名。王宫下的地窖储藏酒、粮食、橄榄油。地窖特别大，给最早的希腊游客留下了深刻印象，引发了"迷宫"的传说——"迷宫"这个名字，指的是有许多复杂走廊的建筑，一旦前门关上，把惊恐的我们关在里面，就几乎无法找到出路。

　　但这个伟大的爱琴帝国最后发生了什么，是什么原因导致它突然灭亡，我还说不清。

　　克里特人对文字很熟悉，但迄今为止，还没人能破译他们的文字。因此，我们对他们的历史一无所知。我们只能从爱琴人留下的废墟中，再现他们的活动史。这些废墟显然表明，爱琴世界突然被一个来自欧洲北部平原、文明程度不高的民族所征服。如果我们没犯大错的话，那么，造成克里特和爱琴文明毁灭的，应该就是某些游荡的牧人部落，他们刚刚占领了亚得里亚海与爱琴海之间遍布岩石的半岛，我们称他们为希腊人。

13.希腊人

与此同时，印欧部落中的赫楞人占领了希腊

当金字塔已有千年历史并显出最初的颓败迹象，当巴比伦的明君汉谟拉比已被埋葬了几百年，这时，一支牧人的小部落离开他们

希腊大陆上的爱琴城市

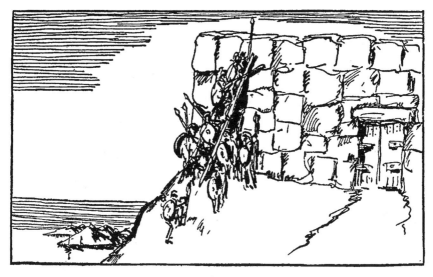

亚该亚人攻陷一座爱琴城市

多瑙河畔的故乡，朝南流荡，寻找新的牧场。他们根据丢卡利翁和皮拉的儿子赫楞的名字，自称为赫楞人 —— 根据古代神话，很久很久以前，人类变得太邪恶了，住在奥林匹斯山上的大神宙斯感到厌烦，于是发大洪水，毁掉了世上所有人类，只有丢卡利翁和皮拉逃过了大洪水之劫。

关于这些早期的赫楞人，我们知之甚少。修昔底德（他记录了雅典的衰落）在描述自己的最早祖先时，说他们"不足道哉"。这大概是实情。他们很粗鲁。他们像猪一样生活，把敌人的尸体扔给野狗（这些狗给他们看羊）。他们很少尊重别人的权利。他们屠杀希腊半岛上的原住民（被称作佩拉斯吉人的），夺取他们的农场，抢走他们的牲畜，让他们的妻女沦为奴隶，还写了无数歌曲，歌颂亚该亚部

族的勇敢 —— 是亚该亚人率领希腊先头部队，进入色萨利 ① 和伯罗奔尼撒半岛。

但是，在高高的石山上，他们偶尔也会看到爱琴人的城堡。他们不敢攻打它们，因为害怕爱琴士兵的金属剑矛。他们也知道，凭自己粗陋的石斧，别指望取胜。

在好几个世纪的时间里，他们从一个谷地游荡到另一个谷地，从一个山坡游荡到另一个山坡。整片土地都被他们占领之后，迁徙结束了。

那一刻标志着希腊文明的开始。希腊农夫住的地方，能望见爱琴人的居民点。在好奇心的驱使下，希腊农夫拜访了这些傲慢的邻

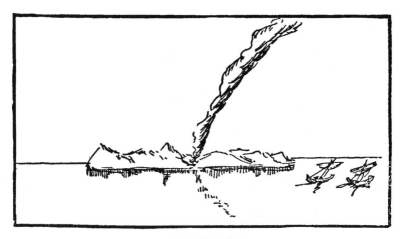

克诺索斯的陷落

---

① 色萨利（Thessaly）：希腊中部偏北一地区。

居。他发现，从住在迈锡尼、梯林斯①的高高石墙后的人们那里，他能学到很多有用的东西。

他是个聪明的学生，不久就掌握了使用那些奇怪的铁武器的方法（那方法是爱琴人从巴比伦和底比斯带来的）。他逐渐了解了航海的秘密，开始自己造小船。

当他从爱琴人那里学会了能学到的一切，他对老师翻了脸，把他们赶回岛上。不久以后，他自己开始出海，征服了爱琴海的所有城市。最后，在公元前十五世纪，他劫掠了克诺索斯城。他在登上历史舞台十个世纪后，成了希腊、爱琴海、小亚细亚沿岸地区无可争议的统治者。特洛伊是古老文明最后一个大的商业堡垒，它也在公元前十一世纪被毁灭。欧洲历史即将正式拉开帷幕。

① 梯林斯（Tiryns）：希腊一遗址，在今天的阿尔戈利斯州。

14.希腊城市

希腊城市实际上是国家

我们现代人喜欢"大"这个词。我们很自豪，因为我们的国家是世界上"最大"的帝国，有规模"最大"的海军，能种出"最大"的橘子和土豆。我们喜欢住在有"上百万"居民的城市中。我们死后，葬在"全国最大"的墓地里。

要是古希腊人听到我们的谈话，他会不懂我们在说什么。"万事守中庸"是他的人生理想，他觉得单是规模本身毫无意义。对中庸之道的这种热爱，并不是某些场合的空话，它从生到死都影响着希腊人的生活。它是他们文学中的一部分，它使他们建造小而精美的神庙。它体现在男人穿的衣服上，他们的妻子佩戴的戒指、手镯上。它还追随着人群到剧院中。哪个剧作家要是胆敢违背好品位、好头脑的铁律，人群就会把他轰下去。

希腊人甚至在政治家和最受欢迎的运动员身上，都要求这种品质。有一个矫健的善跑者来到斯巴达，吹嘘说他能用一只脚站着，比希腊任何人站的时间都长。这时，人们把他从斯巴达城里赶了出去，因为他引以为豪的本事是任何一只普通的鹅都能打败他的。

你大概会说，"这很好，注意克制和完美，这无疑是一种美德，但为什么希腊人是古代世界中培养了该品质的唯一民族？"我会说是因为希腊人的生活方式使然。

众神居住的奥林匹斯山

埃及人或两河流域的人，臣服于一个神秘的最高统治者，他住在好多英里之外阴森森的王宫中，老百姓难得一见。而希腊人则是一百个独立小"城邦"的"自由公民"，其中最大城邦的人口还不及一个现代的大村庄。如果住在吾珥的一位农夫说自己是巴比伦人，他的意思是，他是给国王纳税的数百万人中的一个，那位国王当时

55

恰巧统治着西亚。但如果一个希腊人自豪地说自己是雅典人或忒拜人，他说的是一个小城镇，既是他的家，也是他的"国家"，这个城镇不承认什么主人，而只遵从集市上老百姓的意志。

对希腊人来说，祖国就是他出生的地方，就是他在卫城的神圣石头中玩捉迷藏，度过童年的地方；是他跟几千个男孩女孩一起长大的地方，这些人的绰号对他来说，就像我们对自己的同学一样熟悉。他的祖国是埋葬他父母的这块神圣土地，是高高城墙内的这幢小房子，他的妻子、孩子安全地居住于此。这是一个方圆不足四五英亩岩石地面的完整世界。你难道没有意识到，这些周边环境必定会影响一个人的所为、所言、所思？巴比伦人、亚述人、埃及人，都是一大群老百姓中的一分子，他们湮没在人群中，而希腊人从未与自己切近的环境失去联系。他从来都是一个小城镇的一部分，这城镇中的每个人都彼此相识。他感到，他聪明的邻居们在看着他。无论他做什么，是写戏剧，还是用大理石塑造雕像，或创作歌曲，他都记得，他故乡所有谙于此道的自由居民，都将评判他的行为。这种心理促使他追求完美，而人们从小就告诉他，没有节制，就不可能达到完美。

在这个严格的学校里，希腊人变得擅长许多事。他们创造了我们一直不曾超越的新政体、新文学形式、新艺术理想。他们完成这些奇迹的地方是一些小村子，占地不足现代城市的四五个街区。

看啊，最后发生了什么！

公元前四世纪，马其顿的亚历山大征服了世界。战事一停，他就决定把真正的希腊天才带来的好处，播撒给全人类。他把这些天才从小城市、小村庄中招来，想让他们在他新征服的帝国的广大王宫中发挥他们的智慧。但是，希腊人如果看不到自己的神庙，离开了曲巷中熟悉的声音和气味，马上就没有了兴致，也没有了曾给他们带来辉煌的节制的品质（当他们以前为城邦的荣耀而工作时，他们的手工劳动和脑力劳动中充满了这种愉悦的兴致和节制）。他们成了廉价的工匠，满足于二流作品。一旦古希腊的小城邦失去了独立，被迫成为大国的一部分，古老的希腊精神也就消亡了。它此后再没有复活。

15.希腊的自治

希腊人第一个做了艰难的自治实验

一开始，所有希腊人贫富都一样，每人都有一定数量的牛羊。土屋就是他的城堡，他可以自由地随意来去。如需讨论公共事务，所有市民就在集市上会合。村里一位长者被选为主持，他的职责是保证人人都有发言的机会。如果有战争，大家就把一位精力过人、特别自信的村民选为司令，但自愿赋予此人领导权的人们，一俟危险过后，也同样有权革除他的职位。

但村子逐渐变成了城市。有人卖力干活，有人游手好闲。有人运气不佳，有人在跟邻居交往时，靠欺骗手段积累了财富。结果，城邦不再由贫富均等的人组成。相反，城邦居民中少数变得极为富有，绝大多数成了穷人。

还发生了另一变化。以前那位因骁勇善战而被大家自愿选为"头领"或"王"的总司令，现在消失了。他的地位被贵族取代 —— 贵族是富人组成的阶层，在很长时间里，他们占据着更多农田和地产。

这些贵族同普通自由民相比，有很多优势。他们能购买地中海东部市场上出售的最精良的武器，他们有更多闲暇时间练习战斗之术。他们住在坚固的房子里，可以雇士兵为自己打仗。他们为争夺城市的统治权而不停争吵。然后，获胜的贵族就对所有邻居行使某种王权，统治着城市，直到他反过来被另一个更野心勃勃的贵族杀死或赶走。

希腊城邦

这样的国王被其士兵称为"僭主"。公元前七世纪和六世纪里，每个希腊城邦一度都由这样的僭主统治。顺便说一下，他们中很多人恰巧能力过人。但长期来说，事态发展得让人无法忍受。此后人们尝试改革，由此诞生了世界上有史以来第一个民主政府。

那是在公元前七世纪。雅典人决定兴利除弊，让为数众多的自由民再次在政府管理中拥有发言权——以前在他们的亚该亚祖先时，他们是有这种权利的。他们让一个名叫德拉古的人，给他们制定一套法律，保护穷人免受富人的侵犯。德拉古开始工作。遗憾的是，他是个职业律师，不怎么接地气。在他眼里，犯罪就是犯罪。他完成了法典后，雅典人发现德拉古法律过于严酷，根本无法实施。它规定偷一个苹果就要判死罪，照这样的新法律，都没有那么多绳子来吊死所有罪犯。

雅典人四处寻找一个更仁厚的改革者。最后，他们发现了一个人，比任何人都胜任此职。他叫梭伦，出身贵族家庭，游历过全世界，研究过很多其他国家的政府形式。在钻研了该问题后，梭伦为雅典制定了一套法律，它体现了那令人赞叹的中庸之道，而中庸之道正是希腊品格的一部分。梭伦努力改善农民的处境，同时并不冒犯富足的贵族 —— 这些贵族在打仗时，对国家是有用的（或者说可以有用）。为保护贫弱阶层免受法官的滥用职权之害（法官没有薪水，所以总是从贵族阶层中选出来），梭伦规定，一个市民如有不满，有权在三十个雅典人组成的陪审团面前陈情。

更重要的是，梭伦使得普通自由民对城邦事务产生了直接而切实的兴趣。他们再也不能待在家里说"啊，我今天太忙了"，或者说"外面下雨了，我最好待在屋里"。城邦期望他履行自己的义务，参加议事会，为城邦的安全和繁荣承担一份责任。

由"平民"来统治，常常并不很成功。空谈太多。争夺官方头衔的人之间上演了一幕幕充满仇恨、鄙视的戏码。但它却教会希腊人独立，靠自己来拯救自己，这是件好事。

16. 希腊生活

希腊人是如何生活的

但你也许会问，如果古希腊人总要跑到集市上去讨论国事，怎么还有时间顾及家事和生计？这一章我会回答你的问题。

在所有政府事务中，希腊民主制只承认一种公民——自由民。每个希腊城邦中都有少数天生的自由民，大量的奴隶，以及零星的外国人。

偶尔（一般是在战争期间需要人参军）希腊人也愿意把公民权赋予"野蛮人"（他们管外国人都叫"野蛮人"），但这是例外。公民身份是与生俱来的。你是雅典人，因为在你之前，你的父亲、祖父都是雅典人。但如果你的父母不是雅典人，那不管你做商人或士兵多么成功，你到最后仍是"外国人"。

因此，希腊城邦如果不是国王或僭主统治的，就是自由民统治的，是为了自由民的利益。而奴隶的数量是自由民的五六倍。奴隶干着活（我们现代人为了养家糊口、付房租，把大部分时间和精力都投入到此类工作中），没有他们，城邦就无法存续。

奴隶给整个城邦的人做饭、烤面包、做蜡烛。他们是裁缝、木匠、珠宝匠、教师、书记员。他们看管仓库、工厂，主人则去公共集会上讨论战争与和平问题，或者到剧院去看埃斯库罗斯最新的戏剧，或去听人讨论欧里庇得斯的激进思想（欧里庇得斯居然胆敢对全能的大神宙斯表达某些怀疑）。

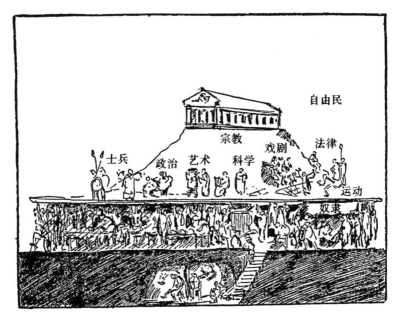

希腊社会

实际上，古代雅典类似于现代社会的俱乐部。所有自由民都是俱乐部的世袭成员，所有奴隶都是世袭的仆人，侍候着主人。参加这俱乐部是一件乐事。

但我们在说到奴隶时，指的不是《汤姆叔叔的小屋》里写的那种奴隶。的确，种地的奴隶地位很卑下，但生计没落的普通自由民如果被迫给人打工干农活，境况会一样悲惨。在城市中，很多奴隶比穷困的自由民还富有。希腊人做事有节制，不喜欢像后来罗马流行的做法一样对待奴隶 —— 在后来的罗马，奴隶跟现代工厂中的机器一样没有任何权利，稍有闪失就会被喂野兽。

希腊人把奴隶制看作必要的制度，认为没有它，任何城邦都别想成为真正文明人的家园。

奴隶也从事如今由商人等职业人士干的那些活儿。至于占用了你母亲很多时间，又让你父亲下班后十分烦心的家务，希腊人深知闲散之乐，把这类家务减到最低限度，生活在极为简朴的环境中。

首先，他们的家很朴素。即便富有的贵族也一辈子住在泥屋中，当代的工人认为自己天生该有的那些舒适条件，这些泥屋一概没有。希腊的人家只有四壁和一个屋顶。有一扇门通向大街，但没有窗户。厨房、起居室、卧室都环绕着一个露天的院子，院子里有个小喷泉，或者一尊雕塑、几株植物，让院子看起来漂亮一点儿。如果不下雨，或者天气不太冷，一家人就住在这院子中。在院子的一角，厨子（奴隶）做着饭。在院子另一角，老师（也是奴隶）教孩子们字母、乘法表。另一个角落里，房子的女主人在跟她的女裁缝（奴隶）一起，缝补着丈夫的外套。女主人很少离开家，因为人们觉得一个已婚妇女在大街上过多地抛头露面是不大体面的。门旁边的小办公室里，主人正在看农田的监工（奴隶）拿给他的账本。

神庙

饭做好了，一家人聚在一起，但饭菜很简单，吃饭不需要多少时间。希腊人似乎把吃饭看作一件不得已的负担，而不是消遣（这种消遣可以消磨很多无聊时光，最终也消灭了很多无聊的人）。他们吃面包，喝酒，外加一点儿肉和一些绿蔬菜。他们只有在没别的东西可喝时才喝水，因为他们觉得喝水不健康。他们喜欢互相请吃饭。我们一想到盛宴，就会想到每个人都吃到盛不下的地步，这种想法会令希腊人感到恶心。他们聚在桌子边是为了畅谈，喝一杯好酒水，但他们是有节制的，鄙视那些饮酒无度的人。

餐厅中体现的简朴，也同样体现在他们对衣服的选择上。他们喜欢干净整洁，把头发和胡子剃得整整齐齐，喜欢锻炼，在体育馆里游泳，强身健体。但他们从不像亚洲流行的那样喜欢俗艳的颜色和怪诞的图案。他们穿白长袍，就像穿蓝色长斗篷的现代意大利军官一样潇洒。

他们喜欢看自己的妻子戴首饰，但他们觉得公开炫富或炫耀自己的妻子是很庸俗的，只要妇女一离开家，就穿得尽量普通。

简而言之，希腊生活的故事不仅是节制的故事，也是简朴的故事。打理一些日常用品，比如椅子、桌子、书籍、房子、马车，常常会占用主人的大量时间。最后，主人反而成了这些"东西"的奴隶，他的时间都花在照看、打磨、整理、粉刷它们上了。希腊人首先希望身心"自由"。为了让自己保持自由，为了精神上能真正自由，他们把日常需要降到最低。

17. 希腊戏剧

戏剧（最早的公共娱乐活动）的起源

历史上很早的时候，希腊人就开始收集诗歌，歌颂勇敢的祖先，这些祖先把佩拉斯吉人赶出了希腊，还消灭了特洛伊。人们在公共场合诵诗，大家都来听。但戏剧这种娱乐形式（它如今几乎成了我们生活不可或缺的一部分）并不是从这些英雄故事的朗诵活动中发展起来的。它的起源太奇特了，我一定要另辟一章说给你们。

希腊人一直喜欢游行，每年他们都举办纪念酒神狄俄尼索斯的庄严游行。希腊人人都饮酒（他们认为只有游泳和航行时才会用到水），所以你可以想象，这位酒神何等受欢迎。今天我们美国如果有"汽水之神"，也会同样受欢迎。

据说，酒神住在葡萄园里，周围簇拥着一群萨梯（半人半羊的奇怪生物），所以参加游行的人常披着羊皮，像真的雄山羊一样傻叫。希腊语把山羊叫"tragos"，称歌手为"oidos"。因此，像山羊一样咩咩叫的歌手，就被称为"tragos-oidos"，意思是羊歌手。这奇怪的名字发展成了现代的"Tragedy"①一词。从戏剧角度讲，悲剧是有悲惨结尾的戏剧，而喜剧②则是有快乐结局的戏剧。

但你也许会问，这些闹嚷嚷的化装的人像野山羊一样又蹦又跳，怎么会发展成占据世界舞台几乎两千年的高贵悲剧呢？

羊歌手与《哈姆雷特》之间的联系实际上非常简单，我下面就讲给你听。

合唱队一开始特别逗乐，吸引了大群观众站在路边笑。但咩咩叫这事变得乏味了，而希腊人把"无聊"看成仅次于丑陋和疾病的恶事。他们想看些更有趣的。然后，来自阿提卡的伊卡利亚村的一个聪明的年轻诗人想出了一个新主意，事实证明这主意取得了巨大成功。他让羊合唱队中的一个成员走到前面来，跟乐队的队长说话（乐队走在游行队伍前头，吹着潘神的牧笛）。这个合唱队成员可以走出队伍，挥舞手臂，打着手势，边说话（别人只是在旁边站着唱歌，他则在"表演"）边问好多问题。乐队队长则根据诗人事先写在莎草纸上的答案，回答他的问题。

这类粗陋的对话（说的是狄俄尼索斯或其他某个神的故事）立即大受人群欢迎。此后，每次狄俄尼索斯游行都有"演出场面"，很快，人们觉得"表演"比游行和咩咩叫更重要了。

埃斯库罗斯是所有悲剧家中最成功的一个，他在漫长的一生中（从公元前525到公元前456年），写了不下八十部剧作。他大胆地朝

---

① 意为"悲剧"。

② "喜剧"一词实际指的是"comos"，也就是"愉快之事"。

前走了一步，把"演员"从一个变成了两个。下一代剧作家中的索福克勒斯把演员增加到三个。欧里庇得斯在公元前五世纪中叶开始写他的可怕悲剧时，他想用多少演员，就可以用多少。当阿里斯托芬写那些著名的喜剧（他在这些喜剧中嘲笑一切人与事，包括奥林匹斯山上的众神），合唱队已经下降为旁观者的角色，在主要演员后面站成一排，当前台的主人公违逆神的意志犯下罪行时，合唱队就唱"这是个可怕的世界"。

这种新的戏剧娱乐形式需要合适的场地。很快，每个希腊城邦都有了剧场，这些剧场是从附近山的岩石上凿出来的。观众坐在木椅子上，面对一个宽敞的圆圈（也就是我们现在的乐池，你花上3美元30美分就能买一个座位）。这半圆形就是舞台。演员和合唱队在舞台上各就各位。他们后面有一个帐篷，他们在帐篷里用很大的泥面具来化装，面具遮住了他们的脸，向观众显示角色是在快乐地微笑，还是在哀哭。希腊语称帐篷为"skene"，所以就有了我们现在的舞台"scenery"①一词。

一旦悲剧成了希腊生活的一部分，人们就特别严肃地对待它，而不是只为放松一下头脑到剧场去。一部新剧就跟选举一样是件大事，成功的剧作家得到的礼遇，胜过凯旋的将军。

---

① 指"布景"。

68

18. 波斯战争

希腊人如何保卫欧洲，抵御亚洲的入侵，把波斯人从爱琴海上赶了回去

希腊人从爱琴人那里学会了贸易之道，而爱琴人又是腓尼基人的学生。希腊人效仿腓尼基人，建立殖民地。他们甚至改进了腓尼基人的做法，在跟外国顾客交易时，普遍使用货币。公元前六世纪，他们已经在小亚细亚沿岸站稳了脚跟，迅速夺走了腓尼基人的生意。腓尼基人当然不乐意，但他们不够强大，不敢跟希腊对手开战。他们静观其变。他们没有白等。

前面有一章中我说过，一支不大的波斯牧人的部落突然四处征伐，征服了西亚的大部分地区。波斯人很文明，不会劫掠自己的新子民，让他们年年纳贡，他们就很满足了。到达小亚细亚海滨时，他们坚决要让吕底亚的希腊殖民地承认波斯国王为宗主，并按章纳税。希腊殖民地不同意，波斯人也固执己见。然后，希腊殖民地求助于自己的宗主国。争斗的舞台就这样摆好了。

说实话，波斯国王觉得希腊城邦制是很危险的政治制度，对所有其他民族都是坏榜样（这些民族应该顺从地做波斯国王的奴隶）。

当然，希腊人的国度隐藏在浩渺的爱琴海对面，相对比较安全。但这时，希腊人的宿敌腓尼基人出面了，他们愿意帮助波斯人，给他们出谋划策。如果波斯国王能提供士兵，腓尼基人就保证提供必要的船只，把他们载往欧洲。这发生在公元前492年，亚洲蓄势待发，要摧毁欧洲的新生势力。

波斯船队在阿索斯山附近被摧毁

作为最后通牒，波斯国王遣使到希腊，要求希腊人给他们"土和水"作为臣服的信物。希腊人马上把使者扔到附近一口井里，使者在那儿倒是能找到大量的"土和水"。此后，议和便不可能了。

高高的奥林匹斯山上的众神护佑着自己的孩子。当满载波斯士兵的腓尼基舰队靠近阿索斯山①，风暴之神开始吹气，直吹得额头上血脉暴突。可怕的飓风摧毁了舰队，波斯人尽数淹死。

两年后，波斯人又来了，这次人数更多。他们驶过爱琴海，在马拉松村附近登陆。雅典人闻讯，派一万军队镇守马拉松平原周围的山岭。同时，他们派一名长跑运动员到斯巴达去求救。但斯巴达嫉妒雅典的名声，拒绝伸出援手。其他希腊城邦也袖手旁观，只有小小的普拉提亚派来一千士兵。公元前490年9月12日，雅典将军米泰亚德以小股军队，对抗大批波斯人。希腊人冲破了波斯人的箭雨，希腊人的长矛在混乱的亚洲军队中大发威力。波斯军队还从未遇到过这样的对手。

那天晚上，雅典人眺望到，燃烧的船只的火焰把天空都烧红了。他们焦急地等待消息。最后，朝北的路上出现了一小团烟尘。这是斐迪庇第斯，那个长跑运动员。终点快到了，他跌跌撞撞，大口喘着气。就在几天前，他刚去过斯巴达送信，回来后他马上加入到了米泰亚德的队伍。那天早晨，他参与了进攻，后来他主动请命，把胜利的消息带回他亲爱的城邦。人们看到他倒下，冲上去扶起他。"我们赢了。"他低声说，然后他就咽了气。他死得如此光荣，所有人都羡慕他。

至于波斯人，这次战败后，他们想在雅典附近登陆，但海岸线上有军队把守。于是波斯人撤退了，希腊国土再次赢得了安宁。

---

① 阿索斯山（Athos）：在希腊东北部的圣山半岛。

波斯人等了八年。这段时间里，希腊人也没闲着。他们知道，波斯人必定要发出最后一击，但怎样才能最好地避险，大家众说纷纭。有人想扩充陆军，有人说要胜利必须有强大的海军。主张扩充陆军的，以阿里斯提德为首。主张扩充海军的，以泰米斯托克利为首。双方争吵不休，没有定论，直到阿里斯提德被流放为止。然后，泰米斯托克利有了机会，他造了尽可能多的船只，把比雷埃夫斯港建成了一个强大的海军基地。

公元前481年，强大的波斯军队赫然出现在色萨利。危急关头，希腊强大的军事城邦斯巴达被选为盟主。但斯巴达人只要自己的城邦不受侵犯，就根本不关心希腊北部发生了什么。他们没有在通往希腊的诸个关隘修筑防御工事。

一小支斯巴达军队在李奥尼达的率领下，被派去镇守一条窄路，

温泉关

波斯人火烧雅典

此路位于高山和大海之间，把色萨利与南部省份连在一起。李奥尼达接受了命令，英勇奋战，守卫着关隘。但有一个叛徒，名叫伊菲亚特斯，他知道马里斯①的小道。他引着一支波斯队伍，穿过山区，从后翼进攻李奥尼达。温泉关爆发了激战。夜晚来临时，李奥尼达和他忠诚士兵的尸首，压在了敌人的尸首之下。

关隘已失，希腊的大部分土地落入了波斯人手中。波斯人进军雅典，将守城的士兵从卫城的石山上掷了下去，然后纵火烧城。雅典人逃到萨拉米岛上，雅典似乎已一败涂地。但公元前480年9月20

---

① 马里斯（Malis）：温泉关所在的希腊平原区域。

日，泰米斯托克利迫使波斯海军在萨拉米岛与大陆间的狭窄水域上交战。没用几小时，他就击沉了波斯战船的四分之三。

就这样，波斯人温泉关大捷的战果化为乌有。薛西斯被迫撤军，他下令第二年再来决战。他把部队撤到色萨利，等待着开春。

这时斯巴达人意识到了时局的严重性。他们离开了安全的城墙（建在科林斯地峡上）。在帕萨尼亚斯的率领下，他们朝波斯将军马尔多尼乌斯进军。希腊联军（来自十几个城邦的大约十万士兵）在普拉提亚附近，进攻三十万波斯军队。强大的希腊步兵再次冲破波斯人的箭雨。就像上次在马拉松一样，波斯人大败。这次他们永远地撤退了。希腊军队在普拉提亚附近大捷的那一天，雅典海军恰巧在小亚细亚的米卡勒岬附近，击败了敌人的舰队。这真是奇妙的巧合。

亚洲和欧洲势力之间的第一次碰撞就这样结束。雅典赢得了光荣，斯巴达表现英勇。如果这两个城邦能达成和解，捐弃前嫌，它们应该能领导一个强大团结的希腊。

但是，呜呼，它们错过了胜利和热情的时刻，而机不再来。

19. 雅典对阵斯巴达

雅典和斯巴达为争夺希腊的领导权，长期争战，战祸频仍

　　雅典和斯巴达都是希腊城邦，居民说同一种语言。但在其他方方面面，它们都迥然不同。雅典高踞在平原上。这座城市可以吹到清新的海风，喜欢以一个快乐儿童的眼光来看待世界。斯巴达则建在深谷底部，以四周的高山为屏障，挡住外来思想。雅典是繁忙的商业城市。斯巴达则是军营，人们为了当兵而当兵。雅典人喜欢坐在太阳下讨论诗歌，喜欢听哲学家高谈阔论。斯巴达人没有写出一行近似文学之文字，但他们知道怎么打仗，他们喜欢打仗，他们不惜牺牲一切人类情感来实现军事理想。

　　难怪这些阴郁的斯巴达人对雅典的成功又恨又妒。保卫共同家园时，雅典人焕发了干劲，现在，他们把这些精力转到更和平的事务上。他们重修了雅典卫城，把它建成了奉祀女神雅典娜的大理石神庙。雅典民主制的领袖伯利克里从四方招募著名的雕刻家、画家、科学家来美化城市，让年轻的雅典人更有才德，更配住在这样的家

园。同时，他也留心着斯巴达的举动，他建起把雅典连到大海的高墙，使雅典成了当时最坚固的堡垒。

两个希腊小城邦为鸡毛蒜皮的小事发生争吵，终于引发了冲突。雅典和斯巴达之间的战争持续了三十年。战争结束时，雅典遭到重创。

战争的第三年，一场瘟疫降临雅典。一半以上的居民，还有伯利克里本人，都死于瘟疫。瘟疫之后，雅典的领导人很糟糕，不得人心。一个名叫亚西比德的聪明年轻人赢得了公民大会的欢心。他建议由自己进攻西西里的斯巴达殖民地叙拉古。他装备了一支远征军，一切准备就绪。但亚西比德卷入了一场街头殴斗，被迫逃亡。继任的将军笨头笨脑，先是损失了战船，继而损失了军队。几个活下来的雅典人被扔到了叙拉古的采石场，又饿又渴，最终死去，

这次远征夺走了雅典所有年轻男子的生命。雅典城注定要沦陷了。经过长时间的围城，雅典在公元前404年4月投降。高高的城墙被拆毁，海军被斯巴达人夺走。雅典不再是大殖民帝国的核心（这个殖民帝国是它在全盛时期征服的）。但是，全盛时期雅典自由民所特有的那种求知欲、探索欲，并没有随着城墙和船只而丧失，而是保存下来，甚至得以发扬光大。

雅典不再主宰希腊土地的命运。但现在，作为第一所大学的所在地，雅典开始影响明智人士的心灵，其范围远远超越了希腊的狭小国土。

20.亚历山大大帝

马其顿人亚历山大建立了一个希腊的世界帝国,以及他的雄心壮志之结局

当亚该亚人离开他们多瑙河畔的家园,寻找新牧场时,他们在马其顿的山中逗留了一段时间。从那以后,希腊人就跟这一北部地区的居民保持着或多或少的联系。从马其顿人这一边来说,他们总是对希腊的情况了如指掌。

如今,斯巴达和雅典争夺希腊领导权的战争浩劫已经结束。这时统治马其顿的恰好是一个特别聪明的人,名叫菲利普。他崇尚文学艺术中的希腊精神,却鄙夷希腊人在政治事务上缺乏自制力。看到一个几乎完美的民族把人力财力耗费在毫无用处的争斗中,他感到气恼。他解决这个难题的办法,是让自己成为整个希腊的主人。然后他让新臣民加入他的军队,去讨伐波斯,以报复薛西斯一百五十年前对希腊人的侵犯。

一切准备就绪。不幸的是,菲利普还没有上路,就被人谋杀。

报复波斯人以前毁灭雅典的重任落在他的儿子亚历山大身上。他是希腊最智慧的老师亚里士多德的爱徒。

亚历山大在公元前334年春，告别了欧洲。七年后，他到达了印度。这七年中，他消灭了腓尼基（希腊商人的宿敌）。他征服了埃及，尼罗河流域的居民崇拜他，把他视为法老的儿子和继承人。他打败了最后一任波斯国王，推翻了波斯帝国，下令重修巴比伦。他率军进入喜马拉雅山深处。他把全世界变成了马其顿的行省和附庸。然后他停下来，宣布了更加雄心勃勃的计划。

这个新形成的帝国，必须接受希腊精神的影响。人们必须学希腊语，必须住在按照希腊模式修建的城市里。亚历山大的士兵现在当起了老师。昨日的军营，如今成了新引进的希腊文明的和平中心。希腊礼仪和希腊风俗的潮流，一浪高过一浪。这时，亚历山大突然得了热病。公元前323年，他在巴比伦的汉谟拉比王的旧宫里死去。

然后浪潮退去，高级文明的沃土得以存留。亚历山大尽管有幼稚的野心、愚蠢的虚荣，却为人类做出了巨大贡献。他的帝国在他死后没支撑多久。几个野心勃勃的将军瓜分了国土，但他们也怀抱着同样的梦想 —— 他们梦想一个希腊与亚洲思想、知识相融合的伟大世界。

他们保持着独立，直到罗马人把西亚和埃及划入自己的版图。希腊化文明（部分是希腊的，部分是波斯的，部分则是埃及和巴比伦的）这一奇特遗产，落到了罗马征服者手里。在以后的几个世纪里，它在罗马世界里深深扎了根。我们至今仍能感到它对我们生活的影响。

希腊

21. 小 结

第1章至第20章的小结

到现在为止，我们都是从高塔顶上眺望东方。但往后，希腊和两河流域的历史越来越无趣了。我得带你研究西边的情况。

在此之前，让我们歇一会儿，理清我们都看到了什么。

首先，我带你看了史前人类 —— 他的生活习惯很简单，举止也毫不优雅。我告诉过你，他是五大洲早期荒野中游荡的众多动物中最缺乏防御能力的，但他拥有更大更好的头脑，所以他存活下来。

然后，冰川出现，寒冷天气持续了几个世纪，地球上的生活变得极为艰难。人类要想生存下去，必须比以前三倍地用脑。但是，"生存的欲望"从前（现在亦然）让一切生物都全力以赴，直到最后一息。所以，冰河时期，人类大脑全速运转起来。这些强悍的人不仅活过了漫长的寒冷时期（许多野兽都死去），而且当地球再次变暖、变舒适时，史前人类已学会了很多，让他比自己不太聪明的邻居们更胜一筹，灭种的危险就很小了（在人类居于地球的前五十万年里，这一重大危险始终存在）。

我告诉你我们这些最古老的祖先怎样步履维艰地前进。突然（由于我们还不太清楚的原因），尼罗河谷地中居住的人们冲到前面，几乎一夜之间创造了第一个文明中心。

然后我带你去看美索不达米亚（两河流域），这是人类的第二个大学校。我给你画了一张爱琴海上小岛"桥梁"的地图，它们把古老东方的知识和科学带到了年轻的西方，那里居住着希腊人。

然后，我给你讲了一支名叫"赫楞人"的印欧部落，他们几千年前离开了亚洲，在公元前十一世纪，他们推进到遍布岩石的希腊半岛。从那以后，我们就称他们为"希腊人"。我还给你讲了希腊小城市的故事，它们实际上是国家，在那里，古埃及和亚洲的文明，被变形（这是一个大词，但你能猜出它是什么意思）成了比以前更高贵、更完善的新事物。

如果看地图就会发现，到此，文明画了一个半圆。它从埃及开始，经过两河流域、爱琴海岛屿朝西去，来到了欧洲大陆。最初的四千年里，埃及人、巴比伦人、腓尼基人，还有众多的闪族人（请记住，犹太人只不过是众多闪族人中的一支）高举着照亮世界的火炬。现在，他们把火炬传递给了属于印欧民族的希腊人，希腊人又成了另一个印欧部落罗马人的老师。但同时，闪族人已经顺着非洲北岸西进，当地中海东半部归希腊或印欧人所有时，闪族人成了地中海西半部的统治者。

你不久就会看到，这两个竞争的种族之间，爆发了可怕的冲突。

罗马帝国在冲突中胜利崛起，它把埃及 – 两河流域 – 希腊文明，带到了欧洲大陆最遥远的角落。它是我们现代社会建筑于其上的基石。

我知道，这些听起来都很复杂，但如果你掌握了上述几条原则，我们下面的历史就要简单得多。言语说不清的，地图可以明示。中断了这一会儿后，让我们回到故事中去，讲一讲迦太基和罗马之间的著名战争。

22.罗马与迦太基

北非海滨的闪族殖民地迦太基，与意大利西海岸的印欧城市罗马，为了争夺西地中海地区而开战，迦太基被毁灭

腓尼基人的小商业站点卡特哈德沙特① 在一座小山上，俯瞰着阿非利加海② —— 这条九十英里宽的水域，隔开了非洲与欧洲。这是商业中心的理想所在，真是太理想了。它发展得太快，变得太富有。公元前六世纪，巴比伦的尼布甲尼撒灭了泰尔，迦太基就切断了与宗主国腓尼基的一切联系，成为独立国家，成了闪族人在西方的强大前哨。

遗憾的是，这座城继承了一千年来腓尼基人的很多特点。它就像个大商行，有强大的海军守护，漠视生活中的很多优雅之处。城市、周围的乡村以及遥远的殖民地都由一小群特别强大的富人统治。希腊语把富人叫"ploutos"，希腊人称这样的富人政府为"Plutocracy"③。

---

① 卡特哈德沙特（Kart-hadshat）：即迦太基的初名，意为"新城"。

② 阿非利加海（African Sea）：突尼斯周围海域。

③ 指财阀政府。

迦太基

迦太基就是一个财阀政府，国家的实际权力掌握在十几个大船东、矿山主、商人手里。他们在办公室的后屋里开会，把祖国视为一个企业，应该给他们提供不菲的利润。但他们都是精明的人，精力充沛，工作勤奋。

随着时间推移，迦太基对邻居的影响越来越大，直到阿非利加海沿岸的大部分领土、西班牙以及法国某些地区都并入了迦太基版图，向阿非利加海边这座大城纳贡、交税、提成。

当然，这样的"财阀政治"总容易受到民众的影响。当活儿足够多、工资足够高时，大多数居民都相当满意，听凭"上等人"来统治他们，也不问一些令人难堪的问题。但是，当没有船只离开港口，

84

没有矿沙运到冶炼炉，当码头工人和搬运工人失业时，就有人抱怨了，要求召开公民大会，就像以前迦太基还是自治共和国时那样。

为防止这种事发生，财阀阶层不得不让城市的生意全速运转。有几乎五百年的时间，他们都极为成功。这时，从意大利西海岸传来一些谣言，令他们大为不安。据说台伯河边的一个小村子，突然发展壮大，成了意大利中部所有拉丁部落的公认领袖。传言还说，这个村子（顺便说一下，它叫罗马）想建造船只，做西西里和法国南部海岸的生意。

迦太基无法容忍这样的竞争对手。这个年轻对手必须被打垮，否则迦太基的统治者就会丧失作为地中海西部绝对统治者的权威。他们调查了传言的出处，下面就是他们发现的大致情况。

意大利西海岸长期以来都是被文明遗忘的角落。希腊的所有良港都朝东，爱琴海上繁华的岛屿尽收眼底。而意大利西海岸只能看到地中海的荒凉波涛，再没有其他令人兴奋的风景。该地区很穷，少有外国商人造访，当地人可以不受侵扰地占有他们的小山和泥泞的平原。

对该地区的第一次大规模入侵来自北方。不知何时，某些印欧部落越过了阿尔卑斯山山口，朝南推进，直到他们把意大利这只著名的靴子①，从脚跟到脚尖都塞满了他们的村庄和牛羊。关于这些早期征服者，我们一无所知。没有荷马来歌唱他们的光荣。他们自己

---

① 意大利地图状如一只靴子。

关于缔造罗马城的说法（是八百年之后写的，那时这座小城已成了一个帝国的中心）只是个传说，并非史实。罗慕路斯和雷穆斯①跳过对方的城墙（我总记不清究竟是谁跳过了谁的墙），读起来的确有趣，但罗马城的缔造实际上平淡无奇。罗马就像千百座美国城市一样，最初是方便人们交换、买卖马匹的地点。它位于意大利中部平原的核心地带，台伯河由此直通入海。从北到南的陆路，在这里找到了一个便利的、终年可用的渡口。河岸上的七座小山给居民提供了安全的屏障，可以抵挡山区或附近海域以外的敌人。

山区居民被称为萨宾人。他们是粗鲁的民族，一心想轻易地掠取财物。但他们很落后，用的是石斧、木盾，根本无法对抗罗马人的钢剑。海上的居民则是危险的敌人。他们被称为伊特鲁里亚人，他们是（如今仍是）历史上的未解之谜。没人知道他们来自哪里（现在也无人知晓），他们是谁，是什么原因迫使他们离开了故国。我们在意大利海岸发现了他们的城市、墓地、水利设施的遗迹。我们见过他们的很多铭文。但没人能破译伊特鲁里亚字母，所以这些文字信息迄今为止只是让人烦恼，没有一点儿用处。

我们最合理的推测是，伊特鲁里亚人原本来自小亚细亚，那里发生的一场大战或瘟疫迫使他们离开，另觅家园。不论他们因何来到这里，他们在历史上扮演了重要角色。他们把古代文明的花粉从东方带到了西方，他们教罗马人（我们知道，罗马人来自北部）关于

---

① 罗慕路斯是传说中罗马城的缔造者，雷穆斯是其兄弟。

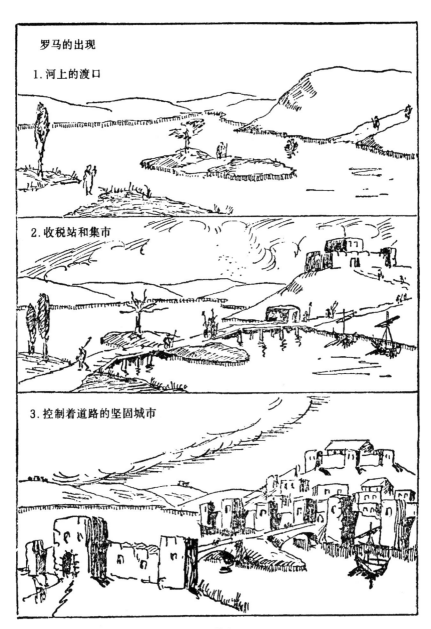

罗马的出现

1.河上的渡口

2.收税站和集市

3.控制着道路的坚固城市

罗马的出现

建筑、修路、战术、艺术、烹饪、医药、天文学的基本原理。

正如希腊人并不热爱他们的"爱琴海老师"，同样地，罗马人也仇视他们的"伊特鲁里亚老师"。罗马人一有机会，就想除掉伊特鲁里亚人。机会来了。希腊商人发现了意大利的商业潜力，第一批希腊船只到达了罗马。希腊人是来做生意的，却留下来教罗马人。他们发现，住在罗马地区的居民（被称为拉丁人）很喜欢学习实用知识。罗马人很快明白了字母表的重大好处，从希腊人那里借用了字母表。他们也明白了完善的货币和度量衡系统的商业优势。最后，罗马人把希腊文明全盘借鉴过来。

他们甚至欢迎希腊人的神到罗马来。宙斯被带到罗马，称为朱庇特，其他的神也随之而来。但罗马的神从来都不太像他们那些愉快的希腊亲戚（那些神见证了希腊人的生活和希腊文明的历史）。罗马的神是政府官员。每个神都极为小心地、满怀正义感地掌管自己的部门，但反过来，这些神也坚决要求崇拜者服从他们。罗马人谨慎地给予他们这种服从。但他们从未与神建立诚挚的私人关系或感人的友谊，而希腊人与高高的奥林匹斯山上那些伟大居民却正是这种关系。

罗马人没有仿效希腊的政体。但他们与希腊人出自同样的印欧血统，所以罗马的早期历史就类似雅典和其他希腊城邦的历史。罗马人没费多少力气就废除了他们的王（古代部落酋长的后裔）。当王从城中被赶了出去，罗马人又不得不限制贵族的权力。他们用了几百年时间才建立了一个体系，使罗马的每个自由民都有机会亲自参与城邦事务。

此后，罗马人就比希腊人多了一个长处。他们并没有做太多演说，就管理了国务。他们不如希腊人有想象力，他们喜欢行动，不尚空谈。他们太了解平民（自由民的大会被称作"plebs"），不想把宝贵时间浪费在空谈上。他们把管理城市的实际责任交给两个执政官，议事的元老院协助他们。出于习惯，也出于实用目的，元老都从贵族中选出，但他们的权力受到严格限制。

罗马一度也经历过穷人和富人之间的斗争（正是这种斗争，迫使雅典采纳了德拉古和梭伦的法律）。在罗马，这种斗争出现在公元前五世纪。其结果是，自由民获得了一套成文法典，通过"保民官"制度，保护自由民免受贵族法官的暴政。保民官都是自由民选出的城市官员。他们有权保护每个公民，不受政府官员那些不公正行为的侵害。执政官有权判某人死罪，但如果案情没有确凿证据，保民官就可以干涉，挽救这可怜家伙的性命。

我在用"罗马"一词时，似乎指的是一个有几千居民的小城市。而罗马的实际力量，在于它城墙外的乡村地区。就是在管理这些偏远省份的过程中，罗马很早就显示出作为殖民大国的非凡才能。

很早的时候，罗马是意大利中部唯一的城池坚固的城市。但其他拉丁部落如果面临被攻打的危险，罗马总为他们提供好客的避难所。拉丁邻居们都意识到，跟这样一个强大的朋友结成紧密联盟，大有好处。他们就努力想寻找一个基础，以形成攻守同盟。其他国家，比如埃及、巴比伦、腓尼基，甚至希腊，会坚持让"野蛮人"臣服于他们，罗马人却没有这样做。他们给了"外来者"一个机会，让他们成为"共和国"的伙伴。

"你们想加入我们，"罗马人说，"很好，那么加入进来吧。我们会像对待罗马的全权公民一样对待你们。作为这项特权的交换，我们希望你们在必要的时候能为我们的城市，也就是我们共同的'母亲'而战。"

"外来人"喜欢这种慷慨大度，他们用自己不变的忠诚来表达感激之情。

某希腊城邦一旦受到进攻，外来居民会连忙搬出城去。希腊城邦对他们来说只是一个暂时的寄居地，希腊人能容忍他们是因为他们要付租金。那么，外来人何必为希腊城邦而战呢？但当罗马的敌人兵临城下，所有拉丁人都赶来守城。这是他们的"母亲"面临危险。即便他们住在一百英里之外，从未见过圣山上的城墙，这仍是他们真正的"家"。

失败和灾难都无法改变这种同仇敌忾之情。公元前四世纪初，野蛮的高卢人攻入了意大利。他们在亚利亚河附近打败了罗马军队，向罗马城进军。他们占领了罗马，然后指望着罗马人会来求和。他们等啊等，但毫无动静。过了不久，高卢人发现自己周围的人全都满怀敌意，让他们无法获得给养。过了七个月，饥饿迫使他们撤军。罗马平等对待"外来人"的政策取得了巨大成功，罗马比以往更加强大。

我简要叙述了罗马的早期历史，从中你会看出罗马想要建立健全国家的理想，与迦太基城所体现的古代社会的理想，其间有多么大的鸿沟。罗马人希望许多"平等公民"之间愉快诚挚地合作。迦太基人则仿效埃及和西亚，强调"臣民"要无条件地（因此是不情愿地）服从他们。当这种尝试失败后，他们就雇佣职业士兵来为自己打仗。

你现在就明白，为什么迦太基必定害怕这样一个聪明而强大的对手，为什么迦太基的财阀政权急于找碴打仗，以消灭危险的对手，否则恐怕就为时已晚了。

但迦太基人是优秀的商人，他们明白欲速则不达的道理。他们向罗马人提议，两座城在地图上画两个圆圈，各把其中一个圆圈画作自己的"势力范围"，并保证不踏入对方的圆圈。双方很快达成协议，协议又很快被撕毁，因为双方都觉得自己应该出兵西西里岛（那里有肥沃的土地、糟糕的政府，外部势力都想干涉）。

迅捷的罗马战船

由此爆发的战争称为第一次布匿战争，这场战争持续了二十四年。战事是在海面上打的。一开始，经验丰富的迦太基海军似乎会打败新创立的罗马舰队。迦太基战船依据古老的战术，要么会撞击敌船，要么从侧面大胆进攻，打碎敌船的船桨，然后用箭和火球，杀死无助的敌船上的水兵。但罗马工程师发明了一种新船，上面有登上别的船用的吊桥，罗马步兵可以通过吊桥袭击敌船。于是，迦太基人的胜利突然终结。在米拉①海战中，他们的舰队遭到重创。迦太基被迫求和，西西里成了罗马的领地。

二十三年后，争端又起。罗马（为了获取铜）占领了撒丁岛，迦太基（为了获取银）随后占领了整个西班牙南部。这使迦太基成了罗马的近邻。罗马一点也不喜欢这样，派军队跨过比利牛斯山，监视着迦太基占领军。

两个对手之间的第二次战争就这样埋下了引子。这回，争夺一个希腊殖民地成了开战的借口。迦太基正在围困西班牙东海岸的萨贡托人。萨贡托人向罗马求援，罗马像往常一样乐于帮忙。元老院答应派拉丁军队帮助萨贡托。但远征需要一些时间来准备，这期间，萨贡托被攻陷摧毁。这完全是在跟罗马的意志对着干，元老院决定宣战。一支罗马军队越过阿非利加海，在迦太基的土地上登陆。另一支将牵制西班牙的迦太基军队，防止他们增援迦太基。这是个出色的计划，人人都期待着胜利。但神却另有一番安排。

---

① 米拉（Mylae）：今西西里岛的米拉佐。

汉尼拔翻越阿尔卑斯山

那是在公元前218年秋。应去攻打西班牙迦太基军队的那支罗马军队离开了意大利。人们热切期待着能轻松地大获全胜。这时，波河①平原上开始流传一个可怕的消息。粗鲁的山民，嘴唇吓得发抖，说有几十万棕色皮肤的人，牵着"跟房子一样大的"怪兽，突然出现在格雷晏山口②周围的云端——几千年前，赫丘利（古希腊神话中的大力神）在从西班牙到希腊的途中，曾赶着革律翁③的牛，越过这个山口。很快，狼狈不堪的难民络绎不绝地出现在罗马城门前，他们知道更多细节。哈米尔卡的儿子汉尼拔，带着五万步兵、九千骑兵和三十七头战象，已越过了比利牛斯山。他在罗纳河畔，打败了西庇阿率领的罗马军队。尽管是十月，路上覆盖着厚厚的冰雪，但他率领军队穿越了阿尔卑斯山的山口。然后他同高卢人的军队会师，共同在另一支罗马军队渡过特雷比亚河之前，将其击败。然后，汉尼拔的军队围攻皮亚琴察，那是把罗马与山区诸省相连的道路的北端。

罗马的元老院大为惊讶，但元老们仍一如既往地从容不迫、精力充沛。它压下了这些战败的消息，又派两支军队去抵挡入侵者。汉尼拔在特拉希米恩湖边的一条窄道上突袭了这些军队，杀死了所有罗马军官及几乎所有罗马士兵。这次，罗马人慌了，但元老院仍保持镇静。它组织了第三支军队，这次指挥权交给了费边，他有全

---

① 波河：意大利北部河流。

② 格雷晏山口：西阿尔卑斯山北段。

③ 革律翁（Geryon）：希腊神话中住在西方的三体怪物，被赫丘利杀死。

权"做必要的事，来挽救国家"。

费边知道，他必须非常小心，否则将全盘皆输。他的军队是新招募的，是最后一支可用的军队，这支军队缺乏训练，不是汉尼拔训练有素的军队的对手。他拒绝交手，但总是跟随着汉尼拔，把一切能吃的东西都毁掉，破坏道路，进攻敌人的小分队，通过组织特别令人沮丧、厌烦的游击战，全面削弱了迦太基军队的士气。

然而，这些办法无法满足躲在罗马城墙内的惊恐的人们。他们要求"行动"，人们必须马上做点什么来应对这一情况。有一个很受欢迎的英雄，名叫瓦罗，在城里四处吹嘘说，自己比迟缓的"拖延者"老费边强得多。在民众的欢呼声中，他成了总司令。在坎尼之战（公元前216年），他遭到了罗马历史上最大的惨败，七万多人被杀。汉尼拔成了整个意大利的主人。

汉尼拔从半岛一端进军到另一端，自称"解放人们摆脱罗马奴役的人"，要诸省加入对母亲之城的战斗。然后，罗马的智慧再一次结出了高贵的果实。除了卡普亚与叙拉古之外，罗马的所有城市仍效忠于它。解放者汉尼拔想做他们的朋友，却发现自己遭到对抗。他远离故土，不喜欢这种处境。他派使者去迦太基，请求新的给养和兵力，但迦太基却什么也不能给他送过来。

船上有吊桥的罗马人，是海上的主人。汉尼拔只好靠自己了。他继续打败派来抵抗他的罗马军队，但他自己的兵力也在迅速减少。意大利农民们则对这位自封的"解放者"敬而远之。

经过了多年的持续胜利后，汉尼拔发现自己在刚征服的这个国家陷入了重围。有一段时间，汉尼拔似乎时来运转。他的兄弟哈斯德鲁巴在西班牙打败了罗马军队。哈斯德鲁巴越过阿尔卑斯山，来增援汉尼拔。他派使者到南方，告知自己到来的消息，并让汉尼拔的军队在台伯河平原上迎接他。不幸的是，使者落到了罗马人手里。汉尼拔空等着新消息，却等来了他兄弟的头颅，这头颅被整齐地装在一个篮子里，滚进了他的营帐，告知他最后一支迦太基军队的命运。

　　哈斯德鲁巴被除掉后，年轻的罗马将军大西庇阿轻松地重新征服了西班牙。四年后，罗马人准备对迦太基发出最后一击。汉尼拔被迦太基召回。他渡过阿非利加海，竭力组织迦太基的城防工作。公元前202年，在扎马战役中，迦太基人被打败。汉尼拔逃往泰尔，从那儿去了小亚细亚，煽动叙利亚和马其顿人反抗罗马。他所获甚

汉尼拔之死

微，但他在这些亚洲国家的活动，给了罗马人以口实，于是罗马把战事扩展到东部地区，将爱琴海世界的大部分都据为己有。

汉尼拔从一城被赶到另一城，成了流离失所的逃犯。他终于明白，他的雄心壮志算是到头了。他钟爱的迦太基城已毁于战火，被迫签署了屈辱的和约。迦太基的海军已覆没。迦太基不经罗马允许，就不能与别人打仗。它还要在未来的无尽岁月里，向罗马支付大笔的钱。他已然看不到任何生活的希望。公元前183年，汉尼拔服毒自尽。

三十多年后，罗马人最后一次向迦太基开战。这个古老的腓尼基殖民地的居民，在三年的时间里，抵抗住了新兴的罗马共和国。然后，饥饿迫使他们投降。围城之后活下来的寥寥人口被卖为奴，城市被焚烧，仓库、王宫、大武器库烧了整整两星期。罗马人对着焦土发下毒誓，然后罗马军团返回意大利庆祝胜利。

此后的一千年里，地中海都属于欧洲。但罗马帝国灭亡后，亚洲再次试图占领这个大内海。以后我讲穆罕默德的故事时，会谈到这一点。

23. 罗马的崛起

罗马是怎样崛起的

罗马帝国的出现纯属偶然，没人策划，它就是"发生了"。没有哪个名将、政治家或刺客挺身而出，大声疾呼："朋友们、罗马人、市民们，我们必须建立一个帝国。跟我来，让我们一起，征服从赫丘利门①到托罗斯山②的所有土地。"

罗马盛产名将，以及同样杰出的政治家和刺客。罗马军队在全世界征战。但罗马的帝国缔造活动并没有预先计划。普通罗马人是很务实的公民，不喜欢什么政府理论。如果有人开始说"罗马帝国的道路在东方"云云，他会很快离开讨论场所。只是因为情势所逼他才占有了越来越多的土地。他并不是受野心或贪心驱使。从天性和偏好来说，他都是个农夫，喜欢待在家里。但如果他遭到攻击，他就只好自卫。如果敌人渡海去到遥远的国家求援，那么耐心的罗马

---

① 赫丘利门：指直布罗陀海峡。

② 托罗斯山（Mount Taurus）：在土耳其南部。

人也要跋涉无聊的遥远路程，去击败这危险的敌人。敌人被击败后，罗马人留下来，管理新征服的省份，以免它们落入流荡的野蛮人手里，威胁罗马的安全。听起来很复杂，但对当时的人来说，这很简单。下面你就会看到这一点。

公元前203年，西庇阿渡过阿非利加海，把战火烧到了非洲。迦太基召回汉尼拔。汉尼拔的雇佣军没有很好地支持他，他在扎马附近被击败。罗马人耍他投降，汉尼拔逃走，到马其顿和叙利亚去搬救兵（我在上一章说过这些）。

马其顿和叙利亚是亚历山大帝国的残余。它们的统治者当时正想着远征埃及，希望瓜分富饶的尼罗河谷地。埃及国王听到风声，求救于罗马。舞台就这样布置停当，可以上演很多有趣的阴谋和反阴谋情节。但罗马人缺乏想象力，还没等演出开始，就把大幕拉了下来。他们的军团彻底打败了希腊的大方阵（马其顿人仍以这种方阵为战斗队形）。这是公元前197年的事，发生在色萨利中部的库诺斯克法莱（意为"狗头"）平原。

然后罗马人向南部的阿提卡进军，告诉希腊人，自己是来"拯救希腊人摆脱马其顿奴役的"。希腊人在多年的半奴役处境中并没有任何长进。他们用不幸的方式使用自己的新自由。所有小城邦马上开始争吵，就像在以前的好日子里一样。罗马人对这个民族的愚蠢争吵（该民族是罗马人相当鄙视的）既不理解，也不喜欢，但表现了充分的克制。但他们对这些无休止的争斗终于厌倦，失去了耐心。他们入侵希腊，烧掉了科林斯（以"鼓励其他希腊人"），派一个罗马总督到雅典，统治着这个混乱的省份。就这样，马其顿和希腊就成了缓冲地带，守卫着罗马的东部边界。

这时，在达达尼尔海峡对岸是叙利亚王国。安条克三世统治着那里的广袤土地，当他的贵客汉尼拔将军对他解释，如何轻易侵入意大利、洗劫罗马城时，他表现出了浓厚兴趣。

卢基乌斯·西庇阿（在非洲的扎马打败了汉尼拔及其迦太基军队的大西庇阿将军的弟弟）被派到小亚细亚。公元前190年，他在马格尼西亚附近打败了叙利亚国王。不久，安条克被自己的子民私刑处死。小亚细亚成了罗马的属国，罗马这个小小的城市共和国，成了地中海周边大部分土地的主人。

24. 罗马帝国

罗马共和国在历经几百年的动荡和革命后，如何成了罗马帝国

罗马军队赢得了这么多战斗后凯旋，受到热烈欢迎。唉！这突然的辉煌并没有让罗马更幸福。恰恰相反，无休止的战争毁了那些农夫，他们被迫从事创建帝国的艰苦工作。功成名就的将军（以及他们的密友）手里拥有的权力太大，他们拿战争做借口，进行全面掠夺。

古罗马共和国曾自豪于自己的名人过着简朴生活，新共和国却对祖辈时代流行的蹩脚衣裳、高贵原则感到羞耻。它成了富人的国度，由富人统治着，为的是富人的利益。这样一来，它注定要遭受灾难性的失败。下面我就讲给你听。

不到一百五十年的时间里，罗马成了地中海周围几乎所有土地的主人。在历史上的那些早期日子，战俘会失去自由，沦为奴隶。罗马人对待战争的态度极为严肃，对战败的敌人毫不留情。迦太基陷落后，迦太基妇女和儿童，跟他们的奴隶一起，被卖为奴。希腊、

马其顿、西班牙、叙利亚的顽固分子，如果胆敢反抗罗马势力，也是这样的下场。

两千年前，奴隶只是一件机器。今日的富人把钱投入工厂，罗马的富人（元老、将军、战争贩子）则把钱投在土地和奴隶上。他们购买土地，或者在新征服的省份夺取土地。他们在最便宜的公开市场上购买奴隶。公元前三世纪和前二世纪的大部分时间，奴隶的供应都很充足，结果地主迫使奴隶连续工作，直到他们在路上倒毙。然后地主从就近的集市上，购买来自科林斯或迦太基的新战俘。

现在看看自由农夫的命运吧！

他为罗马尽过了义务，毫无怨言地给罗马打仗。但当他十年、十五年甚至二十年后返乡时，他的田地上荒草丛生，他的家已支离破碎。但他是个强悍的人，愿意重新开始生活。他播种，等待收获。他把谷物与牲畜家禽一起拿到市场上去卖，结果发现，在所有产品上，依靠奴隶在庄园里干活的大地主都能比自己售价更低。他坚持了两三年，然后绝望地放弃。他离开乡下，来到附近的城市。在城里，他跟以前在乡下一样挨饿，但他是跟其他成千上万个毫无权利的人一起受苦。他们在大城市郊区的肮脏棚户中蜷缩在一起。在可怕的流行病中，他们很容易生病死去。他们都牢骚满腹。他们曾为国家而战，这就是他们得到的报答。他们总乐于听那些演说家侃侃而谈（那些演说家就像饥饿的秃鹫一样，围在不满的民众周围）。很快，他们成了国家安全的严重威胁。

但新贵阶层耸耸肩，表示无所谓。"我们有军队和警察，"他们说，

"他们会控制住暴民的。"他们躲在豪华别墅的高墙内摆弄自己的花园，读着一个叫荷马的人写的诗（一个希腊奴隶刚刚把他的诗翻译成非常悦耳的六音步拉丁文）。

有几个家族仍保持着为国尽忠的老传统。大西庇阿的女儿科尔内利亚嫁给了一个叫格拉古的罗马人。她有两个儿子，提比略和盖约。孩子长大后步入政界，力图推行人们迫切需要的某些改革。一次调查表明，意大利半岛上的大部分土地由两千个贵族家庭占有。提比略·格拉古被选为保民官，他想帮助自由民。他重新启用了两条古代法律，限制每人可拥有的土地数量。这样，他就复兴了可贵的独立小生产者阶层。新贵们称他为强盗，国家的敌人。街道上发生了暴乱。一群暴徒受雇刺杀这位受人爱戴的保民官。提比略·格拉古在进入议政大厅时遭到袭击，被打死了。十年后，他的弟弟盖约试图违逆强大的特权阶层的意志，对国家进行改革。他通过了一种救济穷人的法令，意在帮助贫苦农民。结果，它把罗马的大部分公民，都变成了职业乞丐。

他在帝国的偏远地方建起穷人的殖民地，但这些居民点没有吸引到理想的人。还没等盖约·格拉古作更多的"乱"，他也被谋杀了，他的追随者要么被杀，要么被流放。这最早的两位改革家都是贵族。之后的两位出身与他们完全不同，是职业军人，一个叫马略，另一个叫苏拉。他们都有大批追随者。

苏拉是地主的领袖。马略是阿尔卑斯山脚下一场大战的胜利者，在那次战役中，条顿人和辛布里人被消灭。他是没有土地的自由民的大众英雄。

公元前88年，来自亚洲的传言令罗马元老院大为不安。黑海沿岸一个国家①的国王米特拉达梯（他母亲是希腊人）觉得自己有望建立第二个亚历山大帝国。他开始征服世界。最初他杀死了小亚细亚的所有罗马公民，不论男女老幼。这当然意味着战争。元老院装备了一支军队，朝这位本都国王进军，惩罚他犯下的罪行。但是，让谁来做总司令呢？元老院说，"苏拉，因为他是执政官。"暴民则说，"马略，因为他曾五次做执政官，而且他是我们权利的保护人。"

对征战而言，谁握有实际军权，谁才占上风。苏拉当时恰好实际操纵着军队。他东进攻打米特拉达梯，马略则逃往非洲。马略留在非洲，一直等到听说苏拉渡海进入了亚洲，才回到意大利。他纠集一支由不满者组成的杂牌军，向罗马进军。他带着自己的职业强盗们进城，用五天五夜的时间屠杀他在元老院中的敌人，然后迫使大家选他为执政官。他很快就死了，为过去两周的极度兴奋付出了代价。

之后是四年的乱局。接着，已经打败米特拉达梯的苏拉，宣布准备回罗马，跟以前的宿敌算账。他言出必行，有好几周的时间，他手下的士兵都忙着处决那些被怀疑有民主倾向的公民。一天，他们抓住一个年轻人，有人看到他常常跟马略在一起，他们想绞死他。这时有人干预了，说"这孩子年纪太小"，于是他被释放。他叫尤利

---

① 指本都国。

乌斯·恺撒，你很快就会再次见到他。

至于苏拉，他成了"独裁官"，意思就是罗马所有领地的唯一至高无上的统治者。他统治了罗马四年，然后寿终正寝。在生命的最后一年，他专心于种白菜——很多一辈子杀戮同胞的罗马人，晚年都喜欢种白菜。

但局势没有好转，反而更加恶化了。另一个叫庞培的将军（是苏拉的密友）朝东进军，再次与麻烦不断的米特拉达梯开战。他把那位精力旺盛的国王赶到了山区，米特拉达梯深知罗马俘虏的命运，于是服毒自杀。然后，庞培重新在叙利亚确立了罗马的权威，毁掉了耶路撒冷。他在西亚游荡，力图复兴亚历山大大帝的传统。最后（公元前62年）他回到罗马，带了十多船战败的国王、王公、将军。这些人不得不在这位深得人心的罗马人的凯旋队伍中游街。庞培献给罗马价值连城的战利品。

罗马政府必须交在一个强有力的人手里。就在几个月前，罗马城几乎落入了一个名叫喀提林的游手好闲的年轻贵族手中，他赌光了钱，希望通过一点儿劫掠，来弥补自己的损失。西塞罗——一位具有公德心的律师——识破了他的阴谋，警告了元老院，迫使喀提林出逃。但还有其他有类似野心的年轻人。这不是空谈的时候。

庞培组织起了一种三头执政制度来管理事务，他成了这个看守委员会的领袖。盖尤斯·尤利乌斯·恺撒此前作为西班牙总督而英名远扬，他是第二领袖。第三位是个无关紧要的人物，名叫克拉苏。他之所以被选上，是因为他极为富有，是一个提供战争补给的成功商人。他不久就在远征帕提亚人的途中战死。

　　恺撒是三个人中能力最杰出者。他判断，他还需要再多一点的军事成就才能成为大众英雄。他越过阿尔卑斯山，征服了如今叫法国的那片土地。然后他在莱茵河上造了一座坚固的木桥，入侵了野蛮的条顿人的土地。最后他驾船造访了英格兰。如果他不是被迫回

恺撒西征

到意大利，天知道他最终会跑到哪里。有人禀报他说，庞培已被任命为终身"独裁官"。这自然意味着恺撒已经入了"退伍军官"名单，他当然不乐意。他记起来，自己最开始是追随马略的。他决定再次教训一下元老们和他们的"独裁官"。他渡过卢比孔河，这条河隔开了山南高卢省与意大利。作为"人民的朋友"，他处处受到拥戴。

他没费力气就进入了罗马，庞培则逃往希腊。恺撒追赶庞培，在法萨卢附近打败了庞培的追随者。庞培渡过地中海，逃到埃及，他一登陆，就被年轻的国王托勒密派人杀死。几天后，恺撒到了，发现自己进了圈套。埃及人以及仍忠于庞培的罗马卫戍军，进攻他的大本营。

幸运之神站在恺撒一边。他放火点燃了埃及舰队。燃烧船只的火星，偶然落在了离水滨不远的著名的亚历山大图书馆屋顶上，烧毁了图书馆。然后，恺撒进攻埃及军队，把敌军赶到了尼罗河里，托勒密溺水而死。恺撒建立了一个以克娄巴特拉（托勒密国王的妹妹）为首的新政权。正在这时，他得到消息，说米特拉达梯的儿子和继承人法纳西斯又开战了。恺撒北进，在一场用时五天的战斗中打败了法纳西斯，把胜利的消息用一句名言传给罗马，就是拉丁文"veni, vidi, vici"，意思是"我来，我看见，我征服"。他回到埃及，深深爱上了克娄巴特拉。公元前46年他回到罗马执政时，克娄巴特拉陪伴着他。他在四个不同的战役中获胜，走在四个不同的凯旋队伍前头。

然后恺撒出现在元老院里，汇报他的军事行动。感恩戴德的元老院任命他为"独裁官"，任期十年。这是一个致命的举措。

新独裁官打算认真地改革罗马政权。他使自由民可以加入元老院，把公民权赋予偏远地区的居民，就像罗马历史早期那样。他允许"外来人"对政府施加影响。他改革了偏远省份的行政管理制度（而某些贵族已把这些省份视为自己的囊中之物）。简而言之，他为老百姓做了很多好事，但这却让国家中最有权势的人特别不喜欢他。五十多个年轻贵族组成了一个小团伙"来拯救共和国"。三月的伊迪斯日（按照恺撒从埃及带回来的新历法，就是三月十五日），恺撒在进入元老院时遇刺。罗马再次成了无主之国。

有两个人想延续恺撒的光荣传统。一个是恺撒以前的助手安东尼，另一个是恺撒的甥外孙也是恺撒的继承人屋大维。屋大维留在罗马，安东尼则到了埃及去接近克娄巴特拉，他也爱上了她（这似乎是罗马将军的习惯）。

安东尼和屋大维之间爆发了战争。在亚克兴战役中，屋大维打败了安东尼。安东尼自杀，克娄巴特拉单独面对强敌。她想把屋大维变成自己的第三个罗马被征服者，当看到自己无法打动这位高傲的贵族时，她自杀而死。埃及成了罗马的一个省。

说到屋大维，他是个特别聪明的年轻人，没有重复著名的恺撒犯下的错误。他知道人们不喜欢高谈阔论。当他回到罗马时，他提出的要求不多。他不想做"独裁官"，有"阁下"的称号他就知足了。但几年后，元老院把他称为"奥古斯都"（意思是光荣的），他并没有拒绝。又过了几年，街上的人称他为"恺撒"①，而习惯于把他看作总司令的士兵则称他为"司令"②。共和国成了帝国。但这种变化普通罗马人甚至没有觉察。

---

① 原文为 Cæsar 或 Kaiser，是一种身份的称号，即"罗马人的元首"。

② 原文为 Imperator 或 Emperor，"皇帝"之意。

公元14年，屋大维作为罗马人绝对统治者的地位已极为稳固，他成了神化崇拜的对象，以前这种崇拜只是献给神的。他的继任者们成了名副其实的"皇帝"——世界上迄今为止最大帝国的绝对统治者。

说实话，普通公民已经厌倦了无政府状态和混乱。只要新主人能让他平静地生活，听不到街上持续不断的暴乱，他并不在乎谁统治他。屋大维让子民安享了四十年的和平。他并不想开疆拓土。公元9年，他曾想入侵条顿人居住的西北荒野，但他的将军瓦卢斯和手下人都死于条顿堡森林中。此后，罗马人就不再试图驯服这些野蛮人了。

罗马人致力于解决内部改革这个大难题，然而为时已晚。两百年的革命和对外战争不断夺走年青一代中最优秀的生命，也毁掉了自由农民阶层。它引入了奴隶劳动，没有哪个自由民能指望跟奴隶竞争。它把城市变成了蜂窝，里面住着贫苦肮脏的流亡农民。它创造了一个巨大的官僚机构——小官吏工资不高，只能收取贿赂来给家人买吃买穿。最糟糕的是，它让人们习惯了暴力流血，习惯了以别人的痛苦为乐。

从外表看，公元一世纪的罗马是座宏伟的政治大厦。它是如此之大，亚历山大的帝国都成了它的一个小省。但在这辉煌外表下生活着数百万贫穷而疲惫的人，他们像在巨石下做穴的蝼蚁一样劳作着。他们工作是为别人的利益，他们跟地里的野兽同食，住在马厩里。他们无望地死去。

这是罗马建立后的第七百五十三年。盖尤斯·尤利乌斯·恺撒·屋大维·奥古斯都，住在帕拉蒂尼山①的王宫里，忙于统治自己的帝国。

　　在偏远的叙利亚的一个小村子，木匠约瑟的妻子马利亚正照看自己的小儿子，这孩子出生在伯利恒的一个马厩里。

　　这是个奇怪的世界。

　　不久，王宫和马厩公开交锋。

　　马厩竟然获胜了。

---

① 帕拉蒂尼山（Palatine Hill）：古罗马的七山之一。

25．拿撒勒的约书亚

拿撒勒的约书亚的故事，希腊人称这个人为耶稣

罗马历815年（用我们的历法来说，就是公元62年）秋，罗马一位名叫艾斯库拉皮乌斯·库尔特鲁斯的医生，给他在叙利亚从军的侄子写了这样一封信：

亲爱的侄儿：

几天前，有人请我去给一个叫保罗的人开药方。他似乎是罗马公民，父母是犹太人。他受过良好教育，性格和蔼可亲。我听说他牵连到一宗诉讼中，是我们的一个省级法院（凯撒利亚①或地中海东边的类似地方）的上诉案。有人说他是"野蛮、狂暴"之徒，发表反民众的违法演说。我却觉得他很有智慧，很诚实。

---

① 凯撒利亚（Caesarea）：地中海东岸古城，现属以色列。

我的一个朋友曾在小亚细亚从军。他跟我说，他在以弗所听到了一些关于保罗的消息，说保罗在传道，他崇拜的是一个奇怪的新神。我问我的病人这是不是真的，他是否曾让人们造反，违背我们敬爱的皇帝的意志。保罗回答说，他所说的王国不是这个世界上的，他还说了好多我听不懂的奇怪的话，但这或许是他发烧的缘故吧。

他的品格给我留下了深刻印象。几天后，我听说他在奥斯廷道上被杀，我很痛心。因此，我写这封信给你。你下次到耶路撒冷去，我希望你能打听关于我的朋友保罗，还有那个奇怪的犹太先知（他似乎是保罗的老师）的消息。我们的奴隶们对这个所谓的弥赛亚深感兴趣。有几个奴隶公开谈论新王国（不管这王国意味着什么），结果被钉上了十字架。我想知道这些谣言的真相。

你亲爱的叔父

艾斯库拉皮乌斯·库尔特鲁斯

六星期后，他的侄子格拉迪乌斯·恩萨（第七高卢步兵营的首领）写了下面这封回信。

亲爱的叔父：

来信收悉，敬如遵命。

两个星期前，我们军团被派到耶路撒冷。那里在上个世纪发生了若干暴动，古城已所剩无几。我们已在此地驻留一个月，明天将继续朝佩特拉①进军，那儿的某些阿拉伯部落制造了些麻烦。我今晚就回答您的问题，但恕我不能向您详细汇报。

我曾跟这城里的大多数老人都谈过，但没人能给我明确信息。几天前，一个小贩来到我们军营。我买了他一些橄榄，问他是否听说过那个著名的弥赛亚，就是年纪轻轻就被杀的那人。他说他记得很清楚，因为他父亲曾带他到各各他②，去看耶稣被处决，让儿子看看犹太律法的敌人会有什么下场。他给了我一个叫约瑟的人的地址，约瑟曾是那位弥赛亚的朋友。他对我说，我如果想知道更多，最好去找约瑟。

今天早晨我去探访了约瑟。他已年迈，以前是一个淡水湖边的渔夫，他的记性很好。从他那儿，我终于比较清楚地知道了在我出生前的那段动荡日子里，发生了什么。

我们伟大光荣的皇帝提比略当时在位。一个名叫彼拉多的军官，是原犹太国与撒马利亚的总督。约瑟对这个彼拉多所知甚少。彼拉多似乎是个相当正直的官员，作为该省的行政官，身后颇有声誉。在783年或784年（约瑟忘记是哪一年了），因一桩暴乱，彼拉多来到耶路撒冷。一个年轻人，拿撒勒一个木匠的儿子，据说正策划反抗罗马政府的革命。奇怪的是，我们自己的情报官一般都消息灵通，却似乎未听闻此事。他们调查

---

① 佩特拉（Petra）：古城，在今约旦南部。

② 各各他（Golgotha）：《圣经》中记载耶稣被钉在十字架上的地方。

了情况，汇报说，这年轻木匠是好公民，没有理由起诉他。但约瑟说，犹太教的那些老派领袖却大为不安。这木匠在比较贫穷的希伯来民众中很受欢迎，对此，老领袖们非常不高兴。他们对彼拉多说，这个"拿撒勒人"曾公开声称，希腊人、罗马人，甚至非利士人，只要努力过正直高尚的生活，就跟整日研究摩西古老律法的犹太人一样好。彼拉多似乎不为这些言辞所动。但圣殿周围的人群威胁着要私刑处死耶稣，杀死他的所有追随者，这时彼拉多决定监禁这个木匠，救他的命。

彼拉多似乎并未明白这桩争吵的本质。每次他让犹太祭司们解释他们不满的理由时，他们就喊着"异端""叛徒"，还大为光火。约瑟对我说，最后，彼拉多派人把约书亚叫来（这就是那个拿撒勒人的名字，但此地的希腊人总把他叫耶稣），亲自查问。彼拉多跟他谈了几个小时。他问耶稣关于"危险教义"的事，据说耶稣曾在加利利湖滨宣传这些教义。但耶稣回答说，他从来不问政治。他感兴趣的不是人的肉体，而是人的灵魂。他希望所有人都把自己的邻人看成兄弟，爱一个唯一的神，这神是所有生灵之父。

彼拉多似乎熟悉斯多葛派和其他希腊哲学。他在耶稣的言谈中，似乎并未发现任何叛国的成分。按约瑟的说法，彼拉多再次试图救这个和善的先知。他不断推延行刑期。其间，犹太人被他们的祭司煽动得狂怒起来。此前，耶路撒冷就已发生多起暴乱，而能召来的罗马士兵数量很少。有人向凯撒利亚的罗马当局汇报说，彼拉多"受了那拿撒勒人的蛊惑"。全城都在签请愿书，要求把彼拉多遣回去，因为他是皇帝的敌人。你知道，我们的总督被严格要求，避免与外国子民发生公开冲突。为了让国家免于内战，彼拉多最后牺牲了自己的囚犯约书亚。约书亚举止尊严，他原谅了所有那些仇恨他的人。他在耶路撒冷暴民的叫喊、狂笑声中，被钉上了十字架。

这就是约瑟一边老泪纵横，一边讲给我的故事。我离开的时候，给了他一枚金币，但他拒绝了，他让我把它给比他更贫穷的人。我还问了他关于您的朋友保罗的几个问题。他略知保罗。保罗似乎本来是造帐篷的，后来放弃了职业，传播一个仁爱、慈祥的上帝的教诲，这个上帝与犹太祭司对我们说的耶和华大相径庭。后来，保罗似乎在小亚细亚和西亚走了很多地方，告诉奴隶们，他们都是一个慈父的孩子，说不论富人穷人，只要诚实地生活，对受苦的人行善，都会得到幸福。

我希望我的回答能令您满意。在我看来，整个事件对国家的安全毫无威胁。但是，我们罗马人从来都不理解这个省的民众。我很遗憾他们杀了您的朋友保罗。我希望我能重返故里。

您永远忠诚的侄子

格拉迪乌斯·恩萨

26．罗马的衰亡

罗马的黄昏

古代史教科书写道，公元476年西罗马帝国覆亡，因为在那一年，最后一任罗马皇帝被赶下宝座。但罗马不是一天建成的，其覆亡也不是一天的事。这是个缓慢、渐变的过程，大多数罗马人都没有意识到自己的旧世界已经走到了穷途末路。他们抱怨时局动荡，抱怨食品昂贵以及劳工的低工资，他们诅咒那些垄断谷物、棉花、金币的暴利之徒。如果某总督搜刮得太过分，他们偶尔也会反抗。但是，公元后的最初四百年里，大多数人吃着喝着，爱着恨着，只要有角斗士的免费表演，就去角斗场，一些人则在大城市的贫民窟里饿死——他们完全没有意识到，他们的帝国已经没落，注定要灭亡。

他们怎么可能意识到面临的危险呢？罗马帝国表面看来很风光。平整的道路连接着各省，皇家警察四处出动，对劫匪毫不留情。边界上有重兵把守，以防备那些似乎占领着北欧荒野的野蛮部落。全世界都向罗马这座大城纳贡，还有二十几个有识之士日夜操劳，以

116

纠正过去的错误，试图重现早期共和国的辉煌。

但是，国家衰微的深层原因（我在前面有一章中曾谈及）并未消除，因此改革是不可能成功的。

从本质上看，罗马一直是个城邦，正如希腊的雅典、科林斯一样。罗马曾统治过意大利半岛。但罗马要想统治整个文明世界，从政治上来说是无法长久的。罗马的年轻人在连年的战争中战死。罗马的农夫在长期的兵役、赋税下破产，要么成了乞丐，要么受雇于富有的地主。这些地主给他们提供食宿以换取他们的劳务，把他们变成了"农奴"——"农奴"是不幸的人，他们既非奴隶，也非自由民，而成了自己耕作的土地的一部分，就像很多牛或树一样。

帝国（国家）成了一切，普通公民渺小得一文不值。至于奴隶，他们听到了保罗的话，接受了拿撒勒那个卑微木匠的教义。他们并不反抗主人。相反，教义规定他们应该驯顺，服从自己的主人。但尘世对他们来说是个悲惨的居留地，他们对一切俗务都丧失了兴趣。他们愿意为进入天国而战，但他们不愿为了一个野心勃勃的皇帝而战——皇帝希望在帕提亚人、努米底亚人、苏格兰人的土地上作战以赢得名声。

随着时间的流逝，情况日益恶化。最初的皇帝们还传承了"领袖"的传统，正是这种传统，让古代的部落酋长对自己的子民有那么大的控制力。但二、三世纪的皇帝则是军营皇帝，是职业军人，依靠其保镖（所谓的禁卫军）才坐上宝座。他们你方唱罢我登场，靠杀戮进入皇宫，一旦继任者足够富有，贿赂禁卫军发生新的叛乱，在任皇帝又被人杀死。

　　同时，蛮族人正捶打着北方边界的大门。已经没有罗马本国军队能阻挡他们前进，于是罗马雇了外国雇佣军来抗击入侵者。而这些外国雇佣军跟所谓的敌人恰好出自同一血统，所以在开战时，雇佣军常常心慈手软。最后，罗马试着让几个蛮族部落在帝国境内定居，其他部落也蜂拥而入。不久，对榨干他们最后一分钱的贪婪的罗马收税官，这些部落怨声载道。对此无人理睬。于是他们朝罗马进军，强烈要求当局听取自己的控诉。

当蛮族人毁了一座罗马城市

　　这使罗马城成了不安之地，不再适合皇帝居住。君士坦丁（公元323—337年在位）开始物色新都。他选择了欧亚之间的商业门户拜占庭。该城被重新命名为君士坦丁堡，宫廷东迁。君士坦丁死后，他的两个儿子为了能更高效地管理，瓜分了帝国。哥哥住在罗马，

罗马

管理西方。弟弟住在君士坦丁堡，是东方的主人。

然后是四世纪匈人的可怕入侵。他们是亚洲神秘的马背民族，在欧洲北部生活了两个多世纪，一路烧杀，直到公元451年在法国马恩河畔沙隆被打败。匈人一到多瑙河，就开始挤压哥特人。哥特人为了自保，被迫侵入罗马。瓦伦斯皇帝想挡住他们，但他公元378年于阿德里安堡①附近被杀。22年后，在国王亚拉里克的率领下，西哥特人朝西挺进，进攻罗马。他们并不烧杀百姓，只毁了几座宫殿。然后来了汪达尔人，他们对罗马城的古老传统则没那么尊敬。然后又来了勃艮第人，接着是东哥特人，再接着是阿勒曼尼人，此后是法兰克人。入侵没完没了。最后的局面是，任何一个有野心的强盗，只要能纠集几个追随者，就能进攻罗马。

公元402年，皇帝逃往城防坚固的海港拉文纳。公元475年，奥多亚克，一个日耳曼雇佣军军团的司令（这些雇佣军想瓜分意大利的农田），在拉文纳把罗慕路斯·奥古斯都（统治西罗马帝国的最后一任皇帝）从宝座上轻轻地但有力地推了下去，然后宣布自己为王，也就是罗马的统治者。东边的皇帝则由于自顾不暇，承认了这个王。有十年的时间，奥多亚克统治着残余的西部省份。

几年后，东哥特一个名叫狄奥多里克的国王，入侵了这新成立的国家，夺取了拉文纳，将奥多亚克杀死在其餐桌边，在西罗马帝国的废墟上建立了一个哥特王国。这个国家也没有维持多久。六世

---

① 阿德里安堡（Adrianople）：在今土耳其西部。

纪，一群由伦巴底人、萨克森人、斯拉夫人、阿瓦尔人组成的杂牌军侵入意大利，消灭了哥特王国，建立了一个新国家，定都帕维亚。

最后，帝都罗马完全被遗忘，日益荒芜。古老的宫殿多次遭劫掠，学校被烧毁，教师饿死，富人被赶出别墅，如今别墅里住着散发着异味、长着长毛的蛮族人。道路失修，桥梁损毁，商业陷于瘫痪。埃及人、巴比伦人、希腊人、罗马人辛辛苦苦经营了几千年所缔造的文明，眼看要在欧洲大陆西部毁于一旦。

诚然，在遥远的东方，君士坦丁堡作为东罗马帝国的中心，又延续了一千年。但君士坦丁堡几乎算不上属于欧洲大陆。它的兴趣在东边，它开始忘记自己的西方出身。逐渐地，罗马语言让位于希腊语。罗马字母表被摈弃，罗马法是用希腊文字写下来的，由希腊法官讲解。皇帝本人也成了亚洲式的暴君，就像三千年前尼罗河谷地那些神一般的底比斯国王们一样被崇拜着。拜占庭教会的传教士寻找着新的活动领域，于是朝东走，把拜占庭文明带到了俄罗斯的广袤荒野中。

至于西边，就交给蛮族人了。有十二代人的时间，谋杀、战争、纵火、劫掠成了司空见惯之事。只有一样东西挽救了欧洲，使之没有毁灭，没有回到从前洞穴人和土狼的时代。

这就是教会。这是一群卑微的男女，几百年的时间里，他们都自称是耶稣的追随者 —— 耶稣是拿撒勒的木匠，在叙利亚边界某地的一个小城市，为了让强大的罗马帝国免除一场街头暴乱的麻烦，而被处死。

27．教会的崛起

罗马怎样成了基督教世界的中心

帝国里那些明智的普通罗马人对父辈信仰的那些神兴趣不大。这些人一年去几次神庙，但这只是习俗使然。当人们举行庄重的游行，庆祝宗教节日时，他们冷眼旁观。他把对朱庇特、密涅瓦、海神尼普顿①的崇拜，看作一件相当幼稚之事，是早期共和国野蛮岁月的残留。一个人如果掌握了斯多葛派、伊壁鸠鲁派以及雅典其他伟大哲学家的学说，那些神就不适合他来研究了。

这种态度使罗马人特别宽容。政府坚持说，所有人，包括罗马人、希腊人、巴比伦人、犹太人，都应该对皇帝的塑像（应立在每座庙宇中）表示形式上的敬意。但这只是形式，没有其他深意。总的来说，每个人都可以敬仰、崇拜、热爱自己喜欢的任何神。于是罗马布满了各种奇怪的小庙宇、犹太会堂，崇拜着非洲、亚洲的各路神祇。

---

① 尼普顿（Neptune）：对应希腊神话中的波塞冬。

当耶稣的第一批门徒来到罗马，开始传播关于人类博爱的新教义时，没人表示反对。路人驻足倾听。罗马这座世界之都总有很多流荡的传道者，每人宣扬着自己的"神秘宗教"。大多数自封的祭司都诉诸人们的感官，谁要是追随了他们那特定的神，他就保证谁能得到丰厚的报偿、无尽的欢乐。不久，街上的人群注意到，所谓的基督徒（他们信奉"基督"，意为"受膏者"）说的话却与众不同。他们似乎并不为巨富或高位所动。他们宣扬贫穷、谦卑、驯顺的美德。罗马可不是靠这些成为世界霸主的。当罗马如日中天时，这个"神秘教派"对人们说，俗世的成功并不能给他们带来永远的幸福——这真是有趣。

此外，基督教的传道者还说，谁要是不听上帝的话，谁就要遭可怕的厄运。宁可信其有，不可信其无吧。当然，古老的罗马诸神依然存在，但他们能保护自己的朋友，对抗这位从遥远亚洲来到欧洲的新神吗？人们心存疑虑。他们又转回身来，听这新教义的进一步解释。不久，他们开始见到传播耶稣话语的人们。他们发现这些人与罗马的普通祭司完全不同。他们都特别穷，对奴隶和动物很和善。他们并不想积累财富，而是施舍自己的全部财物。他们无私生活的榜样使得很多罗马人抛弃了旧宗教，加入基督徒的小团体，在私宅的密室或露天某处聚会。神庙于是无人光顾。

年复一年，基督徒的数量越来越多。人们选出长老或教士（其本来的希腊词意思是"长者"）保卫小教会的利益。主教成了一个省里所有小基督教组织的头领。彼得在保罗之后到了罗马，成了罗马的第一个主教。过了相当长的时间，他的继任者（被称为"我父"①）开始被尊为教皇。

教会成了帝国中一个强大的组织。对那些已对尘世绝望的人们来说，基督教信仰很有吸引力。教会也吸引了很多能人，这些人发现自己无法在帝国政府中升迁，却可以在拿撒勒导师的这些谦恭的追随者中施展自己的领导才能。最后，国家无法对此不闻不问了。罗马帝国因为漠不关心所以宽容（我以前说过这一点），让人人按自己的方式寻求救赎。但它强调不同教派之间要和平相处，遵循"自己

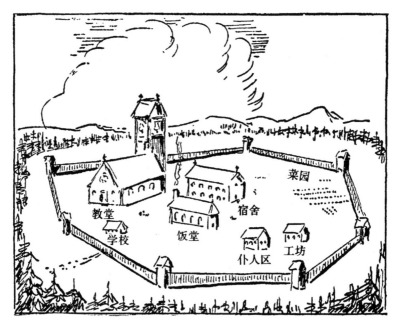

修道院

---

① 对应英语为"father"或"papa"。

活，也让别人活"的明智信条。

基督教组织却拒绝宽容。他们公开宣布，他们的上帝，而且只有他们的上帝，才是天地的真正主宰，一切其他神都是假冒的。这似乎对别的教派不公平，于是警察禁止此种言论，但基督徒一意孤行。

不久又出现了更多难题。基督徒拒绝走形式对皇帝表示效忠。召他们入伍时，他们却不来。罗马官员威胁说要惩罚他们。基督徒回答说，悲惨的尘世只是通往极乐天堂的前厅，他们巴不得为信仰而死。罗马人被这样的行为弄得不知所措，有时杀掉这些冒犯者，但更多时候没有。在教会的最早期，存在某种程度的私刑迫害，但这是一群暴民所为，他们把一切罪行都加在温顺的基督徒邻居身上（比如说他们杀婴孩并把孩子吃掉，带来疾病和瘟疫，在危险时刻叛国），视之为毫无风险的儿戏，因为基督徒拒绝还手。

哥特人来了

同时，蛮族继续入侵罗马。罗马军队不敌对手，基督教传教士却站了出来，向野蛮的条顿人传播和平的福音。这些传教士都是坚强的、不畏死的人，他们明确指出作孽者如不悔改将会怎样。条顿人被深深打动。他们仍对罗马古城的智慧深怀敬意，这些传教士是罗马人，他们说的也许是真的。很快，基督教传教士在条顿人和法兰克人的野蛮地区成了一股势力。六七个传教士，敌得上一个军团。皇帝开始意识到，基督教也许对自己大有用处。在有些省份，基督徒与仍信仰传统诸神的人被赋予了平等权利。但重大变化发生在四世纪上半叶。

当时在位的是君士坦丁皇帝（他有时被称为君士坦丁大帝，天知道为什么）。他是个可怕的无赖，但退一步说，禀赋柔弱之人在那样激烈争斗的年代是无法生存的。君士坦丁在漫长而坎坷的生涯中经历了许多起起落落。有一次，当他几乎被敌人打败时，他想起可以试试人人都谈论的那位亚洲新神的威力。他许愿说，如果下一次战役能取胜，他就皈依基督教。他真的获胜了。此后，他对基督教上帝的神力就笃信不疑，并接受了洗礼。

从那时起，基督教会得到了官方承认，《米兰敕令》①的颁布大大加强了这一新信仰的地位。

但基督徒仍是全部人口中的极少数（仅仅百分之五或百分之六，不会更多了），要想取胜，他们只能拒绝一切妥协。以前的神必须被

---

① 《米兰敕令》是罗马帝国皇帝君士坦丁一世与李锡尼于公元313年在意大利米兰颁布的一个宽恕基督教的敕令，承认了基督教在罗马帝国境内的合法地位。

毁掉。热爱希腊智慧的尤利安皇帝，在不长的一段时间内，试图挽救那些异教神，使他们免遭进一步毁灭。但尤利安在波斯的一次战役中受伤阵亡，他的继任者约维安重新大张旗鼓地建立教会。古代神庙一个个关门。之后即位的是皇帝查士丁尼（他在君士坦丁堡修建了圣索非亚教堂）。他关闭了雅典的哲学学校，这些学校都是柏拉图创立的。

古希腊世界就这样终结，在那一世界里，人们可以按自己的意愿，想自己所想，梦自己所梦。野蛮与无知的洪水打乱了万物的现有秩序后，哲学家们的那些模糊的行为准则已经无法指引生命之舟。人们需要更明确、更切实之物，教会就能提供这些。

在当时那个动荡年代，教会却坚如磐石，从未稍许放弃自己认为正确、神圣的原则。这种刚毅的勇气赢得了民众的钦佩，使罗马教会安然渡过难关，那些困难却毁灭了罗马帝国。

基督教信仰的最后胜利也有一定的运气成分。狄奥多里克的罗马–哥特王国五世纪灭亡后，意大利受到的外来入侵就比较少了。哥特人之后的伦巴底人、萨克森人、斯拉夫人都是弱小落后的部落。在这种情况下，罗马的主教就可以维持自己城市的独立。很快，分散在意大利半岛各处的西罗马帝国残余势力都承认罗马大公（也就是主教）为其政治和精神领袖。

舞台已经布置好了，只等着一个能人登场。他在公元590年到来，他叫格里高利。他属于古罗马的统治阶层，曾是罗马城的行政长官。然后他成了一个僧侣和主教，最后，他很不情愿地被拉到圣彼得大教堂，受命当了教皇（因为他自己想做传教士，向英格兰的异教徒传道）。他只在位十四年，但在他死的时候，西欧的基督教世界已经正式承认罗马的主教（也就是教皇）为整个教会的领袖。

但他的势力没有扩展到东方。在君士坦丁堡，皇帝仍因循着旧习，奥古斯都、提比略的这些继任者们，既是政府首脑，也是官方宗教的高级牧师。1453年，东罗马帝国被土耳其人征服，君士坦丁堡被占领。君士坦丁·帕里奥洛格斯，罗马的最后一任皇帝，被杀死在圣索非亚教堂的台阶上。

几年前，他兄弟托马斯的女儿卓娅嫁给了俄罗斯的伊凡三世。这样，莫斯科的大公们就成了君士坦丁堡传统的继承人。古代拜占庭的双头鹰（纪念罗马被分成东、西两帝国的时代）成了现代俄罗斯的徽章。沙皇本来只是俄罗斯的最高贵族，却学会了罗马皇帝的深居简出，不苟言笑。在他们面前，所有臣民不论地位高低，都是谦卑的奴隶。

俄罗斯的宫廷按照东方样式重新设计，这种样式，是东罗马帝国皇帝从亚洲和埃及引入的，他们自以为这类似亚历山大大帝的宫廷。垂死的拜占庭帝国留给尚不知情的世界的奇特遗产，继续在俄罗斯的广袤平原上，生气勃勃地延续了六百年。最后一个戴着君士坦丁堡双头鹰王冠的人，是尼古拉沙皇[①]，可以说他是不久前才被杀的。他的尸体被扔到井里，他的子女全部被杀，他所有的古老权力和特权都被废除。教会沦落到了君士坦丁皇帝之前它在罗马的地位。

[①] 指俄罗斯的末代沙皇尼古拉二世。

28.穆罕默德

赶骆驼的艾哈迈德成了阿拉伯沙漠的先知，他的追随者为了给唯一的真主安拉争取更大荣耀，几乎征服了已知的整个世界

迦太基和汉尼拔的时代之后，我们就只字未提闪族人。你一定还记得，他们出现在古代史的各个章节。巴比伦人、亚述人、腓尼基人、犹太人、阿拉米人、迦勒底人，都是闪族人，他们曾统治西亚三四千年。他们被来自东方的印欧种族波斯人征服，此后又被来自西方的印欧种族希腊人征服。亚历山大大帝死后一百年，闪族腓尼基人的殖民地迦太基，为了争夺地中海，与印欧种族的罗马人开战。迦太基战败被毁。有八百年的时间，罗马人都是世界的霸主。但在公元七世纪，另一支闪族部落登场，对西方的权威提出挑战。他们是阿拉伯人。他们自古就在沙漠中游荡，平静地放牧，看不出有什么帝国雄心。

然后他们听从穆罕默德的话，跨上马背，在不到一百年的时间里，他们推进到了欧洲腹地，向惊恐的法国农夫宣扬唯一的真主安

拉以及安拉的使者穆罕默德的光荣。

艾哈迈德一般被称为穆罕默德，意思是"受到高度赞美的人"。他是阿卜杜拉与阿米娜之子。他的故事仿佛出自《天方夜谭》。他是个赶骆驼的，出生在麦加。他似乎患有癫痫，常常神志不清，他经常做奇怪的梦，听到天使加百列的声音，加百列的话后来被记录在一本名为《古兰经》的书里。穆罕默德是骆驼队的头领，这让他走遍了阿拉伯半岛。他总是与犹太商人、基督教商人为伍，于是开始意识到崇拜唯一神是件大好事。他自己的人民阿拉伯人，仍然像几万年前的祖先一样，崇拜着奇怪的石头和树干。在他们的圣城麦加有一个方形小建筑叫"天房"，里面装满了巫术崇拜用的偶像和奇怪事物。

穆罕默德决定做阿拉伯人的摩西。他不可能既当先知，又赶骆驼。于是他娶了他的雇主——富孀赫蒂彻，这样他就获得了经济独立。然后他告诉麦加的邻居们，他是人们翘首以待的、安拉派来拯救世界的先知，邻居们放声大笑。穆罕默德还用言辞去惹怒他们，于是他们决定杀掉他。他们认为他疯了，讨人烦，不值得怜悯。穆罕默德闻讯，与他忠实的信徒艾布·伯克尔一起，深夜逃往麦地那。这发生在公元622年——伊斯兰教历史上最重要的年份被称为"Hegira"，意为"大逃亡之年"，是伊斯兰教纪元的元年。

在麦地那，大家都不认识穆罕默德。穆罕默德发现，在这儿自称先知比在故乡更容易，因为故乡人都知道他只不过是赶骆驼的。不久，他周围就聚集了越来越多的追随者，也叫穆斯林。他们接受

穆罕默德逃亡

伊斯兰（意思是"顺从神的意志"），穆罕默德把"伊斯兰"奉为最高美德。他在麦地那传教七年。然后他觉得自己已足够强大，可以对以前的邻居开战了，那些邻居在他从前赶骆驼时，胆敢嘲笑他和他的神圣使命。他率领一支麦地那人的军队，穿过沙漠。他的追随者没费多大力气就夺取了麦加。他们杀了一些居民后发现，让别人相信穆罕默德是一个真正的伟大先知，似乎也并非难事。

从那时起一直到死，穆罕默德事事都很幸运。

伊斯兰教的成功有两个原因。首先，穆罕默德给信徒的信条特别简单。他告诉信徒，他们必须爱世界的主宰，也就是慈悲而悯人的安拉；他们必须尊敬并服从父母；他们在跟邻居打交道时，不能有不诚之举，他们对穷人和病人要谦恭、慈悲；最后，他要求他们不要酗酒，吃饭时要尽量节俭。就这些内容。没有牧师来做"羊群"的"牧羊人"，让大家出钱供养他们。伊斯兰教的教堂（清真寺）只是很大的石头大厅，没有长凳或画像。信徒聚在这里（如果他们愿意的话），阅读和讨论圣书《古兰经》中的篇章。但普通伊斯兰教徒随身携带着自己的信仰，从来不觉得有一个地位巩固的教会可以限制和规范自己。他一天五次面朝圣城麦加做简单的祈祷。其余的时间，他让安拉随其意志统治世界，以耐心和隐忍接受命运带给自己的一切。

当然，如果对生活持这种态度，就不大可能走出来去发明电器，或者鼓捣铁路线、汽船航线。但它给了伊斯兰教徒以某种程度的满足感，让他心平气和地对待自己和所生活的世界，这是件大好事。

穆斯林在与基督教徒的战争中能获胜，第二个原因，与那些被派去为真正信仰而战的穆斯林士兵的行为有关。先知保证，在敌人面前倒下的人，可以直接升入天堂。这使人们更热衷于战死沙场，而不愿忍受尘世漫长乏味的生活。这让穆斯林同十字军士兵相比，有了很大优势，因为十字军士兵总是害怕死后的黑暗，更执着于尘世的欢乐。顺便说一下，这也可以解释为什么直到今天，穆斯林士兵会冲入欧洲人机枪的火力中，面对命运毫无惧色，为什么他们作为敌人如此危险，如此顽强。

穆罕默德清理了自己的宗教门户后，就开始享受他的权力。他成了一大群阿拉伯部落无可争议的统治者。但许多伟人都是生于忧患，死于安乐的。穆罕默德努力想赢得富人的好感，颁布了一些能吸引富人的条规。他让信徒能娶四个妻子。当时新娘都是直接从她父母手里买来，一个妻子已经是昂贵的投资，四个妻子就更奢侈，只有拥有无数骆驼和椰枣林的人才有资格享受。这一宗教本是为广阔的沙漠中的强悍猎人而立，却逐渐变成了满足城市巴扎里沾沾自喜的商人利益的工具。这就有悖于初衷，不免令人遗憾，对伊斯兰教的事业也基本上没什么好处。至于先知本人，他继续宣扬安拉的真理，宣扬新的行为准则，直到他在公元632年6月7日猝然死于热病。

他的岳父艾布·伯克尔继位，做穆斯林的哈里发（即领袖），他曾分担了穆罕默德早年的危险。两年后，艾布·伯克尔去世，欧麦尔·伊本·哈塔卜继任哈里发。不到十年，他就征服了埃及、波斯、腓尼基、叙利亚、巴勒斯坦，建立了第一个伊斯兰教世界帝国，定都大马士革。

欧麦尔之后是阿里，他是穆罕默德的女儿法蒂玛的丈夫。但人们为穆斯林的一处教义发生了争执，阿里被杀。他死后，哈里发变成世袭的，信徒的领袖本是一个教派的精神首领，现在也成了广大帝国的统治者。他们在幼发拉底河上建了一座新城，就在巴比伦附近，称为巴格达。他们把阿拉伯骑手改编成骑兵团，开始把穆斯林信仰的好处带给所有不信安拉的人。公元700年，一个名叫塔里克的穆斯林将军，渡过了古代的赫丘利门，到达了欧洲一边的高高石山上，他称之为直布尔-阿尔-塔里克，意思是"塔里克之山"，也就是直布罗陀。

十一年后，在边界的赫雷斯之战中，塔里克打败了西哥特人的王。然后穆斯林军队北进，沿着汉尼拔走过的路线，穿过了比利牛斯山山口。他们打败了阿奎丹大公，后者极力想在波尔多附近阻止他们。他们朝巴黎进军。但在公元732年（先知穆罕默德死后一百年），他们在图尔和普瓦捷之间的战役中被击败。那一天，法兰克人的头领查理·马特（"铁锤查理"）挽救了欧洲，使之没有被穆斯林征服。他把穆斯林赶出了法国。但穆斯林在西班牙站稳了脚，阿卜杜-拉赫曼在那儿建立了科尔多瓦哈里发国，它成了中世纪欧洲最大的科学与艺术中心。

摩尔人的这个王国（之所以称他们为摩尔人，是因为这些人来自摩洛哥的毛里塔尼亚）延续了七百年。一直到1492年，欧洲人占领了最后一个穆斯林据点格拉纳达后，哥伦布才得到王室资助，踏上大发现之旅。穆斯林很快在亚非的新征伐中恢复了元气。今天，追随穆罕默德的人与追随耶稣基督的人一样多。

29.查理大帝

法兰克人的国王查理大帝如何拥有皇帝称号，以及如何试图重振古代的帝国理想

普瓦提埃战役把欧洲从穆斯林手里挽救了回来。但欧洲内部的敌人——没有了罗马警察之后那无望的混乱局面——依然如故。的确，欧洲北部刚刚皈依基督教的人对罗马大主教深怀敬意，但那位可怜的主教眺望遥远群山时，却没有多少安全感。天知道还会有什么新的蛮族部落会越过阿尔卑斯山，重新进攻罗马。世界的精神领袖有必要——特别有必要——与一个拥有利剑铁拳的人结盟，而这个盟友应该乐于在危急关头保卫教皇。

教皇不仅非常神圣，也非常务实。他们环顾四周，寻找盟友。不久，他们就对罗马覆灭后占领欧洲西北部的日耳曼部落中最有前途的一支示好。这些人被称为法兰克人。他们最早的国王中有个名叫墨洛维的，在451年罗马人打败匈人①的加泰罗尼亚战役中帮助了

---

① 匈人：一支生活在东欧、高加索和中亚地区的古代游牧民族，与匈奴有区别。

罗马人。他的后裔墨洛温人不断夺取小块的罗马帝国领土，直到486年国王克洛维（古法语中的"路易"一词）觉得自己足够强大，可以公开打败罗马人。但他的子孙却很孱弱，把国务交给了首相，也就是"宫廷之主"，即"宫相"。

矮子丕平就是著名的查理马特的儿子，继承了他父亲的"宫相"之职。他简直不知道如何是好。他的国王是位虔诚的神学家，对政治毫无兴趣。丕平问教皇怎么办，教皇是个实际的人，回答说："国家权力属于实际掌权者。"丕平会意，劝希尔德里克（墨洛温王朝的最后一任国王）出家为僧，然后在征得了其他日耳曼头领的同意后，自立为王。但精明的丕平并不满足于此，他不只想做蛮族的头领。他举行了一个隆重仪式，让欧洲西北部伟大的传教士卜尼法斯给他加冕，使他成了"天赐国王"。把"天赐"①这两个词塞到加冕仪式中，是很容易的事，把它们再拿出来却用了欧洲一千五百年时间。

对于教会的帮忙，丕平真心感激。他两次远征意大利，保卫教皇抗击敌人。他把拉文纳等几个城市从伦巴底人手里夺下，献给教皇陛下，教皇把这些新领地纳入了自己所谓的"教皇国"。直到作者著书的半个世纪以前，"教皇国"一直是个独立国家。

丕平死后，罗马与亚琛、奈梅亨、殷格翰的关系日益密切（法兰克国王没有正式的都城，而是带着所有大臣和宫廷官员，从一个地方转到另一个地方）。最后，教皇和国王走了一步棋，而这步棋对欧

---

① "天赐"的拉丁文为"Dei gratia"，意为"蒙上帝恩典"。

洲历史产生了极为深远的影响。

查理（通称为查理大帝）768年继承了丕平的位置。他已经在德国东部地区征服了萨克森人的土地，在北欧的大部分地方都修建了城镇和修道院。在阿卜杜·拉赫曼一世①的某些敌人请求下，他侵入西班牙，攻打摩尔人。但在比利牛斯山区，他遭到野蛮的巴斯克人进攻，被迫撤退。就是这一次，布列塔尼总督罗兰宣誓效忠国王，为了掩护王军撤退，他和他忠实的追随者献出了生命。罗兰的事迹告诉我们，在那个较早的时期，法兰克人的首领意味着什么。

但在八世纪的最后十年间，查理被迫全力应付南边的事务。教皇利奥三世遭到一伙罗马流氓的攻击，被弃于大街上，奄奄一息。一些好心人给他包扎了伤口，帮他逃到了查理的大营，他向查理求援。一支法兰克军队很快平定了局势，把利奥送回拉特兰宫（从君士坦丁的时候起，拉特兰宫就是教皇的居所）。这是799年12月的事。第二年圣诞节，待在罗马的查理大帝参加了古老的圣彼得大教堂的法事。当他祈祷之后起身时，教皇把一顶皇冠戴到了他头上，称他为罗马皇帝，并再次以"奥古斯都"称呼他。这称号已经有好几百年没人听到了。

欧洲北部再次成了罗马帝国的一部分，但居于皇位的却是查理大帝这个日耳曼头领。他不认得几个字，更别提书写了，但他擅长

---

① 阿卜杜·拉赫曼一世，系阿拉伯帝国的王族伍麦叶家族后代，安达卢西亚后伍麦叶王朝的创建者，从他开始了中世纪伊斯兰教政权对西班牙的长期统治。

打仗。没过多久，天下就秩序井然。甚至在君士坦丁堡分庭抗礼的皇帝也写来一封信，承认他为"亲爱的兄弟"。

遗憾的是，这个战绩辉煌的老人于814年去世了。他的儿孙为争夺最大份额的帝国遗产而兵戎相见。加洛林王朝的国土两度被瓜分，一次是通过843年的《凡尔登条约》，另一次是通过870年默兹河畔的《墨尔森条约》。《墨尔森条约》把法兰克王国分成两部分。秃头查理获得西半部分，包括名为高卢的古罗马省份。那里居民的语言已经完全罗马化，法兰克人很快学会了说这种语言。这可以解释一个奇怪现象：像法国这样一个纯粹由日耳曼人构成的国家，为什么说的是拉丁语系的语言。

查理大帝的另一个孙子获得了东半部分，就是罗马人称之为日耳曼尼亚的那部分。这些荒凉地区从来不曾属于古罗马帝国。屋大维曾试图征服这一"远东"地区，但他的军团在公元9年于条顿堡森林被消灭。这里的人从没受到高级的罗马文明的影响，他们说的是通行的日耳曼语。条顿人把"人民"称为"thiot"。因此，基督教传教士把日耳曼语称为"民语"或"条顿语"，也就是"通用语"的意思。"条顿"一词后来变成了"德意志"，"德国"一词即由此而来。

至于那顶著名的皇冠，它很快从加洛林王朝继承人的头上滑落，重新滚到了意大利平原上，成了几个小头领的玩物。他们大打出手，争夺皇冠。他们戴上它（有时得到教皇的许可，有时则得不到），直到它被某个更野心勃勃的邻居抢走，戴到自己头上。教皇再次受到敌人的严重侵扰，向北方求援。这次他没有求助于西法兰克王国的统治者。他的信使越过阿尔卑斯山，去找奥托。奥托是位萨克森王公，被认为是日耳曼各部落的最大首领。

奥托跟他的人民一样，都喜欢意大利半岛的蓝天和那里愉快美丽的人们。于是他急忙来援。教皇利奥八世为回报他的忠心，让他做了"皇帝"。此后，查理大帝旧王国的东半部分，就被称作"日耳曼民族神圣罗马帝国"。

这个奇怪的政治产物，一直延续到839岁的耄耋之年。1801年（当时托马斯·杰斐逊是美国总统），它被毫不客气地扔进了历史垃圾堆。灭掉了古老的日耳曼帝国的那个野蛮家伙，是科西嘉岛一个公证员的儿子①，他为法兰西共和国效力，功勋卓著。他依靠自己著名的近卫军，成了欧洲的统治者。但他还不满足。他派人到罗马去请教皇来。教皇来了，看着拿破仑将军把皇冠戴到了自己头上，自称为查理大帝之传统的继承人。因为历史就像人生一样，越是变化万端，越是一成不变。

---

① 指拿破仑。

山口

30. 北 欧 人

为什么十世纪的人们祈祷上帝保护他们免受北欧人的蹂躏

公元三、四世纪时，中欧的日耳曼部落冲破罗马帝国的防线，劫掠罗马，享用当地的民脂民膏。八世纪，轮到日耳曼人"被劫掠"了。虽然敌人是自己的近亲，就是那些住在丹麦、瑞典、挪威的北欧人，但日耳曼人对此深恶痛绝。

我们不知道是什么使北欧这些强悍的水手成了海盗。他们一旦发现了海盗生涯的好处和快乐，就谁也挡不住他们了。他们会突然降临位于河口的法兰克人或弗里西亚人①的平静乡村，杀死所有男子，劫走所有妇女，然后乘快船离开。等国王或皇帝的军队赶到，强盗已无影无踪，除了几个冒烟的废墟外，什么都没剩下。

查理大帝死后，天下大乱，北欧人却大为活跃。他们的船队劫掠所有国家，他们的水手在荷兰、法国、英国、德国的海岸上，建立

---

① 弗里西亚（Frisia）：荷兰与德意志的历史地区，在北海沿岸，包括弗里西亚群岛。

北欧人的故乡

了小型的独立王国。他们甚至来到了意大利。北欧人很聪明，很快学会了自己臣民的语言，放弃了早期维京人（意思是"海王"）的野蛮生活方式，那种生活方式虽然看起来很吸引人，但也极为肮脏、残忍。

十世纪初，一个名叫罗洛的维京人，多次进犯法国沿岸。法国国王太软弱，无法抵御这些北方强盗。他于是想贿赂他们，让他们"从良"。他答应把诺曼底省给他们，条件是他们不再侵扰法国其他地区。罗洛接受了这一交易，成了"诺曼底大公"。

但罗洛子孙的血液中，流淌着征服的渴望。越过海峡，他们可

北欧人去俄罗斯

以眺望到英格兰的白色悬崖和碧绿田野，到那里只有几小时的水路。
可怜的英格兰可谓艰难度日。它曾是罗马的殖民地达二百年之久。

北欧人眺望海峡

罗马人走后，它又被盎格鲁人与撒克逊人征服，这两支日耳曼部落来自石勒苏益格。然后，丹麦人占领了英格兰的大部分国土，建立了克努特王国。丹麦人被赶走之后，如今（也就是十一世纪）在位的是又一个撒克逊国王"忏悔者"爱德华。但人们估计爱德华寿命不长，他没有子嗣，形势对野心勃勃的诺曼底公爵很有利。

1066年，爱德华去世。诺曼底公爵威廉马上渡过海峡，在黑斯廷斯战役 ① 中，击败并杀死了称王的威塞克斯的哈罗德。然后，威廉自立为英格兰国王。

在另一章中我曾告诉你，800年，一个日耳曼头领成了罗马皇帝 ②。现在，1066年，一个北欧海盗的子孙自立为英格兰国王。

真实的历史如此有趣，如此引人入胜，我们又何必去读传说故事呢？

---

① 黑斯廷斯战役：1066年10月14日，英格兰国王哈罗德二世的盎格鲁－撒克逊军队与诺曼底公爵威廉一世的军队在黑斯廷斯进行的一场交战，以征服者威廉获胜告终。

② 指查理大帝。

31. 封建社会

欧洲中部三面受敌，成了一座军营。如果没有封建制度下的职业军人和管理者，欧洲就会灭亡

下面是公元1000年的欧洲形势。当时大多数人生活非常困苦。有人预言世界末日即将来临，他们信以为真，蜂拥到修道院里，履行虔诚的职责迎接末日审判的到来。

不知从何时起，日耳曼部落离开了在亚洲的故乡，西进到了欧洲。由于人口过剩，他们强行进入罗马帝国。他们灭掉了西罗马大帝国，但东罗马帝国由于远离日耳曼人的大迁徙路线，存活下来，延续着罗马古代的一线荣光。

天下大乱时（是历史上真正的"黑暗时代"，也就是公元六、七世纪），日耳曼部落皈依了基督教，承认罗马主教为教皇，也就是世界的精神领袖。九世纪，凭着自己天才的组织能力，查理大帝复兴了罗马帝国，把西欧大部分地区统一为一个国家。十世纪，这个帝国分崩离析。西半部分成了一个独立的王国 —— 法国。东半部分被

称为日耳曼民族神圣罗马帝国，这个国家联盟的统治者号称自己是恺撒和奥古斯都的直接继承人。

遗憾而讽刺的是，法国国王的权力小到只能管到王宫驻地的护城河。而神圣罗马帝国皇帝的强大子民，只要符合一己之欲，就公开反抗皇帝。

而且，呈三角形的西欧总是面临来自三个方向的进攻，这让老百姓的悲惨处境更加恶化。南边是一直很危险的穆斯林，西海岸受到北欧人的劫掠。东边除了喀尔巴阡山以外毫无防御能力，遭到匈人、匈牙利人、斯拉夫人、鞑靼人的威胁。

罗马的和平时代成了遥远的过去，成为一个属于"美好旧时光"的一去不返的梦。如今则是"不战则死"的问题，人们自然选择了战斗。为情势所逼，欧洲成了一个军营。它需要强有力的领袖，而国王和皇帝都离得太远。边疆居民（公元1000年，欧洲大部分地区都是边疆）必须自救，他们自愿服从派来管理偏远地区的国王代表，只要后者能保护他们，抵御敌人。

不久，欧洲中部布满了小国，各由一个大公统治（有时则由伯爵、男爵或主教统治，视情况而定），组成一个战斗单位。这些大公、伯爵、男爵发誓效忠国王，国王给他们"封地"（我们的"封建"一词就由此而来），他们反过来要为国王效力，并缴纳某些赋税。但那时交通很不方便，沟通手段极度匮乏。因此，国王或皇帝的行政官员有很大自主权。在各自辖区内，本该属于国王的大部分权力，都由他们来行使。

北欧人来了

如果你以为十一世纪的人们反对这种政府形式，你就错了。他们拥护封建制度，因为这是一种很实用也很必要的制度。他们的领主和主人①一般住在大石头房子中，房子建于陡峭的石山上，或建在深深的护城河之间，但子民都可以看到这些建筑。如果有危险发生，子民就可以躲避在公侯城堡的高墙内。因此，他们都尽量住得挨近城堡。正是由于这一原因，许多欧洲城市最初都是围绕着一座封建堡垒而兴起的。

但中世纪早期的骑士远不只是职业军人，还是当时的公务员、法官、警察局长。他缉拿强盗，保护流浪小贩（即十一世纪的商人）。他还照管堤坝，以免乡村被淹，就如同四千年前尼罗河谷地最早贵族的做法一样。他鼓励行吟诗人，这些诗人从一地流浪到另一地，讲述着大迁徙的伟大战役中古代英雄的故事。此外，他还保护自己领地内的教堂和修道院。他既不识字，也不会写字（人们认为这些不是男人该做的事），但他雇了牧师来记账，并记录男爵或公爵领地内的生死嫁娶诸事。

十五世纪，王权再次兴起，因为"君权神授"的思想，国王可以行使属于他们的那些权力了。然后，封建社会的骑士丧失了以前的自主权，沦落到乡绅的地位，不再能满足人们的需要，很快就招人嫌弃了。但如果没有"黑暗时代"的封建制度，欧洲就会灭亡。正如今天也有很多坏人一样，当时也有很多糟糕的骑士。但总的来说，

① 领主原文为"lord"，指有身份地位的贵族领主；主人原文为"master"，一般有雇主的含义。此处注意区别。

十二、十三世纪的爵士们有很大权力，他们是勤勉的管理者，对社会进步做出了重大贡献。那时候，曾照亮埃及、希腊、罗马世界的学问及艺术的高贵火炬，火光仍很微弱。如果没有骑士和他们的好朋友，也就是那些僧侣，文明就会完全泯灭，人类文明就不得不从洞穴中从头来过。

32.骑士制度

骑士制度

中世纪的职业军人为了互惠、联防，自然想建立某种组织。正是出于这种对紧密组织的需要，骑士制度应运而生。

关于骑士制度的起源，我们所知甚少。但随着这一制度的发展，它给世界提供了一种急需之物——一种明确的行为准则。它在当时的野蛮习俗中加入了文明的因素，让生活比黑暗时代的最初五百年舒服了一些。边疆人大部分时间都在与穆斯林、匈人、北欧人作战，要驯化这些粗鲁的边疆人，并非易事。这些人常常故态复萌，早晨还信誓旦旦，说什么慈悲为怀，不到晚上就会杀掉所有俘虏。但只有经过缓慢的、不懈努力的过程才会有进步。最后，即使最粗鲁的骑士也被迫服从自己"阶层"的准则，否则就要承担后果。

这些准则在欧洲的不同地方不尽相同，但它们都强调"服务于人"以及"忠于职守"。中世纪把服务于人看作是极为高尚的美德。做仆人并不可耻，只要你是个好仆人，工作上不懈怠。当时，生活有赖于人们兢兢业业地履行很多并不愉快的责任，所以"忠于职守"是骑士的首要美德。

因此，年轻骑士被要求宣誓效忠上帝，效忠国王。对那些比自己更贫弱的人，他应该慷慨大度。他发誓个人举止要谦卑，永不炫耀成就。他应是所有受苦人的朋友。

这些誓言不过是把"摩西十诫"① 用中世纪人能理解的词汇表达了出来。以这些誓言为基础，发展出了一套关于举止和外部行为的复杂制度。行吟诗人讲着亚瑟王的圆桌骑士以及查理大帝的宫廷英雄的故事。骑士应以这些英雄为楷模，规范自己的生活。他们希望自己能像兰斯洛特② 一样勇敢，像罗兰一样忠诚。他们举止高贵，出言谨慎优雅，如果做到这些，无论他们的外衣如何粗陋、如何囊中羞涩，他们都是真正的骑士。

这样，骑士制度就成了学习良好举止的学校，而拥有良好举止是社会机器的润滑油。骑士制度意味着彬彬有礼。封建堡垒告诉世人应该穿什么，怎样吃东西，怎样请女士跳舞，还有数不清的日常举止规范，这些规范使生活更有趣、更舒适。

像所有人类制度一样，骑士制度一旦丧失了自己的效用，就注定消亡。

十字军东征（后面有一章述及此事）之后，是商业大复兴，一夜

---

① 摩西十诫：十诫，是《圣经》记载的上帝借以色列先知和部族首领摩西向以色列民族颁布的十条规定。

② 兰斯洛特（Lancelot）：亚瑟王的一位骑士。

之间，城市崛起。市民变得富有，雇了好老师，很快他们就与骑士平起平坐了。火药的发明使全身披挂的"骑士"丧失了往日的优势。雇佣军的出现，让人们无法在战争中像在象棋比赛中一样优雅。很快，骑士成了多余、可笑的角色，他们执着于已经毫无实际用处的理想。据说，高贵的堂吉诃德① 是最后一位真正的骑士。在他死后，人们卖掉了他珍视的宝剑和盔甲，来替他还债。

但不知怎么，这把剑似乎落到了一些人手里。在福奇谷② 的绝望日子里，华盛顿就佩带着这把骑士之剑。它也是戈登③ 仅有的防御武器，他拒绝抛弃那些交托给他照管的人们，留在被围困的喀土穆城堡中战死。

而且我觉得，在赢得大战④ 的过程中，骑士之剑也显示了无穷的力量。

---

① 西班牙作家塞万提斯笔下的人物。

② 福奇谷（Valley Forge）位于费城西北，美国独立战争时，华盛顿率部在此艰难度过了1777年的严冬。

③ 戈登（Gordon）：英国军人，曾协助清政府镇压太平天国，后在苏丹战死。

④ 指第一次世界大战。

33. 教皇对阵皇帝

中世纪的人既要忠诚于教皇，也要忠诚于神圣罗马帝国皇帝，这导致教皇与皇帝之间争论不休

要理解过去时代的人是很不容易的。你每天能见到你的祖父，但他却是一个神秘之人，有与你不同的思想、服饰、举止。我现在给你讲的，就是你的二十五辈祖先的故事。我相信，你如果不反复读这一章是不大会明白我的意思的。

中世纪的普通人过着极为简单平静的生活。即便他是自由民，可以随意来去，他也很少离开自己的住所。当时没有印刷书，只有一些手抄本。偶尔有一小群勤勉的僧侣教人读写，再教一点儿算术，但科学、历史、地理等很多方面的知识都深埋在希腊罗马的废墟下。

人们关于过去的知识都得自于故事和传说。这种信息代代相传，常常在细节上有出入，但在保存主要史实方面却惊人地准确。过了两千多年之后，印度的母亲们在吓唬自己淘气的孩子时，仍然会说"伊斯坎达会来抓你的"，伊斯坎达不是别人，正是亚历山大大帝。

他在公元前330年来过印度，但他的故事这么久之后依然在流传。

中世纪早期的人们从来没见过关于罗马历史的教科书，今天还没上三年级的小学生都知道的许多事，当时的人们不知道。但罗马帝国对你来说只是个名词，对他们却是很生动的，因为他们能感受到它。他们愿意承认教皇是自己的精神领袖，因为教皇住在罗马，代表着罗马这个超级大国的概念。查理大帝以及后来的奥托大帝复兴了世界帝国的理想，后者创造了神圣罗马帝国，普通人对此都深为感激，因为世界终于又可以像以前一样了。

但罗马传统却有两个不同的继承人，这让中世纪忠诚的市民们不知所从。中世纪政治制度背后的理论既坚实又简单。世俗领袖（皇帝）管子民的物质生活，精神领袖（教皇）照看他们的灵魂。

但在实践中，这个制度却运转不灵。皇帝总想干预教会事务，而教皇则反戈一击，告诉皇帝，应该让教皇管皇帝的事。然后双方恶言相向，叫对方休要多管闲事，结果总是爆发战争。

在这种情况下，人们该怎么办？好基督徒应该既服从教皇，又服从国王，但教皇和皇帝却彼此为敌。忠诚的子民也是同样忠诚的基督徒，他们又该站在哪一边呢？

要作出正确回答总是很难。如果皇帝碰巧精力过人，有足够的钱组织一支军队，那么他很可能会越过阿尔卑斯山，朝罗马进军，如有必要就把教皇围困在他的宫里，强迫教皇陛下服从皇帝谕旨，否则就要吃亏。

但更多的时候却是教皇更强大些。皇帝或国王，连同他的所有子民，被一起被驱除教籍，这意味着所有教堂都要关闭，不许施洗礼，死人也不能被赦罪 —— 简而言之，中世纪政府的一半职能都要瘫痪。不只如此，教皇还会解除人们对君主的效忠誓言，敦促他们反抗自己的主人。但如果他们听从了教皇的劝告，结果被捉住，就会被附近的领主绞死。这也是很令人不快的。

实际上，可怜的人们进退两难。最悲惨的要数生活在十一世纪下半叶的人们了。当时，德意志的皇帝亨利四世与教皇格里高利七世爆发了两轮战争，什么问题也没有解决，倒是破坏了欧洲的和平几乎五十年之久。

十一世纪中期，教会内部出现了强有力的改革运动。迄今为止，谁来当教皇并无成规可循。如果被立为教皇的牧师善待皇帝，这对神圣罗马帝国的皇帝们就有好处。在立教皇时他们常常来到罗马，施展影响，以让自己的朋友登位。

1059年，局面发生了变化。教皇尼古拉二世下令，把罗马市内以及周围的高级牧师和教堂执事组织成一个所谓的枢机主教团，这个由教会中的显赫人物组成的团体（"枢机主教"的意思就是"显赫的"）有全权选举未来的教皇。

1073年，枢机主教团选出了一个名叫希尔德布兰德的教士为教皇，他出身于托斯坎纳的普通人家，定名为格里高利七世。他精力过人，坚信教皇权力至高无上。他的这一信念，是建筑在磐石般的笃信和勇气基础上的。在他看来，教皇不仅是基督教教会的绝对领袖，也是所有世俗问题的最高上诉法庭。是教皇把卑微的日耳曼王

城堡

公抬举为皇帝，教皇也有权随意废黜他们。大公、国王、皇帝颁布的法律，教皇都可以否决。但谁要是质疑教皇的谕旨，谁就要小心了，因为他马上会遭到无情的惩罚。

格里高利遣使到欧洲各宫廷，把他的新法律知会欧洲这些权要，并要求他们充分领会法律的精神。征服者威廉保证从命，但亨利四世（他从六岁起就跟自己的子民作战）却不愿服从教皇的意志。他召集了德意志主教会议，把人间的所有罪行都加诸格里高利身上，然后让沃尔姆斯会议废黜了格里高利。

教皇展开报复，他驱逐了亨利四世的教籍，并要求德意志王公除掉这不合格的统治者。德意志王公们早有此心，他们请求教皇来到奥格斯堡帮他们立新皇帝。

格里高利离开罗马北上。亨利并非傻瓜，意识到自己的地位岌岌可危。他必须不惜代价与教皇讲和，而且事不宜迟。他在深冬越过阿尔卑斯山，急忙来到了卡诺莎（教皇当时正在卡诺莎稍事休整）。在漫长的三天里，亨利扮成一个忏悔的朝圣者（但僧袍下套了一件暖和的毛衣），恭候在卡诺莎城堡的大门外。教皇允许他觐见，原谅了他的罪过。但忏悔并没有延续多久。亨利一回到德国，就故态复萌。他再度被革除教籍，德意志主教会议再度废黜了格里高利。但这一次，当亨利越过阿尔卑斯山时，他率领了一支大军，围攻罗马，格里高利被迫撤退到萨莱诺，并在流放中死去。这第一次猛烈碰撞什么问题也没解决。亨利一回到德国，教皇与皇帝之间的斗争就又开始了。

亨利四世在卡诺莎

　　之后不久，霍亨斯陶芬家族拥有了德国的帝位，他们比前辈更独立。格里高利声称，教皇之所以高于所有国王，是因为教皇在末日审判时需要为所有教民负责。在上帝眼里，国王只不过是芸芸教民之一罢了。

　　但霍亨斯陶芬王室的腓特烈（通称为"红胡子"）则提出了相反的说法，说帝国是"上帝"授予他的先辈的。由于帝国也包括意大利和罗马，他开始征伐，要把这些"丧失的省份"追加到北方地区上。世事难料，红胡子在第二次十字军东征中，淹死在小亚细亚。他儿子腓特烈二世是个聪明的青年，少年时就接触到西西里的伊斯兰文明。他继续作战，教皇指控他为异端。的确，腓特烈似乎很瞧不起北方粗鲁的基督教世界、粗野的德国骑士、狡诈的意大利教士，但他没有说出来。他参加了十字军东征，从异教徒手里夺下耶路撒冷，如愿加冕为圣城耶路撒冷之王。即便此举也没有平息教皇们的敌意。他们废黜了腓特烈，把他的意大利领土给了安茹的查理，就是那被称为圣路易的著名法国国王的兄弟。这引发了更多战争。康拉德五世（康拉德四世的儿子，也是霍亨斯陶芬王室的末代皇帝）想收复失地，结果战败，在那不勒斯被斩首。但二十年后，法国人在西西里已经特别不受欢迎，在所谓的西西里晚祷事件①中全部被杀。事情就这样发展下去。

教皇和皇帝之间的纷争没完没了，但过了一些时候，两个宿敌学会了互不理睬。

1273年，哈布斯堡家族的鲁道夫被选为皇帝。他并没有费功夫到罗马去加冕，教皇也没有反对，对德国敬而远之。这意味着和平。但已经有整整两百年的时间，本可以用来进行内部组织的，却浪费在无用的战争上。

不过，无论吹什么风，总有人受益。意大利的诸小城市通过谨慎的权衡，扩大了自己的实力和自主权，削弱了皇帝和教皇的势力。当冲向圣地耶路撒冷的运动开始时，他们能负责运送成千上万吵嚷着要求渡海的热情朝圣者。十字军东征结束时，他们已经用砖头和金子，为自己筑起了坚固的防御工事，他们已经可以对教皇和皇帝都不理不睬了。

教会与国家鹬蚌相争，中世纪的城市渔翁得利。

---

① 西西里晚祷事件（Sicilian Vespers）：发生在1282年的西西里岛，是反对安茹王朝的西西里国王卡洛斯一世对当地统治的一场起事，可以说是霍亨斯陶芬王室和罗马教廷之间对意大利地区统治权纷争的延续。

34.十字军东征

但是，当突厥人占领了耶路撒冷，亵渎了圣地，严重影响东西方贸易时，所有这些恩怨都一笔勾销，欧洲十字军开始东征

有三百年的时间，除了在西班牙、东罗马帝国这两个欧洲的门户以外，基督教徒与穆斯林都和平相处。七世纪，穆斯林征服了叙利亚，占领了圣地。但他们把耶稣看成一个伟大先知（尽管不如穆罕默德伟大），所以他们并不干涉想在教堂中祈祷的朝圣者，这教堂是君士坦丁皇帝的母亲圣海伦娜在圣墓上建造的①。但十一世纪初，一支来自亚洲荒野，被称为塞尔柱人或突厥人的鞑靼部落，成了西亚伊斯兰教国家的主人。此后宗教宽容的时代就结束了。突厥人把整个小亚细亚都从东罗马皇帝手里夺下来，切断了东西方之间的贸易。

东罗马帝国的皇帝阿历克塞虽然很少见到西方的基督教邻居，

---

① 即圣墓教堂，是耶稣基督遇难、安葬和复活的地方。

但向他们求助，声称如果突厥人夺取了君士坦丁堡，欧洲将面临重大危险。

意大利城市已经在小亚细亚和巴勒斯坦沿岸建立了殖民地，担心失去自己的地盘，于是夸张地报告说突厥人何等残暴，基督徒何等受苦。整个欧洲都义愤填膺。

教皇乌尔班二世是个来自兰斯的法国人，也是在著名的克吕尼隐修院接受的教育（该修道院也培养了格里高利七世）。他想，该采取行动了。欧洲的整个局面远不令人满意。当时原始的农耕方法（从罗马时代起就没有进步过）造成了持续的食物短缺，严重的失业和饥荒都容易引发不满和暴乱。西亚从前曾养活了数百万人口，那里是移民的好地方。

于是，在1095年法国克莱蒙召开的会议上，教皇站起身来，描述了异教徒在圣地的种种暴行，盛赞那块土地（它从摩西的时代起，就流淌着牛奶和蜜），劝法国的骑士和欧洲人抛妻别子，把巴勒斯坦从突厥人手里解放出来。

宗教狂热的浪潮席卷了欧洲大陆，所有的理性都暂时搁置。男人扔下锤子、锯子，走出作坊，踏上就近的东去之路，去杀突厥人。孩子们会离家"到巴勒斯坦去"，只凭年轻的热情和对基督教的虔诚，就想让可怕的突厥人就范。这些狂热分子中，有百分之九十根本没到达圣地。他们没有钱。为了活命，他们被迫乞讨、偷窃。他们威胁着道路的安全，被愤怒的乡民杀死。

第一批十字军是由诚实的基督徒、无力还债的破产者、一文不

第一次十字军东征

名的贵族以及逃犯组成的暴民队伍，追随着半疯的隐修士彼得、"穷汉"沃特，就这样开始了他们对异教徒的讨伐。他们一直行进到匈牙利，然后全部被杀。

这次经历让教会学乖了。单靠热情不足以解放圣地，有良好的组织与美好的初衷、无畏的勇气一样必要。人们花了一年时间，训练并装备了一支二十万人的军队。掌握指挥权的，是布永的戈弗雷、诺曼底公爵罗伯特、弗兰德伯爵罗伯特①，以及其他一些贵族，他们全都深谙战争之道。

1096年，这支十字军踏上了漫长的征途。在君士坦丁堡，骑士

---

① 弗兰德（Flanders）：欧洲历史地区，在今比利时北部，居民为弗拉芒人，说弗拉芒语。

们向皇帝致敬（因为我已经说过，传统是不易消亡的，罗马皇帝不论多么可怜，多么没有权力，仍然深受尊敬）。然后他们渡过海峡进入亚洲，杀死了落到自己手里的所有穆斯林，袭击耶路撒冷，屠杀了城里的穆斯林居民。然后他们向圣墓进军，眼含虔诚与感激之泪，赞颂并感谢上帝。但突厥人的增援部队很快赶到，突厥人夺回了耶路撒冷，反过来屠杀十字架的忠诚信徒。

在以后的二百年里，欧洲人又进行了七次十字军东征。十字军逐渐学会了旅途的技巧。陆路太长，太危险。他们更喜欢翻越阿尔卑斯山，到热那亚或威尼斯，然后坐船东进。热那亚人和威尼斯人把这种穿越地中海的客船服务，做成了一笔特别有利可图的生意。他们索要高价，十字军骑士大多没什么钱，支付不起，这时，这些

十字军攻占耶路撒冷

163

意大利"投机商"就仁慈地允许他们"一路干活抵偿船钱"。要抵偿从威尼斯到阿卡① 的船钱，十字军骑士要为他的船主打一定次数的仗。这样，威尼斯大大拓展了在亚得里亚海沿岸、希腊（雅典也成了威尼斯的殖民地）、塞浦路斯岛、克里特岛、罗得岛的领土。

但这些都丝毫无助于解决圣地问题。第一阵狂热消退后，一次短暂的十字军之旅成了每个出身良好的年轻人接受的自由教育的一部分，而且也总不乏有人到巴勒斯坦去服役。但以前的热情已经消散。十字军开始战争时满怀对穆斯林的深仇大恨，以及对东罗马帝国、亚美尼亚基督徒的热爱。但后来他们的心情完全变了，他们开始鄙夷拜占庭的希腊人，这些希腊人会欺骗他们，而且常常背叛基督教事业。他们也鄙夷亚美尼亚人以及地中海东部的其他所有民族。他们开始赏识自己敌人的德行，那些敌人很大度，是公平的对手。

当然，绝对不能公开这样说。但当十字军骑士返乡时，他们可能会模仿从异教徒敌人那里学来的举止，同那些敌人相比，西方的普通骑士仍然只是个乡巴佬。他们还带回几样新的食物，比如桃子、菠菜，把它们种养在菜园里，从中获益。他们放弃了顶盔掼甲的野蛮习俗，开始穿飘逸的丝袍或棉袍，这是先知穆罕默德的追随者的传统服装，最初突厥人就穿这种服装。实际上，十字军东征本来是去惩罚异教徒的，结果对数百万年轻的欧洲人来说，却成了全面的文明教育课。

---

① 阿卡（Acre）：在今以色列。

十字军骑士的坟墓

　　从军事和政治角度来看，十字军东征失败了。耶路撒冷和几个其他城市得而复失。叙利亚、巴勒斯坦、小亚细亚建立了十几个小王国，但它们又被突厥人重新征服。1244年，耶路撒冷明确地归属了突厥人，此后圣地的地位仍与1095年前一样。

　　但欧洲却发生了重大变化。西方人有幸目睹了东方的光彩、阳光和美。西方人黯淡的城堡无法再满足他们，他们想要更广阔的生活空间，而教会和国家都不能给他们提供。

　　他们在城市中找到了想要的东西。

35．中世纪城市

为什么中世纪的人说"城市的空气是自由的空气"

中世纪早期是一个拓荒、定居的时代。罗马帝国东北边疆的"保护伞"是一片荒凉的森林、群山与沼泽，在这片地区之外，有一个新民族一直生活在那里。现在，他们强行进入西欧平原，占领了大部分土地。像有史以来的所有拓荒者一样，他们很不安分，喜欢居无定所的生活方式。他们砍伐森林，也自相残杀。他们中很少有人喜欢住在城里，他们坚决要"自由"。他们喜欢赶着牧群，穿过疾风劲吹的草原，感受山坡那沁人心脾的清新空气。当他们不再喜欢自己的老家，就拔营起寨，去寻找新的冒险。

弱者死去，强悍的斗士以及追随丈夫到荒野中的勇敢妇女得以生存下来。就这样，他们培养了一个强悍的民族。他们无意于过优雅的生活，他们太忙了，哪有工夫弹琴、写诗。他们也不太喜欢讨论。牧师，也就是村里那个"有学问的人"（十三世纪之前，世俗人士如果能读会写，会被视为"娘娘腔"）负责解决没有实用价值的一切问

166

题。同时，德国的首领、法兰克的男爵、北欧人的大公（或者不管他们是什么名号）各自占领了一块土地，这土地本是伟大的罗马帝国的一部分。在辉煌历史的废墟中，他们建造自己的世界，这世界让他们欢欣鼓舞，自认为相当完美。

他们尽自己所能管理城堡和周边乡村的事务。像每个弱小的凡人一样，他们忠于教会的法令。他们对自己的国王或皇帝也比较忠诚，足以与那些遥远但危险的大人物维持良好关系。简而言之，他们尽量做正事，公平对待邻人，同时又不损害自己的利益。

他们的现实生活并不理想。大部分居民都是农奴（也叫"隶农"），这些农业劳动者是自己所在的土地的一部分，就如牛羊是土地的一部分一样。他们也与牛羊同居于畜舍中。他们的命途不太幸运，但也并非特别不幸。又能如何？统治着中世纪世界的仁慈上帝无疑已把一切都做了最好安排。以上帝之大智慧，他断定必须既有骑士又有农奴，那么教会的这些诚实儿女就不应对这一安排提出质疑。因此，农奴并不抱怨。但如果他们被压榨得太厉害，他们就会像喂养不善的牲畜一样饿死。然后人们就会仓促采取点儿措施改善他们的条件。但如果世界的进步由农奴、封建主负责的话，我们今天仍会以十二世纪的方式生活着。我们想止住牙疼时，就会念咒语"天灵灵，地灵灵"。如果牙医想用他的"科学"来帮助我们，我们会对他深表鄙视和仇恨 —— 他的"科学"很可能来自穆斯林或异教徒，因此既邪恶又无用。

你长大后会发现，很多人并不相信"进步"。他们会通过我们同代人的某些恶行证明给你说，"世界根本没变。"但我希望你对这种说法不要太介意。你知道，我们的祖先用了几乎五十万年时间才学会了用后腿走路。又过了好多世纪，他们动物一般的嘟哝声才发展成人类能够理解的语言。文字这门艺术，让我们能把思想留给后世，没有它，进步就无从谈起，而文字只是在四千年前才发明的。把自然力变成人的驯顺仆人的想法，在你祖父的时候还是个新概念。所以，在我看来，我们在以前所未有的速度进步着。大概我们有些过于重视物质生活的舒适了。情况迟早会改变，我们那时就将着手解决与健康、工资、管道、机器无关的问题。

请不要对"美好的往昔"过度怀旧。很多人只看到中世纪留下来的美丽教堂、伟大艺术品，就滔滔不绝地把我们现在的丑陋文明（现代社会的匆忙、喧嚣，还有机动车发出的难闻尾气）跟一千年前的城市相比。在那些中世纪教堂周围总是环绕着凄惨的棚户，与之相比，现代的廉价租房不啻豪华的宫殿。的确，高贵的兰斯洛特，还有同样高贵的寻找圣杯的纯洁青年英雄帕西法尔并没有闻到汽油的味道。但当时有其他各种难闻气味：被扔到大街上的腐烂垃圾的味道；主教宫殿周围的猪圈的味道；肮脏的人们发出的味道，这些人的外套和帽子是从祖父那里继承来的，而且他们从不知道用香皂。我并不想描绘一幅太令人不快的图景，但你会在史书中读到，法国国王朝王宫窗外看时，被巴黎大街上觅食的猪的气味熏倒了。或者，一篇古代手抄本讲述了一场流行瘟疫或天花的几个小细节 —— 这时你就会开始明白，"进步"不只是当代广告商的口头禅。

如果没有城市的存在，人类文明就不可能有过去六百年的进步。因此，我这一章要比别的章节稍长些。这个问题太重要了，不应缩减到纯粹陈述政治事件的三四页篇幅。

埃及、巴比伦、亚述的古代世界，是城市的世界。希腊是由城邦组成的国度。腓尼基的历史是名叫西顿和泰尔的两个城市的历史。罗马帝国是一个城市的"后院"。文字、艺术、科学、天文学、建筑、文学、戏剧，还有数不清的东西，都是城市的产物。

在几乎四千年的时间里，我们称之为"城市"的木质蜂窝曾经是世界的作坊。然后发生了大迁徙，罗马帝国被毁，城市被焚，欧洲再次成了牧场、小农庄的大陆。在黑暗时代，文明的土壤闲置不耕。

十字军东征让这块土壤准备好了长出新庄稼。收获时节到了，果实被自由城市的居民摘取。

我给你讲过了城堡与修道院的故事，它们有厚重的石围墙，是骑士和僧侣的家，这些人守护着人们的肉体和灵魂。你已经看到，一些手工艺人（屠夫、烤面包师，偶尔还有蜡烛制造匠）会在城堡附近居住，满足他们主人的需求，危险时也可寻求保护。封建主有时会让这些人在各自的房子周围插上栅栏。但他们的生计依赖于城堡中强大主人的善心。他出门时，他们就要跪在他面前，吻他的手。

后来的十字军东征让一切都变了。大迁徙把人们从东北赶到西方。十字军东征则让数以百万计的人从西方来到高度文明的东南地区。他们发现，自己小小的居民点的四墙外，还大有天地。他们开始喜欢好衣服、更舒适的房子、新菜肴和神秘东方的物产。他们回到故乡后还坚持说他们理所应当得到这些东西。背着包的小贩（黑暗时代的唯一商人）在自己的原有商品之外，又加了这些物品，买了辆车，雇了几个退役的十字军骑士，在这场国际战争之后的犯罪狂潮中保护自己。他们做生意的模式越来越先进，规模也越来越大。他们做生意很不容易，每次进入另一个领主的地面都得交税，但由于利润可观，小贩就继续四处兜售。

很快，几个精力过人的商人发现，他们一直从远方进口的那些货物也可以在自己家里生产。他们把自己家的一部分变成了作坊，脱去商人的外衣，成了制造商。他们不仅把产品卖给城堡主人和修道院院长，也卖到附近的城镇去。领主和修道院院长用自己农田上的农产品跟他们交换比如蛋啊，蜂蜜啊，还有酒（在以前的时代是当作糖来用的）。但远方城镇的居民却只能用现金支付，于是制造商和商人开始有了一些金子，这完全改变了他们此前在中世纪早期的地位。

你很难想象一个没有金钱的世界。在当代城市中，没有钱人就活不下去。你口袋里成天都得装满小圆金属片（硬币）来"付账"。你花5分钱坐公交车、1美元吃饭、3美分买一份晚报。但中世纪早期的很多人，一辈子都没见过一枚硬币。希腊和罗马的金币银币都埋藏在他们城市的废墟之下。罗马帝国之后的迁徙世界是个农业社会，每个农夫都种足够的粮食，养足够的牛羊，自给自足。

中世纪的骑士是乡绅，很少需要用货币来买东西。他和家人的吃穿几乎都产自他的庄园。他的房子用的砖是在就近的河岸上制成

城堡与城市

的。大厅的橡子，木头是从男爵的森林里砍来的。必须从外部引进的几样东西，也都用物品（蜂蜜、蛋、木柴）交换。

但十字军东征让以前农业生活的日常习惯发生了巨变。假设西尔德谢姆公爵要到圣地去，他得旅行几千英里，必须支付旅费和房钱。在家里，他可以用自己农庄上的产品来支付。但他没法随身带着一千多枚蛋、一车火腿来满足威尼斯贪婪的船主以及勃伦纳山口①

---

① 勃伦纳山口（Brenner Pass）：在阿尔卑斯山东段。

的旅店店主。这些先生坚持要现金，因此领主老爷被迫在旅途中带上少量金币。他到哪儿去弄金币？他可以从伦巴底人那里借。这些伦巴底人是古代伦巴人的后裔，他们变成了职业的借债人，坐在交易台（一般称为"banco"，也就是"银行"一词的来历）后面，很愿意借给领主老爷几百金币。但领主反过来要把庄园抵押给他们，这样，万一领主老爷死在突厥人手里，他们也能得到补偿。

对债务人来说，这是危险的事。最后，伦巴底人总是占有他们的庄园，骑士则破产，被迫受雇于一个更强大、更谨慎的邻居，为后者去打仗。

骑士阁下也可以到城中的犹太人被迫居住的地方去，在那儿他可以借到钱，利息是五成或六成。那也很危险，但真有别的出路吗？环绕着城堡的小城市居民中，有些人据说很有钱。他们从小就认识这位年轻的领主，他的父亲和他们的父亲曾是好友，他们的要求总不会太苛刻吧，很好。领主的书记员（是一个能写字记账的僧侣）给最著名的商人写了张条子，希望对方能借一小笔款。城市居民在珠宝匠的作坊里集会（这个珠宝匠给附近的教堂制作高脚杯），讨论这一请求。他们没法拒绝。要"利息"是没用的，首先，收利息违背大多数人的宗教原则；其次，利息只会用农产品支付，而市民的农产品已经够多了，自己都用不了。

整天稳坐在桌子边、有哲学家性情的裁缝提出，"但是，假如我们给他钱，同时要求他给我们一些好处，会怎样？我们都喜欢钓鱼，但老爷不让我们在他的溪流里钓。假设我们给他一百金币，他反过

中世纪城镇

来写一份书面保证，允许我们在他的所有河里自由钓鱼。那么，他能得到一百金币，我们可以得到鱼。这不是两全其美嘛。"

老爷接受建议的那一天（这似乎是得到一百金币的捷径），相当于在自己权力的死刑书上签了字。他的书记员起草了协议，老爷画了押（因为他不会签自己的名字），就朝东进发。两年后，他回来了，身无分文。城镇居民正在城堡的池塘里钓鱼。看到这安详的钓鱼场面，领主不禁大为光火。他让侍从武士去把那群人赶走。他们走了，但当天晚上，商人代表拜访了城堡。他们彬彬有礼，祝贺领主老爷安全返乡。钓鱼的人让领主厌烦，他们对此感到抱歉。但领主老爷大概还记得，是他本人允许他们这样做的。裁缝于是拿出特许状，这特许状自从主人去往圣地后，就一直保存在珠宝匠的保险箱里。

领主恼羞成怒，但他又一次迫切需要钱。在意大利，他在某些文书上签了字，文书如今在著名银行家萨尔韦斯特罗·德·美第奇手里。这些文书叫"期票"，签署后两个月就要到期了，总额是三百四十镑（荷兰金币）。在这种情况下，高贵骑士的高傲灵魂中虽然满腔怒火，也只好隐忍不发。他提出再借一笔小小的款项，商人们退下去商议此事。

三天后，他们又来了，说"遵命"。主人身处困境，他们乐意效劳，但为了交换那三百四十五镑，他能否再给他们一份书面保证（又一份"特许状"），让他们这些市民建立自己的市议会（由城市所有商人和自由民选举产生），该市议会将管理公共事务，而不受来自城堡方面的干涉？

领主老爷简直气糊涂了，但他还是需要钱，于是说可以，并签署了特许状。下一周领主就后悔了，他召集士兵来到珠宝匠的家，让珠宝匠拿出那些文件，说文件是他狡诈的子民乘人之危，骗他签的。他把文件拿走并烧掉。城市居民旁观着，一言不发。但下一次，当领主需要钱给女儿办嫁妆时，却一分钱也借不到。经历珠宝匠这件事后，领主的信用度降低了。他只好忍气吞声，提出做某些补偿。领主老爷还没有得到约定款项的第一笔，城市居民就已经再次拥有了以前的所有特许状，还获得了一个新特许状，允许他们建一个市政厅，还有一座坚固的塔楼，所有特许状都要存放在那里以防火灾和盗窃，实际就是防备领主和他的武装随从再次动粗。

塔楼

十字军东征之后的几个世纪里发生的情形大抵如此。权力从城堡转移到城市。这是个缓慢的过程，有时有争斗，有些裁缝和珠宝匠被杀，有些城堡则被焚，但这种事并不多见。几乎不知不觉中，城镇越来越富有，封建主越来越穷。为了维持生活，封建主总是被迫用有关公民自由方面的特许状，来换取现金。城市发展着，为逃亡农奴提供了避难所。农奴在城墙里住了几年后获得了自由。城市也成了周围乡村中更活跃因素的中心。城市为自己新的重要地位感到自豪，人们在以前的集市周围（几个世纪前，人们就在这些集市上交换蛋、羊、蜂蜜、盐）建起了教堂和公共建筑，显示自己的力量。他们希望自己的孩子能在生活中有更好的机会，于是雇了僧侣来到城市当学校老师。他们听说有一个人能在木板上画画，就出钱请他来，在小教堂和市政厅的墙上，画满《圣经》故事。

火药

同时，领主老爷待在自己阴森森又漏风的城堡大厅里，看着这些容光焕发的新暴发户，悔不该当初签字，把自己的专有权和特权让给别人。但他没办法。市民的钱箱装得满满的，根本不在乎他了。他们都是自由人了，完全准备好了去维护自己用血汗挣得之物，那是经过了十几代人的斗争才得来的。

36. 中世纪的自治

城市居民如何声称在国王的议事会上有发言权

只要是"游牧民族"（流荡的牧人部落）的一分子，那么人们彼此之间就都是平等的，都要对整个群体的福祉和安全负责。

但是，定居下来之后，有人变富，有人变穷。这时，统治权就容易落到那些不必为生计操劳的人手里，他们能全心投身于政治。

我前面说过，埃及、两河流域、希腊、罗马都发生了这样的事。西欧的日耳曼民族一旦秩序稳定下来也发生了这种事。统治着西欧世界的首先是一个皇帝，他由日耳曼神圣罗马帝国中七八个势力最大的国王选出来，他享有很多虚拟的权力，实权却不大。再往下的统治者是一群国王，他们坐在摇摇欲坠的宝座上。日常的管理事务则置于几千个封建小公侯手里。他们的子民是农民或农奴。城市很少，几乎没有什么中产阶级。但在十三世纪，中产阶级，也就是工商阶层，在消失了几乎一千年之后再次登上历史舞台。我们在上一章已经看到，这个阶层的崛起意味着城堡里的人势力已衰落。

迄今为止，国王在统治自己的领地时只考虑到贵族和主教的意愿。但十字军东征之后的新商贸世界迫使国王也要意识到中产阶级的存在，否则他的府库就会日益空虚。如果按照这些国王陛下的私愿，他们倒宁可征求自己的牛或猪的意见，也不去征求城市里的好居民的意见。但没有办法，他们勉强吞下这片苦药，因为这药包裹着糖衣。事实上他们并非拱手相让。

在英格兰，国王狮心理查到圣地去了，但他的十字军之旅的大部分时间却是在一个奥地利监狱中度过的。理查不在时，国家的管理权落在了理查的兄弟约翰手里。约翰在作战方面不如理查，但作为一个糟糕的管理者，却与理查旗鼓相当。约翰摄政之初，就丧失了诺曼底和法国领地的大部分。然后，他又跟教皇英诺森三世发生争吵（英诺森三世是霍亨斯陶芬王室的宿敌）。教皇把约翰驱除教籍，正如两个世纪前格里高利七世把皇帝亨利四世革除教籍。1213年，约翰被迫忍辱求和，正如亨利四世1077年一样。

虽然屡遭挫折，约翰并没有气馁。他继续滥用王权，直到不满的贵族囚禁了这位国王，迫使他保证做好人，再不干涉臣民的古老权利。这一切发生在泰晤士河的一个小岛上，在兰尼米德附近，时间是1215年6月15日。约翰签字的文献名为《大宪章》。《大宪章》里没什么新内容，它用简短直接的句子重申了国王的古老职责，列举了贵族的特权。它基本上没提到占人口绝大多数的农民的权利（如果他们也曾有什么权利的话），但它对新兴工商阶层提供了某些保护。这是一个极为重要的宪章，因为它比以往任何时候都更明确地界定了国王的权力。但它仍是一份纯粹意义上的中世纪文件，基本上没提到普通老百姓，除非老百姓恰好是贵族的财产——这些“财产”必须受到保护，免受国王的暴政，正如贵族的森林、牛群也应受保护，免受皇家森林官的贪婪所害一样。

但几年后，我们在国王陛下的议事会上，听到了一种完全不同的声音。

约翰无论从出身还是从性情上说都是个恶棍。他郑重承诺遵守《大宪章》，然后又把它的诸条款一一撕碎。幸运的是，他很快就死了，即位的是他的儿子亨利三世。亨利三世不得不重新承认《大宪章》。同时，他的叔父理查，就是那个十字军骑士，花掉了英国不少钱。国王亨利三世不得不要求几项借款，以偿还犹太借债人。为国王做顾问的大地主和主教，没办法给他足够的金银。国王于是下令召来城市的几个代表参加国王的大议事会。他们是1265年第一次与会的。叫他们来，只是想让他们做财政专家，他们按说不应参与国事大讨论而只应在税收问题上提出建议。

但是，逐渐地，这些“平民”代表在很多问题上都做了顾问。于是贵族、主教、城市代表的会议发展成了定期的“议会”，也就是“人们进行讨论的地方”，以决定重要的国事。

这样一个有某些行政权的一般顾问委员会制度，并非像人们通常以为的那样，是英国人的发明。由“国王和他的议会”来统治，这种制度也并非限于英伦诸岛，你在欧洲任何地方都能看到。在某些国家，比如法国，中世纪过后，王权迅速扩张，“议会”的势力缩减为零。1302年，城市的代表就获准参加法国议会的会议，但又过了五百年，这个"议会"才强大起来，能够伸张中产阶级（即所谓第三等级）的权利，打破国王的权力垄断。然后法国人抓紧弥补丧失的时间，在法国大革命中废除了国王、教士和贵族，让普通人的代表做国家的统治者。在西班牙，国王的议事会早在十二世纪上半叶就对平民开放。在神圣罗马帝国，有几个重要城市已获得"帝国城市"的称号，其代表是必须参与帝国议会的。

瑞士自由的故乡

在瑞典，平民代表参加了1359年瑞典议会的首次会议。丹麦1314年重建了丹麦议会（古老的国民大会）；尽管贵族常常夺回国家的控制权，削弱国王和百姓的权利，但城市代表的权利从来没有被完全剥夺。

荷兰人废黜腓力二世

在斯堪的纳维亚地区，代议制政府的历史尤其有意思。在冰岛，"冰岛议会"即所有自由的土地拥有者的大会，管理着冰岛事务。这个议会在九世纪就开始定期开会，此后一直坚持了一千多年。

在瑞士，不同城镇的自由民成功捍卫了自己的议会，挫败了几个封建邻居的不良企图。

最后，在低地国家荷兰，不同公国、县的议会，早在十三世纪就有第三等级的代表参加。

十六世纪，荷兰有几个小省份反抗他们的国王，在一个庄严的三级会议中，废黜了国王，不让教士再参与讨论，打破了贵族的势力，对新成立的尼德兰七省联合共和国，实施完全的行政权。有两百年的时间，市议会的代表管理着这个国家，国王、主教、贵族被抛在一边。城市的地位已经登峰造极，好市民成了国家的统治者。

37．中世纪世界

中世纪人如何看待自己生存的世界

日期是极为有用的发明，我们不能没有它们。但我们必须小心，免得它们蒙住我们的眼睛。它们容易让历史显得过于精确。比如，当我说到中世纪人的世界观，我并不是说，公元476年12月31日那一天，欧洲所有人突然都说："啊，现在罗马帝国结束了，我们生活在中世纪了，多有意思！"

你在查理大帝的法兰克宫廷里，会发现有些人的服装、举止、生活态度都是罗马式的。另一方面，你长大后就会发现，这个世界上还有人仍然处在原始生活状态中。所有时间、所有时代都是重叠的，一代代的思想彼此相连。但我们仍可以研究真正能代表中世纪的很多人的心思，然后让你明白，普通人对生活以及生存的诸多难题都持什么态度。

首先要记住，中世纪人从不认为自己是自由公民，可以随意来去，可以按自己的能力、精力、运气来决定自己的命运。相反，他们都把自己视为世界总格局的一部分，这个格局中包括皇帝与农奴，教皇与异端，英雄与地痞，富人与穷人，乞丐与小偷。他们接受了上帝的这一旨意，并不提出质疑。在这一点上，他们跟现代人迥异——现代人什么都不接受，总是尽力改善自己的经济和政治地位。

对十三世纪的男人女人们来说，彼岸世界（要么是极乐的天堂，要么是充满硫黄与痛苦的地狱）并非虚词，也非模糊的神学术语，而是实际存在的事实。中世纪的市民和骑士把一生中的大部分时间都用来为此做准备。我们现代人怀着古希腊人和罗马人般的平和，看待享尽天年之后的高贵死亡。经过了六七十年的操劳后，我们在长眠时觉得一切都会好的。

但在中世纪，恐怖之神带着他狞笑的骷髅以及他哗哗作响的骨头，长伴在人的左右。他用自己刺耳提琴上的可怕曲调把人们唤醒。他跟人们一起坐在饭桌边。当人们带一个女孩儿出去漫步时，他从树木和灌木后对他们微笑。如果你从小听的不是安徒生和格林的童话，而全是关于墓地、棺材、可怕疾病的毛骨悚然的故事，那么，你也会一生都畏惧最后时刻的来临，畏惧最后审判的可怖日子。中世纪的孩子正是如此，他们周围的世界充斥着魔鬼、幽灵，只偶尔有几个天使。有时候，对未来的恐惧让他们的灵魂中充满谦卑和虔诚，但这种恐惧更常以另一种方式影响他们，使他们变得残忍而感伤。他们会先杀死一个被攻陷城市的所有妇孺，然后虔诚地来到一个神圣所在，双手还沾着无辜受害者的鲜血，祈祷仁慈的上天饶恕自己的罪过。是的，他们不停地祈祷，还会流下热泪，忏悔说自己是一切罪人中最邪恶的。但第二天，他们又会屠杀一个营的穆斯林敌人，毫无怜悯之心。

当然，十字军士兵都是骑士，遵循一套有异于常人的行为规范。但在某些方面，"常人"跟他的主人别无二致。"常人"也仿佛一匹惊马，一有风吹草动就吓得要命。他也能做出伟大而忠诚的贡献，但如果他热昏的头脑以为看见了鬼，他也能狂奔乱撞，造成可怕的伤害。

但在评判这些好人的时候，我们最好记住，他们的生活环境极为不利。他们貌似文明人，实乃野蛮人。查理大帝和奥托大帝被称为"罗马皇帝"，但他们与真正的罗马皇帝（比如奥古斯都或马可·奥勒留）有天渊之别，就如刚果河上游某个部落的"王"与瑞典或丹麦受过高等教育的统治者有天渊之别一样。他们是住在辉煌废墟中的野蛮人，无缘享受祖辈父辈毁灭的那个文明的好处。他们一无所知。今天一个十二岁孩子知道的事，他们几乎一样都不知道。他们的全部知识都来自一本书，就是《圣经》。但《圣经》中曾对人类历史产生了有益影响的部分，是《新约》中教人仁爱、慈悲、宽恕的伟大道德教诲的章节。这本可敬的书如果作为天文学、动物学、植物学、几何学以及其他一切学科的手册就并不完全可靠了。在十二世纪，中世纪的图书馆又添了一种书，是关于有用知识的大百科全书，公元前四世纪的希腊哲学家亚里士多德汇编。基督教会为什么愿把如此高的荣誉，赋予亚历山大大帝的这位老师，而一概谴责其他所有宣传异端思想的希腊哲学家，对此我还真不明白。但总之除了《圣经》，亚里士多德被看成唯一可靠的导师，他的作品可以安全地放在真正的基督徒手中。

他的著作几经辗转才到了欧洲。它们从希腊到了亚历山大城。然后，七世纪征服了埃及的穆斯林把这些作品从希腊语译为阿拉伯语。它们随着穆斯林军队来到西班牙。科尔多瓦的摩尔人大学就教授这位伟大的斯塔吉拉人（亚里士多德是马其顿的斯塔吉拉人）的哲学。一些基督徒学生越过比利牛斯山来追求自由的教育，他们把阿拉伯文译为拉丁文。这些名著几经周折后的译本，终于在欧洲西北部的各种学校里得以教授给学生。译本不太清楚，但这让它显得更有意思。

借助于《圣经》和亚里士多德，中世纪最聪明的人开始工作，把天地间的万物都跟上帝的明确意志联系起来。这些聪明人就是所谓的经院学者。他们的确非常聪慧，但他们的信息一律来自书本而非来自实际观察。如果他们想讲授关于鲟鱼或毛毛虫的事，他们就去读《旧约》《新约》和亚里士多德的作品，把从这些好书中发现的关于毛毛虫、鲟鱼的一切，都告诉学生们。他们并不会到附近的河里抓条真来。他们也并不离开书房，到后园去捉几条毛毛虫，观察这些动物，在它们的天然栖息地研究它们。甚至阿尔伯图斯·麦格努斯①、托马斯·阿奎那这样的著名学者也不去问一问，巴勒斯坦的鲟鱼、马其顿的毛毛虫是不是跟西欧的鲟鱼、毛毛虫差别不大。

---

① 阿尔伯图斯·麦格努斯（Albertus Magnus，约1200—1280）：德国多明我会的哲学家与主教。

中世纪世界

偶尔有个好奇心特别重的人，比如罗杰·培根，出现在学者们的会议中，开始试验放大镜和可笑的小望远镜，并把鲟鱼和毛毛虫都弄到演讲室里，证明它们跟《旧约》和亚里士多德说的动物不一样。这时，学者们就"高贵"地摇摇头。培根太过分了，他胆敢提出一小时的实践观察能胜过花十年时间学亚里士多德。他还说，那位著名希腊人的作品虽然造福不浅，但相比之下还是不曾翻译的原著好。这时，经院学者们就到警察局去说，"这个人对我们的国家安全是个威胁。他想让我们学希腊语来读亚里士多德的原文。他为什么不满足于我们的拉丁文—阿拉伯文译本？我们虔诚的人们几百年里都对这译本感到满意。他为什么对鱼的内部构造、昆虫的内部构造如此好奇？他大概是邪恶的魔法师，想用黑魔法推翻万物的现有秩序。"他们巧舌如簧，于是国家安全的惶恐守护者们，有十多年时间禁止培根写一个字。他重新开始自己的研究后，学了乖。他用一种奇怪的密码来写书让同时代人无法阅读。当教会越来越不顾一切地阻止人们提出问题（这些问题会引发怀疑和不信神），他的这种做法就越来越流行。

但教会的行为并非出于愚民的险恶用心。当时的缉拿异端者本意是好的。他们坚信（他们深知），尘世只是我们在彼岸世界的实际存在的准备阶段。他们确信，知识太多会让人们感到不舒服，会让他们头脑中充斥着危险的念头，导致怀疑和沉沦。中世纪的老师，如果看见一个学生偏离了《圣经》与亚里士多德的天启权威，想自己做研究，那么老师就会有像慈母看见小孩走近热火炉一样的感受。她知道，如果让孩子碰到火炉，他的小手指就会烫伤。她努力想拉住他，如果必要的话，她会使劲拉住他。但实际上她是爱孩子的，如果孩子服从她，她会尽量善待他。同样，中世纪守护人们灵魂的那些人虽然在涉及信仰的一切问题上都极为严厉，但却日夜操劳，尽力服务于他们的教民。凡是能帮忙之处，他们一定会伸出援手。当时的社会显示出了成千上万善男信女的影响，这些人想让普通人的命运尽量可以忍受。

农奴就是农奴，他的地位是永不会改变的。但中世纪的仁慈上帝虽让他终身为奴，却赋予这卑微的家伙一个不朽的灵魂，所以，此人的权利必须受到保护，使他能像一个好基督徒一样过一辈子。如果他太老弱，不能干活儿了，那么他为之工作过的封建主就必须照顾他。农奴过着单调凄惨的生活，但从不害怕明天。他知道自己是"安稳"的，他不会被炒鱿鱼，他头上总有个屋顶（也许是漏雨的屋顶，但怎么说也是屋顶吧），而且他总有饭吃。

社会的所有阶层，都有这种"稳定感"和"安全感"。在城镇，商人和工匠建立了行会，确保每个成员都有稳定收入。它不鼓励有雄心之人超过自己的邻居。行会常常保护"落后者"，使之也能勉强过得去。他们在劳动阶层中奠定了一种满足的、有安全感的普遍情绪，这种情绪在今天的全面竞争时代已不复存在。中世纪人熟知我们今天说的"囤积居奇"的危险——比如一个富人占有了所有粮食、肥皂或腌鲱鱼，然后迫使世人按他的出价来买。因此，当局不鼓励批发贸易，并规定商人应该以什么价钱卖货。

中世纪的人不喜欢竞争。既然末日审判为时不远，那时所有财富都不值一文，好农奴可以走进天堂的金色大门，坏骑士则要打入地狱最深处去悔罪。既然如此，何必竞争，让世界充满喧嚣、争夺，以及一大群汲汲营营的人呢？

简而言之，中世纪的人被要求交出思想和行动的部分自由，以享有更大的安稳，免受身体和灵魂之困苦。

除了少数几个例外情况，他们并不反抗。他们坚信自己只不过是尘世上的过客，他们到这儿来是为了给更伟大、更重要的生活做准备。他们有意对这个充满苦难、邪恶、不公的世界置之不理。他们拉下窗帘，不让阳光进来，这样他们在读《启示录》时就不会分神。《启示录》中有一章对他们说到了天堂之光，它将永远照亮他们的极乐生活。他们努力对这一世界的大多数快乐熟视无睹以便自己能享受即将到来的那些快乐。他们把活着当作一件不得已的坏事，他们欢迎死亡，认为那是光辉一天的开始。

希腊人和罗马人从不操心未来，而要在尘世建立他们的天堂。他们成功地让同胞中那些碰巧不是奴隶的人过上了特别舒服的生活。之后，中世纪走到了另一个极端，人们把天堂建筑在九霄云外，对无论贵贱、贫富、贤愚之人而言，尘世都是一个泪谷。钟摆该朝另一个方向摆回去了，下一章你就知道了。

38.中世纪的贸易

十字军东征如何让地中海再次成了繁忙的贸易中心，意大利半岛上的城市如何成了欧洲与亚非贸易的集散中心

为什么意大利半岛在中世纪晚期会最先重新赢得重要地位？有三个很好的理由。罗马在很早时候起就平定了意大利半岛。那儿的道路、城镇、学校，比欧洲其他任何地方都多。

蛮族人在意大利与在其他地方一样，恣意烧杀，但意大利的东西太多了，他们即使毁掉了一部分，也还是有很多保存了下来。其次，教皇住在意大利。他是一个庞大的政治机器的头领，这个政治机器拥有土地、农奴、建筑、森林、河流，还开设法院，所以教皇总是有很多收入。人们必须用金银来支付教廷，正如必须用金银来支付威尼斯、热那亚的商人和船主一样。北方和西方的牛、蛋、马以及所有农产品，必须兑换成现金才能向遥远的罗马城还债。这使意大利成了唯一一个金银比较充足的国度。最后，在十字军东征期间，意大利城市是十字军登船之处，他们借此大发横财。

十字军东征结束后，这些意大利城市仍然是东方商品的集散中心——欧洲人在近东待的那段时间里已经开始依赖这类商品。

这些城镇中最著名的莫过于威尼斯。威尼斯是一个建在滩涂上的共和国。四世纪蛮族入侵时，大陆上的人逃到那里。威尼斯四面环海，那儿的人开始经营制盐业。中世纪时盐很稀缺，价格昂贵，威尼斯有几百年的时间都垄断着这种不可缺少的桌上调味品（之所以说不可或缺，因为人跟羊一样，如果食物中没有一定量的盐就会病倒）。威尼斯人利用这种垄断，扩大城市的势力。有时他们甚至敢于对抗教皇的权力。威尼斯城变得很富有，人们开始造船，致力于东方贸易。十字军东征期间这些船被用来把乘客运往圣地。当乘客没钱用现金买船票时，他们就要帮威尼斯人打仗——威尼斯人不断地在爱琴海、小亚细亚和埃及扩展着自己的殖民地。

到十四世纪末，威尼斯人口已增长到二十万，成了中世纪最大的城市。民众对威尼斯政府没有影响力，政府管理是几个富商家族的私事。他们选出一个元老院和一个公爵，但城市的实际统治者是著名的十人委员会。十人委员会借助组织严密的秘密警察、职业杀手体系来维持自己的地位。它监视所有市民，谁要是对这专横、不择手段的公安委员会造成威胁，它就会把谁悄悄地除掉。

在佛罗伦萨则是另一种极端的政体，即动荡不安的民主制。佛罗伦萨控制着从欧洲北部通往罗马的交通要道，并利用从这有利的经济地位获得的钱从事制造业。佛罗伦萨人想效法雅典。贵族、教士、行会成员都参与公共事务的讨论，这引发了很大的社会动荡。

人们总是分成政治派别，党派之间彼此恶斗，一旦自己在市议会中获胜，就把敌人流放，没收其财产。有组织的暴民这样统治了几百年后，不可避免的事发生了。一个强大的家族成了城市的主人，按照古希腊"僭主"①的模式统治着该城和周围的乡村。他们被称作"美第奇"家族。美第奇家族最早行医（拉丁文称医生为"medicus"，所以他们被音译为"美第奇家族"），但后来他们成了银行家。在所有比较重要的贸易中心都有他们的银行和当铺。甚至在今天我们仍会注意到，美国当铺中会摆出三个金球，这正是强大的美第奇家族族徽的一部分。他们成了佛罗伦萨的统治者，美第奇家族的女儿嫁给法国国王，族人葬在跟罗马皇帝墓一样豪华的坟墓中。

还有热那亚，它是威尼斯的大对头，那儿的商人专门从事与非洲突尼斯以及黑海粮食产地的贸易。此外还有二百多个城市，或大或小，各为完整的商业单位，它们怀着深刻的仇恨与自己的邻居和对手斗争，因为同行总是冤家。

东方和非洲的产品一旦到了这些集散中心就会运到西方和北方。热那亚把商品从水路运到马赛，然后从马赛重新装船，运到罗纳河沿岸的城市，这些城市又成了法国北部和西部的贸易中心。

威尼斯走的是到欧洲北部的陆路。这条古道穿过勃伦纳山口，那是蛮族入侵意大利的古代门户。商品经过因斯布鲁克来到巴塞尔。从巴塞尔，商品有的顺着莱茵河漂向北海和英国。有的被运到奥格

---

① 僭主：起源于古希腊城邦，指仅关注自身利益而忽视全体公民权益的一人统治独裁者。

斯堡，那里的富格尔家族（他们既是银行家也是制造商，靠克扣工人的工钱而大发横财）把它们进一步运到纽伦堡、莱比锡以及波罗的海城市，或者到维斯比（位于哥特兰岛上），维斯比则会满足波罗的海北部的需求，并直接与诺夫哥罗德共和国做生意（诺夫哥罗德是俄罗斯的古代贸易中心，在十六世纪中叶被伊凡雷帝所灭）。

大诺夫哥罗德

欧洲西北沿海的那些小城市也有自己的有趣故事。中世纪人很喜欢吃鱼。有很多斋戒日，斋戒时人们不许吃肉。对远离海滨与河流的人来说，这就意味着只能吃蛋，要么就得饿肚子。但十三世纪初，一个荷兰渔夫发明了一种熏制鲱鱼的方法，可以把鱼运到远方，于是北海的鲱鱼捕捞业变得重要起来。但十三世纪的某个时候，这种有用的小鱼（由于自身的原因）从北海游到了波罗的海，于是那个内陆海沿岸的城市也开始赚钱。全世界都开船到波罗的海去捕捞鲱鱼。

鲱鱼的捕捞期一年只有几个月（在余下的时间它们都待在深水里，繁殖大群的小鲱鱼）。如果没别的事干，船在其余时间里就得闲置。于是，人们用这些船把北欧和俄罗斯中部的谷物运到南欧、西欧。在返程时，它们从威尼斯、热那亚带回香料、丝绸、地毯、东方小地毯，把它们运到布鲁日、汉堡、不来梅。

从这种简单的起步发展出了一个重要的国际贸易系统，它从制造城市布鲁日、根特（在那里，强大的行会与法国和英国国王长期作战，建立了一种劳工暴政，把雇主和工人都毁了）一直到俄罗斯北部的诺夫哥罗德共和国（它在伊凡沙皇之前一直很强大，但伊凡不相信商人，他占领了该城，不到一个月的时间里杀死了六万人，侥幸活下来的人也都沦为乞丐）。

为了保护自己，也为了对抗海盗、苛捐杂税和恼人的立法，北方商人成立了一个保护性的联盟，名叫"汉莎"。汉莎的总部在吕贝克。这是一百多个城市结成的自愿联盟，有自己的海军。当英国和丹麦国王敢于干涉强大的汉莎商人的权利和特权时，这支海军打败了他们。

这种奇特的贸易穿山越海，面临着如此的危险，每次旅程都如同辉煌的探险。我真希望我有更多篇幅给你讲讲这贸易中的一些奇妙故事。但那得用几卷书来说，在此是不行了。而且，我希望我告诉你的中世纪故事，能让你产生好奇心去读本书后面开列的书单中的杰作。

我已经努力告诉你，中世纪是发展极为缓慢的时期。当权者认

汉莎的航船

为，"进步"是魔鬼发明的不讨人喜欢之物，不应鼓励。这些人碰巧身居高位，很容易把自己的意志加于驯顺的农奴和不识字的骑士身上。偶尔有几个勇敢者，突入到科学这一禁区，但他们的后果很糟糕。如果他们能保住性命，被判刑二十年已经是万幸。

　　十二、十三世纪，国际贸易的浪潮席卷西欧，就如同尼罗河淹没了古埃及的谷地一样。大水过后留下了富足之沃土。富足意味着闲暇，闲暇让男人女人们有机会购买手抄稿，对文学、艺术、音乐产生了兴趣。

此后，世界再一次充满了那种神圣的好奇心，正是这种好奇心，使人从其他哺乳动物远亲的行列中脱颖而出，而那些远亲则依然愚昧。我在前一章中叙述了城市的兴起和发展。一批勇敢的先驱离开了万物既有秩序的狭隘领地，城市给他们提供了安全的避风港。

他们开始工作。他们打开了封闭的书房之窗。阳光照进尘封的屋子，在阳光中，他们看到了长期的昏暗中结下的蛛网。

他们开始清理房间，然后他们又去打扫花园。

接着，他们来到残垣断壁外的田野中，说："这是个美好的世界。我们很高兴能生活在这儿。"

就在那一刻，中世纪结束了，新世界即将到来。

39.文艺复兴

在这个时代，人们终于再次因为活着而感到快乐。他们想挽救古罗马和希腊文明的残余，这种文明古老而令人神往。他们对自己的成就极为自豪，称这是文艺复兴，也就是文明的重生

文艺复兴并非一场政治或宗教运动，它是一种心态。

文艺复兴时期的人仍然是教会母亲的温顺孩子。他们是王公贵族的子民，毫无怨言的子民。

但他们对生活的态度变了。他们开始穿与以前不一样的衣服，说不一样的语言，在不一样的房子中过着不一样的生活。

他们不再把全部思想和精力都集中于天堂中等待他们的那种极乐生活。他们努力想在尘世建立天堂。说实话，他们获得了不小的成功。

我常常提醒你，历史年代是很危险的。人们太从字面上看待年代了。他们把中世纪视为黑暗愚昧的时代。时钟"叮当"一响，文艺复兴便准时开始，灿烂的阳光洒满城市和殿堂，人们充满求知的

渴望。

实际上，我们无法划出这样的明确界限。十三世纪无疑属于中世纪，所有史家都同意这一点。但它难道只是个黑暗停滞的时期？根本不是。当时的人特别活跃，建立了伟大的国家，发展起了大商业中心。哥特式新教堂的秀美尖塔开始崛起，比城堡的塔楼、市政厅的尖屋顶还高。世界熙熙攘攘，市政厅中有权有势的先生们刚刚意识到自己的力量（力量来自新获取的财富），为了更大的权力，他们与自己的封建主斗争。行会成员刚刚意识到"人多势众"这个重要事实，与市政厅有权有势的先生们斗争。国王和他精明的顾问们则浑水摸鱼，抓到了不少闪闪发光的鲈鱼，然后，在吃惊、失望的市政厅议员、行会成员的眼皮子底下，把它们烧好了就吃。

傍晚时分，灯光暗淡的街道上，没有人讨论政治和经济。这时，行吟诗人和歌手给这幅图景添了活力，为女士们歌唱传奇、冒险精神、英雄主义、忠诚之故事与赞歌。同时，年轻人对缓慢的进步感到不耐烦，蜂拥到大学中，于是又有新的故事诞生。

中世纪的人是有"国际心态"的，这听起来似乎很难做到，我来讲给你听。我们现代人有的是"民族心态"。我们是美国人、英国人、法国人、意大利人，说英语、法语、意大利语，上的是英国、法国、意大利的大学。除非我们从事的是某一特殊学科，该学科只在别的国家教授，我们才去学另一门语言，到慕尼黑、马德里或莫斯科去。但十三、十四世纪的人很少说自己是英国人、法国人或意大利人。他们说："我是谢菲尔德、波尔多、热那亚的市民。"他们都属于同一教会，所以他们能体会到某种同胞之情。而且，所有受过教育的人都会说拉丁语，因此他们就有了一门国际语言，消除了当代欧洲存在的愚蠢的语言障碍，这种语言障碍会置小国于特别不利的境地。举个例子，让我们看看伊拉斯谟的情况。他是个伟人，宣扬宽容与幽默，十六世纪开始著书。他出生于一个荷兰小村子。他用拉丁文写作，全世界都是他的读者。如果他今天还活着，他就只会用荷兰语写作，那么就只有六七百万人能读懂他。要让欧洲的其他地区和美国都能理解他，他的出版商将不得不把他的书译为二十多种不同语言。那可要花好多钱，出版商极有可能不想找这麻烦或不愿冒风险。

六百年前就不会有这种事。大部分人仍很愚昧，根本不识字，也不会写字。但那些掌握了摇动鹅毛笔之艰难艺术①的人，则属于一个"国际文人共和国"，这个共和国跨越整个欧洲大陆，不承认国界，也不在乎语言或国籍的限制。大学是这一共和国的堡垒。与现代防御工事不同的是，这些"堡垒"并不位于边疆地区。哪里有一个老师、几个学生聚在一起，哪里就是大学。在这一点上，中世纪和文艺复兴时期又跟我们当代不一样。如今，要建一所新大学，过程如下（或大体如下）：某富人想为自己的社区做点儿贡献，或者某教派想建一所学校，让自己虔诚的孩子们能受到严格监督，或者某国需要医生、律师和教师。大学之起点，就是存在银行中的一大笔款项。然后用这笔钱来盖楼，盖图书馆，盖宿舍。最后雇职业教师，通过入学考

---

① 指掌握拉丁语。

中世纪的实验室

试招生，大学就步入了正轨。

　　但在中世纪情况可不同。一个智者自言自语道："我发现了一个伟大的真理，我必须把我的知识传授给别人。"只要能找到几个人听他说话，他就宣扬自己的智慧，就像当代的街头演说家一样。如果他能说会道，那么人们就驻足倾听。如果他讲话干巴巴的，听众就耸耸肩，接着赶路。慢慢地，一些年轻人开始定期来听这位大师的智慧之语。他们带了笔记本，一小瓶墨水，一支鹅毛笔，把听起来重要的东西记下。有一天，下雨了。师生撤到一间闲置的地下室里，或者退到"教授"的房间里。大师坐在椅子上，年轻人则席地而坐。这种场景就描绘了大学的起源。"大学"在中世纪的时候是教师和学生的团体，"教师"就是一切，至于他在什么地方则毫不重要。

让我给你讲一个九世纪的例子。在那不勒斯附近的萨莱诺市，有几个优秀的医生，他们吸引了一些想从医的人，从此萨勒诺大学就延续了几乎一千年之久（直到1817年），教授着希波克拉底的学问（希波克拉底是希腊的伟大医生，公元前五世纪在古希腊行医）。

再举个例子。有个来自法国布列塔尼的年轻教士，名叫阿伯拉尔，十二世纪初开始在巴黎讲授神学、逻辑学。成千上万满腔热情的年轻人蜂拥到这座法国城市听他讲课。与他看法有异的其他教士则站出来解释自己的立场。不久巴黎就到处是熙熙攘攘的英国人、意大利人，以及来自瑞典和匈牙利的学生，于是在塞纳河中的一座小岛上，环绕着古老的教堂，诞生了著名的巴黎大学。

在意大利的博洛尼亚，有一个名叫格拉提安的僧侣，他为那些

文艺复兴

应该懂得教会律法的人们汇编了一本教科书。于是，来自欧洲各地的年轻教士和很多俗众，都来听格拉提安讲解他的思想。为了保护自己，对抗房东、店主、寄宿舍的女管家，他们结成了一个团体（大学），这就是博洛尼亚大学的起源。

然后，巴黎大学发生了一场争论。我们不知道起因是什么，但一群不满的教师带着自己的学生渡过海峡，在泰晤士河畔一个叫牛津的小村子找到了合适的家，著名的牛津大学就此诞生。同样，1222年，博洛尼亚大学内部发生了分歧。不满的教师（这次也有学生追随他们）迁到了帕多瓦，这个自豪的城市从此也有了自己的大学。从西班牙的巴利亚多利德到遥远波兰的克拉科夫，从法国的普瓦捷到德国的罗斯托克，都是这种情况。

诚然，对我们这些听惯了对数和几何定理的现代人来说，这些早期教授讲的很多东西会显得荒诞不经。但我想说的要义是，中世纪，尤其是十三世纪早期，并非一个完全停滞的时代。年青一代有生机，有热情，他们虽然害羞，却不断地提出问题。文艺复兴正是在这种震荡中诞生的。

中世纪即将落幕时，有一个形单影只的人穿过舞台。除了他的名字之外，关于他你还应该知道得更多些。他叫但丁，是佛罗伦萨一个律师的儿子，属于阿利格里家族。他1265年出生，在他祖辈生活的城市里长大，当时乔托正在圣十字教堂的墙壁上绘着阿西西的圣方济各的生平事迹。但丁上学的时候，他惊恐的眼睛常常会看见摊摊血迹，这些景象诉说着圭尔夫派（拥教皇派）与吉伯林派（拥皇帝派）之间无休止的可怕战争。

他长大后成了拥教皇派，因为他父亲就是拥教皇派，正如美国的少年，如果父亲恰巧是民主党或共和党，他也会成为民主党或共和党一样。但过了几年，但丁看到，意大利除非在一个领袖麾下联合起来，否则就会因一千多个小城市的混战而毁灭。于是他又成了拥皇帝派。

他向阿尔卑斯山以外的地方求助。他希望一个强大的皇帝能来到意大利，重新确立团结与秩序。呜呼！他的期望落空了。拥皇帝派在1302年被赶出佛罗伦萨。从那时起，一直到他1321年死于拉文纳荒凉的废墟中，他都是一个无家可归的流浪者，在富有的恩主桌边吃着别人施舍的饭。这些恩主的名字之所以没被人忘得一干二净，只是因为一件事，那就是他们在一个诗人落难时发过善心。在多年的流亡生涯中，但丁觉得有必要为以前的行为辩护。以前他曾是故乡的政治领袖，整日在阿诺河畔徘徊，就为了看一眼可爱的贝雅特丽齐·鲍提纳里，而她却嫁做他人妇，在"拥皇帝派"事件之前十几年就死去。

但丁的雄心壮志已无望实现。他曾忠心耿耿地效力于自己出生的城市。一个腐败的法庭却指控他盗用公共资金，如果他胆敢在佛罗伦萨城里出现，就要被活活烧死。为了在自己的良心和同时代人面前自证清白，但丁创造了一个幻想的世界，详细描述了导致他沦亡的情形，并描绘了意大利充斥着贪婪、色欲与仇恨的无望局面。美丽可爱的意大利已变成邪恶、自私的暴君们无情雇佣军之战场。

但丁

　　他告诉我们，公元1300年复活节前的那个星期四，他在一个密林中迷了路，一只豹、一头狮子和一匹狼挡住了他的去路。他觉得这下性命难保，这时一个白衣人出现在树丛中。他是古罗马诗人和哲学家维吉尔，圣母与贝雅特丽齐派他来解救但丁（贝雅特丽齐从高高的天堂上关注着她心上人的命运）。然后，维吉尔带着但丁穿过了炼狱和地狱。他们越走越深，一直来到最深一层地狱，魔鬼撒旦本人在那里冻成了永恒的冰，他周围环绕着最邪恶的罪人、叛徒、撒谎者，以及那些用谎言和欺骗赢得了名声与成功的人。但这两个漫游者到达这一可怕之处前，但丁遇到了在他钟爱的城市历史上扮演过种种角色的所有人。皇帝与教皇，勇敢的骑士与哀鸣的高利贷商，都在那儿被判以永恒的惩罚，或者等待着救赎的一天，到那时，他们就会离开炼狱，升入天堂。

这是个离奇的故事。这是有关十三世纪人所为、所感、所惧、所祈祷的百科全书。但丁这孤独的佛罗伦萨流亡者的身影则贯穿其始终，身后总是伴着他自己的绝望。

看啊！当死亡的大门向中世纪的哀伤诗人关闭时，生命的大门却对另一个孩子打开。他是文艺复兴的第一人。他就是弗兰齐斯科·彼特拉克，小城阿雷佐一个公证员的儿子。

弗兰齐斯科的父亲跟但丁属于一个党派，也遭到流放，因此彼特拉克并非生于佛罗伦萨。十五岁时，他被送到法国的蒙彼利埃，他本来可能会像他父亲一样成为一位律师，但这孩子不想当法律专家，他痛恨法律。他一心想做学者和诗人，于是他就真成了学者和诗人 —— 意志坚强的人经常如此。他长途旅行，在弗兰德、莱茵河畔的修道院、巴黎、列日，最后在罗马抄手稿。然后他到沃克吕兹荒山的冷清谷地中居住。在那儿，他潜心研究并写作。不久，他因诗歌和学问而名声大噪，巴黎大学与那不勒斯国王同时邀请他去教他们的学生和子民。赴任途中，他得穿过罗马。人们已知道他的名气，听说他曾编校过半被遗忘的罗马作者的著作。他们决定授予他荣誉。

在帝都古老的广场上，他戴上了"桂冠诗人"的冠冕。

此后，他的一生就是声誉日隆、不断得到嘉许的一生。他写的正是人们最想听的。人们已厌倦了神学争论，可怜的但丁可以尽情在地狱中漫游，但彼特拉克写的却是爱情、大自然和暖阳，他从来不提上一代人惯用的那些阴沉事物。当彼特拉克来到一座城市，人们倾城而出，像迎接凯旋的英雄一样迎接他。如果他还带上了他年轻的朋友薄伽丘（那个会讲故事的人）就更好了。他们都是当时的典型人物，对事物充满好奇，对一切作品都想一读为快，在被遗忘的尘封图书馆中挖掘，想找到维吉尔、奥维德、卢克莱修或任何古代拉丁诗人的手稿。他们都是好基督徒。他们当然是！谁都是。但不能因为你某一天要死，就非得拉长脸、穿脏兮兮的外套过日子。生活是美好的，人活着是应该快乐的。你问有什么证据？好的。拿个锄头，朝地下挖吧。你发现了什么？美丽的古代雕塑，美丽的古代花瓶，古代建筑的遗迹。这些都是那史上最伟大帝国的人们制造的，他们统治整个世界达千年之久。他们强壮、富有、英俊（只要看一看奥古斯都皇帝的雕像就知道）。当然，他们不是基督徒，永远进不了天堂，至多只能待在炼狱里，就是但丁不久前拜访过的那个炼狱。

但那又怎样？能生活在像古罗马那样的世界里，对任何凡人来说本身就是天堂。毕竟我们的生命只有一次。让我们快乐吧，高兴吧，只因为我们活着。

简单地说，意大利很多小城的小街曲巷中开始流溢的就是这种精神。你知道什么是"自行车热""汽车热"。有人发明了自行车。

几十万年来，人都是缓慢痛苦地从一地到另一地。现在，他们可以轻快地骑车，翻山越岭，一想到这一点，他们简直要"发狂"。然后，一个聪明的技师制造了第一辆汽车。再也不用没完没了地蹬、蹬、蹬了。你只需坐着，让一滴滴汽油为你跑路就行了。于是，人人都想拥有一辆汽车。大家谈论着劳斯莱斯、廉价小汽车、汽化器、里程、汽油。探险家深入到未知国度的腹地寻找新的石油资源。苏门答腊岛和刚果长出了新的森林，给我们供应橡胶。橡胶和石油变得特别值钱，人们甚至为了占有它们而打仗。整个世界都"我为汽车狂"，小孩子还不会嘟哝"爸爸""妈妈"的时候，就会说"汽车"了。

在十四世纪，意大利人为之发狂的则是新发现的埋藏于地下的罗马世界之美。很快，西欧所有人都感染了这种狂热。只要发现了一份未知手稿，就可以全国放假。写了一本语法书的人，就像今天发明了火花塞的人一样出名。人文学者，也就是把时间和精力都用来研究"人"的人（而不是把时间消耗在无益的神学研究上）受到极大的礼遇和尊敬，刚刚征服了食人岛的英雄也比之不及。

在这场思想大潮中，发生了一件事，对研究古代哲学家和古代作者很有利。土耳其人① 重新进攻欧洲。君士坦丁堡，也就是古罗马帝国最后的残余，形势告急。1393年，君士坦丁堡的皇帝曼努埃尔·帕里奥洛格斯，派赫里索洛拉斯去西欧，陈述古老的拜占庭形势危急，寻求援助。援助根本没来。罗马的天主教世界，巴不得看

---

① 突厥人与土耳其人，英文均为 Turks，突厥人是土耳其人的前身。

到希腊的东正教世界受到惩罚，对邪恶的异端来说这是罪有应得。但不论西欧对拜占庭人的命运如何漠不关心，他们却对古希腊人深感兴趣——正是这些古希腊人，在特洛伊战争五百年后，在博斯普鲁斯海峡边建立了拜占庭城。西欧人想学希腊语以阅读亚里士多德、荷马、柏拉图的著作。他们迫切想学习希腊语，但他们没有课本，没有语法书，也没有老师。佛罗伦萨的官员听说了赫里索洛拉斯的到来，他们城里的人"狂热地想学希腊语"，赫里索洛拉斯能不能来教他们？他同意了，看啊！他成了第一个希腊语教师，向数百个热情的年轻人教希腊字母阿尔法、贝塔、伽马。这些年轻人一路乞讨，来到阿诺河畔的佛罗伦萨，住在马厩和肮脏的阁楼里，以便学习希腊的动词变位 παιδεύω, παιδεύεις, παιδεύει①，期待着能与索福克勒斯、荷马为友。

此时，在大学里，老派的经院学者仍教授着古老的神学和过时的逻辑学，阐释着《旧约》的微言大义，讨论着他们的希腊－阿拉伯－西班牙－拉丁文版本的亚里士多德的奇怪科学著作。这些学者惊惧地关注着事态的发展。然后，他们大为光火。这太过分了。年轻人离开了古老大学的讲坛，跑去听某个狂妄的"人文学者"讲他新出炉的"文明复兴"的想法。

经院学者到当局那里去告状。但马不喝水是无法强按其头的，人不感兴趣的东西也没法让他认真听。经院学者们迅速丧失了阵地。

---

① 是希腊文"教育"一词的部分变位。

偶尔他们也能获得短暂的胜利。他们与一些宗教狂热分子结成联盟，这些狂热分子不愿看到别人享乐，而自己的灵魂却感受不到这种快乐。在文艺大复兴的中心佛罗伦萨，旧秩序和新秩序之间爆发了恶斗。一个多明我派的僧侣①，一脸苦相，痛恨美，是中世纪殿后军队的领袖。他奋勇作战。在圣母百花大教堂的大厅里，他天天咆哮着，警告人们小心上帝的神圣怒火。他叫道："改悔吧，改悔你们的不敬神，改悔你们耽于不洁之物吧！"他开始幻想自己听到神的说话声，看到发光的上帝之剑划过天空。他向小孩子布道，唯恐他们重蹈父辈的覆辙。他组织了童子军，献身于侍奉上帝。他自称是上帝的先知。在一阵突然的狂热中，惊恐的人们向他保证要忏悔，忏悔自己对美和快乐的邪恶热爱。他们把自己的书、雕塑、绘画都拿到集市上，用圣歌与最不圣洁的舞蹈，狂热地庆祝"虚荣狂欢节"，同时，萨沃纳罗拉把这些堆积的财宝付之一炬。

但是，当灰烬冷却，人们开始意识到自己失去了什么。这个可怕的宗教狂热分子萨沃纳罗拉让他们毁掉了自己爱之胜过一切的东西。他们与他反目成仇，萨沃纳罗拉被下狱，遭受酷刑。但他毫不忏悔。他是个诚实的人，努力过圣洁的生活，他希望毁掉那些故意与他唱反调的人。只要发现了罪恶，就拔而除之，这是他的责任。在这位教会的忠诚之子看来，喜欢异教徒的书和异教的美，就是邪恶。但他孤立无援，他为之战斗的时代已一去不返。罗马的教皇都

---

① 即萨沃纳罗拉。

没动一根指头来救他的命，相反，教皇同意了"忠诚的佛罗伦萨人"的举动：他们把萨沃纳罗拉拖到绞刑架上，绞死了他，焚烧了他的尸体，暴民在一边高兴地叫嚷着。

这是个悲惨的结局，但却不可避免。萨沃纳罗拉如果在十一世纪就会是个伟人。但在十五世纪，他只是领导了一个注定无望的事业罢了。教皇都变成了人文主义者，梵蒂冈成了罗马和希腊文物的最重要博物馆。这时，中世纪已经结束。

40. 表现的时代

人们开始意识到，有必要表达自己新发现的生活之乐。他们用诗歌、雕塑、建筑、绘画和印刷书，表达自己的快乐

1471年，一位虔诚的老人去世。在他九十一年的一生中，有七十二年都是在圣阿格尼斯山修道院的院墙内度过的，这座山在安详的小城兹沃勒附近（它是艾瑟尔河畔古代荷兰的汉莎联盟城市）。此人被称作托马斯修士，由于他出生在坎普腾村，又称坎普腾的托马斯。十二岁时，他被送到代芬特尔。格哈德·格鲁特，一个曾毕业于巴黎大学、科隆大学、布拉格大学的聪明人，也是一个著名的游方传教士，在那儿成立了共同生活兄弟会。兄弟会的成员都是身份低微的在俗人士，努力想过基督徒那样的简朴生活，同时又不放弃自己的日常工作，仍做木匠、房屋粉刷工、石匠。他们办了一所很好的学校，让穷人家的好孩子也能学到教会奠基者们的智慧。在这所学校里，小托马斯学会了拉丁动词的变位，以及如何抄写手稿。然后他宣誓接受圣职，背上自己的一小包书，流荡到兹沃勒。他长舒

了一口气，把喧嚣的世界关在门外，他对那个世界并无兴趣。

　　托马斯生活在一个动荡不安、瘟疫横行、人命危浅的时代。在中欧的波希米亚，约翰·胡斯的忠诚信徒（胡斯是英国宗教改革家约翰·威克里夫的朋友），正因他们敬爱的领袖之死，而发动可怕的战争来复仇 —— 胡斯被康斯坦茨宗教会议下令烧死在火刑柱上，而正是这个会议曾保证说，如果胡斯能到瑞士来，向为改革教会而开会的教皇、皇帝、二十三个枢机主教、三十三个大主教和主教、一百五十个修道院院长、一百多个公侯解释他的思想，那么将保证他的安全。

约翰·胡斯

在西边，法国打响了百年战争，想把英国人从自己的领土赶出去。最近由于贞德的出现，法国幸运地挽救了败局。战争刚刚结束，法国和勃艮第就扑向对方，为争夺西欧的领导权，展开殊死搏斗。

在南方，罗马教皇祈求上天降祸于法国南部亚维农的另一个教皇，后者反唇相讥。在遥远的东方，土耳其人正在摧毁罗马帝国的最后残余。俄罗斯人发动了最后一次战斗，以击碎统治他们的的鞑靼人的势力。

但托马斯隐居在自己安静的僧舍中，对此一无所知。他有他的手稿，有他自己的思想，就心满意足。他把对上帝的爱倾注成了一本小书，称之为《效法基督》（《师主篇》）。此后，这本书被译为多种语言，译本种数仅次于《圣经》，阅读它的人跟研究《圣经》的人一样多。它影响了不知多少人的生活。这本书出自这样一个人之手，他用下面的单纯愿望来表达生活的最高理想：他希望"坐在一个小角落里，手捧一本小书，就这样安然度过一生"。

好修士托马斯代表了中世纪的最纯洁理想。在文艺复兴的胜利浪潮中，人文学者大声宣布着新时代的到来。这时中世纪最后一次聚拢力量，发出最后一击。修道院进行了改革，僧侣们放弃了其财富和恶行。简朴、正直、诚实的人，以自己无亏的德行、虔诚的生活为榜样，想让人们回到正路，再次谦卑地服从上帝的意志。但一切教师徒劳的。沉舟侧畔，千帆竞过，静思的时代结束了，"表现"的伟大时代已经到来。

现在我要说，用了这么多"大词"，我很抱歉。我希望我能都用

大教堂

单音节的词汇，来写这本历史，但我无法做到。你要是写一本几何学教科书，就不能不提到斜边、三角形、长方体。你必须明白这些词的意思，否则你就不要来学数学。在历史中（以及在一切生活中），你最终都不得不学会很多怪词，它们都起源于拉丁语和古希腊语。那么何不现在就学呢？

当我说文艺复兴是一个"表现"的时代，我的意思是这样的：人们不再满足于只当听众，呆坐着听皇帝和教皇告诉他们该做什么，该想什么。他们想做人生舞台上的演员，他们坚持要"表达"自己的个人想法。如果一个人碰巧对治国术感兴趣，就像佛罗伦萨的历史学家尼克罗·马基雅维利一样，那么他就用书来表达自己的观点，

公元1400年，
一个人一百天抄一本书。

公元1500年，
一天印一百本书。

手抄本与印本

阐述自己认为什么才是成功的国家、能干的统治者。如果他喜欢绘画，他就把对优美线条、可爱色彩的爱，"表现"在绘画中，这些画，让乔托、弗拉·安吉利科、拉斐尔以及上千个别的名字家喻户晓，只要人们学会了喜爱那些表现真正、永恒之美的东西。

如果把对色彩、线条的这种热爱，再添上对机械学、水力学的兴趣，其结果就是达·芬奇。他画画，试验气球和飞行器，在伦巴底平原兴修水利，把他的快乐和对天地万物的兴趣，"表现"在他的散文、绘画、雕塑、构思巧妙的机械中。像米开朗琪罗那样的精力过人者，觉得画笔和调色板太柔软，自己有力的双手无法完全施展，就转向雕塑和建筑，用厚重的大理石块，砍凿出最令人惊叹的作品，他还设计了圣彼得教堂，它是胜利的教会之荣光的最具体"表现"。如是不一而足。

整个意大利（很快就是整个欧洲）都尽是这样的男女：他们活着，就要为我们积累的全部知识、美、智慧的宝藏，贡献一份绵薄之力。在德国的美因茨城，约翰·祖木·甘泽弗莱什，通称为约翰·古登堡，刚刚发明了一种复制书籍的新方法。他研究了古代的木刻，完善了一个系统，其中单个的软铅字母可以组合起来，构成词语和整页的文字。诚然，他不久就在一场官司中耗尽了家财，这场官司涉及印刷机的原创发明权。他在穷困中死去，但他独特的发明天才的"表现物"，却长留在他身后。

很快，威尼斯的阿尔杜斯、巴黎的埃帝安纳、安特卫普的帕拉丁、巴塞尔的弗罗本等印刷商，把精心编校的古典著作，用古登堡版《圣经》的那种哥特式字体印刷，或本书采用的意大利字体印刷，或用希腊字母、希伯来字母印刷，流布全世界。

然后，如果谁有话要说，整个世界都成了热心听众。以前，学问垄断在少数特权者手里，这样的时代结束了。哈勒姆的埃尔塞维尔开始印刷便宜的通俗版，世上再没有愚昧和无知。之后，亚里士多德、柏拉图、维吉尔、贺拉斯、普林尼，所有那些优秀的古代作家、哲学家、科学家，都只需区区几便士，就能成为你忠实的朋友。人文主义，让人在印刷文字面前，一律自由、平等。

41. 大 发 现

既然人们打破了中世纪的藩篱，他们就需要更大的空间施展自己。欧洲世界太局促了，无法满足他们的雄心。这是大发现之旅的时代

十字军东征教会了人们自由旅行的艺术。但很少有人敢于偏离从威尼斯到雅法①的熟悉的路线。在十三世纪，威尼斯的商人波罗兄弟，旅行穿过了蒙古大漠，越过耸入云端的高山，来到了中国大汗的宫廷，这位大汗是中国的大皇帝。波罗家的一个儿子名叫马可，写了一本书描绘他们长达二十多年的游历②。他谈到了奇怪的Zipangu岛（是他把"日本"一词拼成了意大利语）上的金塔。世人读到这里，不禁大为吃惊。很多人都想到东方去，找到这个黄金之国，发财致富。

---

① 雅法（Jaffe）：在今以色列。

② 马可·波罗回到威尼斯不久，遇到热那亚的一场海战，马可·波罗被俘，在热那亚狱中与狱友鲁斯蒂谦合作，口述其经历，由后者笔录，成为后来的《马可·波罗游记》。

马可·波罗

但旅途太漫长、太危险，于是他们留在家里。

　　当然，总是存在着从海路过去的可能，但中世纪的人特别不喜欢大海，原因很多，也很在理。首先，船都很小。麦哲伦那次著名的环球旅行延续了好几年，但他用的船还不如现代的渡船大。这些船可以搭载二十到五十人，他们住在肮脏的船舱里（船舱太低矮，他们都没法站直身子）。水手只能吃烹制得很糟糕的食物，因为厨房设施太差，天气一有不虞，就根本不能举火。中世纪的人知道怎么腌鲱鱼，怎么晒鱼干，但没有罐装食品。船一旦离了岸，菜单上就再也没有新鲜蔬菜。船上用小桶装水，水很快就臭了，喝起来有烂木头、铁锈的味道，水里还长满了黏糊糊的东西。中世纪的人对微生物一

220

无所知（罗杰·培根，就是十三世纪那个博学的僧侣，似乎猜测到了微生物的存在，但他明智地没有把这个发现告诉别人），所以他们常常喝不干净的水，有时全体船员都死于伤寒。实际上，最早的航海者的船上，死亡率高得惊人。1519年，有两百个水手离开塞维利亚，跟麦哲伦踏上了他著名的环球之旅，但生还的只有十八人。一直到十七世纪，当西欧与东印度群岛 ① 之间贸易往来频繁，从阿姆斯特丹到巴达维亚 ② 再回来，百分之四十的死亡率也很平常。死者中，大部分死于坏血病，这种病是缺乏新鲜蔬菜引起的，会影响到牙床，毒坏人的血液，直到病人筋疲力尽而死。

在这种情况下，你就可以明白，当时的大海并没有吸引人群中的精英。麦哲伦、哥伦布、达伽马这些著名的发现者手下的船员，几乎都是出狱的罪犯、未来的杀人犯、失业的窃贼。

航海者面对的困难，是我们这个舒适时代的人无法设想的。但他们却实现了本来无望的任务，我们确实应钦佩他们的勇气和毅力。他们的船是漏水的，装备蹩脚。从十三世纪中期起，他们有了某种指南针（从中国经过阿拉伯半岛，再经十字军之手，来到欧洲），但他们的地图既糟糕，又不准确。他们确定航线时，靠的是上帝，还有猜测。如果他们幸运，那么他们一年、两年或三年之后就能回来。如果不幸，他们的白骨就会丢弃在某个荒凉的海滨。但他们是真正

---

① 本书中的 the Indies 狭义指东印度群岛（香料群岛），广义指南亚、东南亚。

② 巴达维亚（Batavia）：印度尼西亚雅加达的旧称。

的探险者，他们跟运气打赌，生活对他们来说就是一次光辉的历险。当他们的眼睛看到一个新海岸的隐约轮廓，或者看到了自从太古之初就被遗忘的大洋的平静海波，此时，所有的苦难、饥渴、疼痛，都被抛在脑后了。

我又希望本书能有一千页那么长了。"早期大发现"这个题目太吸引人。但是，要让我们对过去的时代有真正的了解，历史应像伦勃朗常创作的那些蚀刻版画。它应该把一束强光打在某些重要事情上，也就是那些最好的、最伟大的事情。余下之处都应留在阴影中，或者用几笔来勾勒。在本章中，我只能向你简短地列出最重要的发现。

你应该记住，在整个十四、十五世纪，航海者们只想实现一件事——他们想找到一条舒服而安全的路线，到震旦之国（中国）去，到日本去，还有其他一些神秘的岛屿，它们生长香料，而中世纪的人从十字军时代起，就开始喜欢这些香料。在发明冷冻法之前，人们需要这些香料，因为肉和鱼很快就腐坏，只有多多地撒上胡椒或肉豆蔻粉后，才能保质而食。

威尼斯人和热那亚人是地中海的伟大航海者。但探索大西洋这一光荣则属于葡萄牙人。西班牙和葡萄牙与摩尔侵略者抗争多年，培养了一种强烈的爱国情感。这样的情感一旦存在，就很容器被导入新的渠道。十三世纪，国王阿方索三世征服了西班牙半岛西南角的阿尔加维王国，把它纳入自己的版图。十四世纪，葡萄牙人在与穆斯林的战斗中时来运转，越过直布罗陀海峡，占领了休达，休达就在阿拉伯城市塔里发对面（"塔里发"在阿拉伯语中意思是"库存"，这个词经过西班牙语的变音，成了"关税"一词），并占领了丹吉尔，把这些非洲领地划入阿尔加维，这些非洲领土的首府就设在丹吉尔。

他们为探险做好了准备。

1415年，亨利亲王（一般称为航海者亨利，他父亲是西班牙的约翰一世，母亲是冈特的约翰之女菲丽帕；关于冈特的约翰，你在莎士比亚的剧本《理查二世》中能读到）——这位亨利亲王，开始筹备在非洲西北部的系统探险。此前，这一带炎热的沙滩曾有腓尼基人和北欧人来过。北欧人的回忆中，把这里说成是多毛的"野人"的故乡，我们后来知道，"野人"就是大猩猩。亨利亲王和他手下的船长们，相继发现了加纳利群岛，并重新发现了马德拉岛（一个世纪前，一艘热那亚船曾来到那里），仔细画下了亚速尔群岛的地图（葡萄牙人和西班牙人都隐隐约约知道亚速尔群岛），并瞥见了非洲西海岸的塞内加尔河河口（他们以为是尼罗河的西河口）。最后，到十五世纪中叶，他们看到了佛得角（意为"绿色海角"）和佛得角群岛，这些群岛几乎处在非洲海岸与巴西之间的中点上。

但亨利没有把自己的探险局限于大西洋海域。他是基督骑士团的领袖（基督骑士团是十字军东征期间的圣殿骑士团在西班牙的延续；1312年，在法国国王"英俊的菲利普"请求下，教皇克雷芒五世废除了圣殿骑士团，菲利普推波助澜，把他自己手下的圣殿骑士烧死在火刑柱上，夺取了他们的所有财产）。亨利亲王用他的修道会地产的收入，装备了几支探险队，他们探索了撒哈拉的腹地，以及几内亚沿岸。

但他在很大程度上仍是一个中世纪人，他花了大量时间，浪费了许多金钱，来寻找神秘的"祭司王约翰"。这是基督教传说中的一个教士，据说是个庞大帝国的皇帝，该帝国"位于东方某地"。这个奇特大人物的故事，最初于十二世纪中叶在欧洲出现。有三百年的时间，人们都想找到"祭司王约翰"。亨利也参与了寻找。他死后三十年，"祭司王约翰"之谜才得以解开。

1486年，巴托洛缪·迪亚士想通过海路找到"祭司王约翰"的国度，他来到了非洲最南端的那一点。最初他称之为"风暴角"，因为一阵狂风，让他无法继续东进。但来自里斯本的那些领港员知道，在寻找到印度去的水路的过程中，这次发现意义多么重大，于是他们将其更名为"好望角"。

一年后，佩德罗·德·考维汉带着美第奇家族的介绍信，开始了一次类似的陆上旅程。他越过地中海，离开埃及后朝南走。他到了亚丁，从那渡过波斯湾（一千八百年前的亚历山大大帝之后，没几个白人见过波斯湾），拜访了印度海岸的果阿、卡利卡特。在那儿，他听说了月亮之岛（马达加斯加）的很多消息，据说，该岛在非洲和印度中间。然后他返程，偷偷去了趟麦加、麦地那，之后再次渡过红海。1490年，他发现了"祭司王约翰"的国度，"祭司王约翰"不是别人，正是阿比西尼亚①的"黑王"。"黑王"的祖先在四世纪皈依了基督教，比基督教传教士到斯堪的纳维亚还早七百年。

上述多次旅行，让葡萄牙的地理学家和地图绘制家们相信，向东走海路，是可以到达东印度群岛的，但这条路却很困难。此后发生了大讨论。有人想继续朝好望角以东去探索。有人则说，"不，我们必须朝西，渡过大西洋，然后我们就到震旦了。"

在这里我们要说，当时的大多数聪明人都确信，地球并非平如一块薄饼，而是圆球形。托勒密宇宙体系是公元二世纪的埃及地理学家克劳狄·托勒密发明并详细阐释的，该体系满足了中世纪人的简单需要，但早就被文艺复兴的科学家摈弃。他们接受了波兰数学家尼古拉·哥白尼的理论。哥白尼通过研究认为，地球是环绕太阳运行的很多圆行星中的一个，由于害怕宗教裁判所，他有三十六年之久都不敢发表这一看法（它是在1543年，也就是他死的那一年出版的）。宗教裁判所是一个教皇法庭，十三世纪建立，当时，法国和意大利的阿尔比派、华尔多派（都是很温和的异端分子，是极端虔诚的人，不相信私有财产的价值，更喜欢像基督那样贫穷地生活），一度曾威胁着罗马主教们的绝对权威。但航海专家普遍相信地球是圆的。我说过，他们现在争论的是，朝东或朝西，哪条路线更好。

———————————

① 阿比西尼亚：即现在的埃塞俄比亚。

主张西线的人中，有一个名叫克里斯托弗·哥伦布的热那亚水手。他是一个羊毛商的儿子。他似乎在帕维亚大学学习过，专业是数学和几何。然后子承父业，但不久我们发现他出现在了地中海东部的希俄斯岛，从事商业旅行。此后，我们听说他去过英格兰，但他是到那儿寻购羊毛还是作为船长去的，我们就不知道了。1477年2月，哥伦布（据他自己说）到了冰岛。但他很可能只到了法罗群岛，这些群岛在二月的时候很冷，任何人都会误以为是冰岛。在这里，哥伦布遇到了古代勇敢的北欧人的后裔，那些北欧人十世纪就在格陵兰定居下来，十一世纪就去过美洲，当时莱夫①的船被刮到了文兰，即拉布拉多半岛。

那些遥远的西方殖民地如今怎么样了，没人知道。莱夫的兄弟索尔斯坦的遗孀，又嫁了一个丈夫叫托芬·卡尔塞夫尼，1003年他在美洲建立了一个殖民地。三年后，由于爱斯基摩人的敌视，殖民地的建立中断。至于格陵兰，从1440年之后，就没听到那儿的定居者的消息。格陵兰人很可能都死于黑死病，黑死病刚刚毁掉了挪威的一半人口。无论如何，在法罗人和冰岛人中，仍流传着"遥远西方的广阔土地"的说法，哥伦布必定听说了这些。他从苏格兰北部群岛的渔夫那里，又获得了进一步信息。然后，哥伦布来到葡萄牙，娶了一个船长的女儿为妻，那船长曾在"航海者亨利"手下做过事。

---

① 莱夫（Leif）：十至十一世纪的挪威航海家。

从那时（1478年）起，哥伦布就致力于寻找去东印度群岛的西路。他把西路航海的计划，递交给葡萄牙和西班牙宫廷。葡萄牙人坚信自己垄断着东路，把他的计划置之不理。在西班牙，阿拉贡的斐迪南与卡斯蒂利亚的伊莎贝拉于1469年联姻，使西班牙成了一个统一王国。他们正忙着把摩尔人赶出其最后一个据点格拉纳达。他们没钱去从事高风险的探险，他们需要把每分钱都花在军事上。

没有多少人曾像哥伦布这位勇敢的意大利人一样，为实现自己的理想被迫苦苦斗争。但哥伦布的故事实在太家喻户晓了，在此不必赘述。1492年1月2日，格拉纳达的摩尔人投降。同年4月，哥伦布与西班牙的国王、王后签署了一份契约。8月3日（星期五），他率领三艘小船八十八个人离开帕洛斯，这些人多是罪犯，参加这次远征就可以抵罪。10月2日（星期五）凌晨两点钟，哥伦布发现了陆地。1493年1月4日，哥伦布把四十四个人放在小堡垒拉纳维达得 ①，向他们挥别（再没人见到他们），开始返航。到二月中旬，他到达了亚速尔群岛，那儿的葡萄牙人差点儿把他扔进监狱。1493年3月15日，这位海军上将回到了帕洛斯。他带着他的印第安人（因为他一直以为自己发现的是印度的某些外围岛屿，所以把土著人称为红印第安人，意思是印度人），急忙赶往巴塞罗那，向圣明的恩主报告成功，通往中国和日本的金银之路，已经属于高贵的天主教国王、王后陛下了。

---

① 拉纳维达得（La Navidad）：在海地岛北岸。

哎，哥伦布一直不知实情。他生命快结束的时候，也就是第四次航海中，接触到了南美大陆。这时他大概也怀疑，他的发现有点儿不对头。但他至死都坚信，欧洲和亚洲之间并没有坚实的大陆，自己发现的是直达中国的路线。

同时，葡萄牙人仍坚持东路，他们比西班牙人要幸运一些。1498年，达伽马来到了马拉巴尔①，带着一船香料安全返回里斯本。1502年他又去了一次。但在西线，探险工作则令人极度失望。1497年和1498年，约翰·卡伯特与塞巴斯蒂安·卡伯特想找到去日本的路线，却只看到了纽芬兰岛积雪的海岸和岩石，北欧人五百年就第一次看到了纽芬兰岛。亚美利哥·维斯普西（是一个佛罗伦萨人，后来成了西班牙的总领航员，新大陆就是以他的名字命名的）探索了巴西沿岸，但连东印度群岛的影子也没见到。

1513年，哥伦布死去七年后，欧洲地理学家终于明白了真相。瓦斯科·纽内茨·德·巴尔沃亚越过了巴拿马地峡，登上了达连的著名高山，朝下看到一片汪洋，似乎又是一个大洋。

最后，1519年，由五只西班牙小船组成的船队，在葡萄牙航海家斐迪南·德·麦哲伦的率领下，朝西航行（之所以没有朝东去，是因为葡萄牙人独占着东线，不许他人染指），寻找香料群岛。麦哲伦渡过非洲与巴西之间的大西洋，朝南航行。他来到了一条狭窄的

---

① 马拉巴尔（Malabar）：印度西南部一沿海地区。

海峡，在巴塔哥尼亚（"大脚人之国"）与火地岛之间（之所以叫火地岛，是因为水手一天晚上看到那里有火，这是表明有土著人的唯一迹象）。在几乎五星期的时间里，麦哲伦的船只经受着席卷海峡的狂风巨浪。水手发生了叛乱。麦哲伦严厉镇压了叛乱，把两个人遣送到岸上，在那里去慢慢忏悔他们的罪过。最后，风暴平息，海峡变宽了，麦哲伦进入了一个新的大洋。大洋的波涛平静而温和，他称之为"太平洋"。然后他继续西行。他航行了九十八天，没有看到一点陆地。他手下的人几乎饥渴而死，吃着船上肆虐的老鼠，老鼠吃光后，就咀嚼帆布片，来平息啮噬着他们的饥饿。

麦哲伦

1521年3月，他们看到了陆地。麦哲伦称之为拉卓恩群岛（意思是"强盗岛" ①），因为当地土著人抢走了他们能拿走的一切。之后，他们继续西进，到香料群岛去!

然后他们又看到了陆地，这是一群荒凉的岛屿。麦哲伦根据他的主人查理五世的儿子腓力的名字（就是历史上名声不佳的腓力二世），命名它们为菲律宾群岛。最初麦哲伦受到了土著人的优待，但当他用船上的火炮迫使当地人皈依基督教时，当地人杀了他，还有他手下的一些船长和水手。幸存者烧毁了剩下三条船中的一条，继续航行。他们发现了摩鹿加群岛，就是著名的香料群岛。他们看到了婆罗洲（加里曼丹岛），来到了蒂多雷岛 ②。在那里，两条船中的一条漏得太厉害，没法再用，于是连同船员一起被留了下来。剩下的"维多利亚号"，在塞巴斯蒂安·埃尔卡诺的指挥下，进入印度洋，与澳大利亚的北海岸擦肩而过（一直到十七世纪上半叶，澳大利亚才被发现，当时荷兰东印度公司的船只，探索了这块平坦、不宜居住的地方），经过千难万险，才回到西班牙。

这是所有航海中最重要的一次，耗时三年。它的完成，付出了人力和金钱的巨大代价。但它证实了地球是圆的；哥伦布发现的新土地，不是亚洲的一部分，而是一个单独的大陆。从那时起，西班牙和葡萄牙就把全部精力，放在开发东印度群岛和美洲的贸易上。为

①　即马里亚纳群岛。
②　蒂多雷岛（Tidor）：印度尼西亚摩鹿加群岛中的一个。

新世界

了防止这两个对手之间发生武装冲突，教皇亚历山大六世（唯一被选到这个神圣位置上的异教徒①）出面，以西经五十度子午线，把世界分成两个同等的部分，这就是1494年所谓的《托尔德西拉斯条约》划分。葡萄牙人的殖民地应在这条线东边，西班牙人的在西边。这就是为什么整个美洲大陆除了巴西之外，都属于西班牙，而东印度群岛和非洲的大部分地方，则为葡萄牙所有，直到英国、荷兰殖民者（他们可不遵守什么教皇谕旨）在十七、十八世纪夺取了这些殖民地。

当哥伦布发现新大陆的消息传到威尼斯的里亚托，也就是中世纪的"华尔街"时，人们大为恐慌，股票和证券下跌了百分之四五十。不久之后，人们发现哥伦布似乎并未发现通往震旦之路，威尼斯的商人又从惊恐中缓过神来。然而达伽马与麦哲伦的航行，证明向东走水路，是可以到达东印度群岛的。然后，热那亚与威尼斯这两个中世纪与文艺复兴的大商业中心的统治者，开始后悔当初没有听哥伦布的建议。为时已晚，他们的地中海变成了一个内海。到东印度群岛和中国去的陆路交通已经不再重要，意大利的辉煌日子过去了。大西洋成了新的商业中心，因此也成了文明的中心，至今仍是如此。

让我们看一看，从五千年前的古代开始（当时，尼罗河谷地的居民开始用文字记载历史），文明走过了怎样的轨迹吧。它从尼罗河来

---

① 亚历山大六世腐败而世俗，忽视信仰问题。

到美索不达米亚（两河流域）。然后，轮到了克里特、希腊、罗马。地中海这个内海，成了贸易中心，地中海沿岸的城市成了艺术、科学、哲学的乐土。十六世纪，文明再次西进，大西洋岸边的国家成了地球的主人。

有人说，世界大战对欧洲的冲击，欧洲大国的自戕，严重削弱了大西洋的重要性。他们预计文明会越过美洲大陆，在太平洋找到新家园。但我对此不敢苟同。

西进之旅同时伴随的现象是，船越来越大，航海家的知识越来越丰富。尼罗河与幼发拉底河的平底船，被腓尼基人、爱琴人、希腊人、迦太基人、罗马人的帆船取代。帆船后来又被摈弃，取而代之的是葡萄牙人与西班牙人的横帆船。这种船又被英国人与荷兰人的全装帆船，从大海上赶了出去。

但现在，文明已不再依赖船只。现在和将来，飞机都将取代航船、汽船的地位。下一个文明中心将依赖飞机与水力的发展。大海将再次成为小鱼的宁静故乡，很久以前，它们曾与人类最早的祖先共享这片深海家园。

42. 佛陀与孔子

关于佛陀与孔子

葡萄牙人与西班牙人的大发现，让西欧的基督徒近距离接触到了印度人与中国人。西欧基督徒当然知道，基督教并非世界上的唯一宗教。还有穆斯林，以及北非的异教部落，他们崇拜木棍、石头、枯树。但在印度和中国，基督教征服者新发现了数以百万计的人，他们从未听说过基督，也根本不想听别人讲基督，因为他们觉得自己的宗教已有上千年的历史，比西方的宗教好得多。本书说的是人类的故事，而不只是欧洲和西半球人的历史，所以你应该对佛陀与孔子这两个人多一些了解，他们的教诲和引领作用，仍影响着我们地球上大多数人的行动和思想。

在印度，佛陀被认为是伟大的宗教导师。他的生平很有趣。他生于公元前六世纪，出生的地方能望见喜马拉雅山 —— 四百年前，就是在那里，查拉图斯特拉（琐罗亚斯德），雅利安人（印欧种族的东支的自称）的伟大领袖之一，教导他的人民，把生活看成恶神阿里

234

曼与善神奥尔马兹德之间的持续斗争。佛陀的父亲净饭王，是释迦部落中一个强大的头领。佛陀的母亲摩诃摩耶是附近一个国王的女儿，她很年轻就出嫁了。但日子一天天过去了，她丈夫却仍无子嗣能在他死后统治他的土地。最后，摩诃摩耶五十岁时怀孕。她于是回娘家去，这样孩子出生时，她就可以在自己娘家人身边。

这是次漫长的旅程，目的地是拘利耶族的土地，摩诃摩耶就是在那里度过童年的。一天晚上，她在蓝毗尼园清凉的树下休息，就在那里生下了儿子。他叫悉达多，但我们称他为佛，意思是"觉者"。

过了若干年，悉达多长成了一个英俊的年轻王子。十九岁的时候，他娶了表妹耶输陀罗。以后的十年里，他住在王宫的高墙后，远离所有痛苦艰辛，等待着继父亲之位，做释迦人的国王。

但发生了这样一件事。他三十岁的时候，坐车出王宫大门，看见一个老人，因一生操劳而筋疲力尽，虚弱的四肢几乎无法支撑生命的重负。悉达多把这个人指给他的车夫车匿看，但车匿回答说，世上有很多可怜人，多一个少一个无所谓。年轻的王子很悲伤，但没说什么，回去继续与妻子、父母生活在一起，竭力想快乐起来。不久，他再次离开王宫。他的马车遇到了一个生重病的人。悉达多问车匿，此人为何这样受苦。但车匿回答说，世上有很多病人，这样的事谁也没办法，也并不要紧。年轻的王子听了，很悲伤，但他再次回到家人那里。

几星期过去了。一天晚上，悉达多命令驾车，到河边去洗浴。突然，他的马因看到一个死人而受惊。死者四肢伸开，躺在路边的壕沟里。年轻的王子从未见过这种事，吓坏了。但车匿对他说，不必为这种小事操心；世上死人多的是，这是生命的规律，一切都有完结的时候，没有什么是永恒的；坟墓在等待着我们所有人，谁也逃不掉。

那天晚上，悉达多回到家里，人们用音乐来欢迎他。他离开的时候，他妻子生了个儿子。人们很高兴，因为知道现在王位有继承人了。他们敲着鼓，热烈庆祝，但悉达多却无法像他们那样快乐。生活的帷幕被拉开，他体会到了人生的可怕。死亡与苦难的场面，像噩梦一样追随着他。

那天晚上，月光明亮。悉达多醒了，开始思考很多事。如果他不能找到人生之谜的答案，他就永远无法快乐起来。他决定离开他所爱的人，去寻找这个答案。他悄悄走进耶输陀罗跟孩子睡觉的地方。然后他叫来忠诚的车匿，让他跟他走。

两人一起进入暗夜，一个去追寻灵魂的安宁，另一个去效忠于自己敬爱的主人。

悉达多在印度人中间流浪多年，这些人当时正处于变迁之中。他们的祖先，也就是印度土著人，被好战的雅利安人没费多大力气就征服了（雅利安人是我们的远亲）。此后，雅利安人统治着数以千万计的驯顺、矮小的棕褐色皮肤的人。为了维护自己的势力，雅利安人把人口分成不同等级，逐渐地，一种极为僵化的"种姓"制度被强加于当地人头上。印欧征服者的后代属于最高的"种姓"，就是武士与贵族阶层。然后是祭司。再往下是农民、商人。而古老的土著人则属于被鄙视的悲惨奴隶，永远别指望改变现状。

甚至宗教也成了种姓问题。古代印欧人在数千年的流荡中，遇到了很多奇事，被编为叫《吠陀》的书。它用的语言叫梵语，很接近欧洲大陆的各种语言，如希腊语、拉丁语、俄语、日耳曼语等四十多种语言。三个高等种姓可以阅读圣书，但低贱的人却不许知道此书的内容。贵族和教士种姓中，谁要是教低贱的人学这本圣书，谁就要遭殃！

于是，大多数印度人过着悲惨的生活。尘世给他们的快乐很少，因此必须到别处去寻找脱离苦海的途径。他们努力想从冥想来世的极乐中，汲取些许安慰。

梵天是万物的创造者，印度人崇拜他，认为他是生死的最高统治者，是完美的最高理想。像梵天一样摒除对财富、权力的一切欲望，被认为是最高的生存目标。神圣的思想被认为比神圣的行为更重要。很多人走进沙漠，以树叶为食，让肉体受饥饿之苦，以便能靠思索梵天（智者、善者、仁者）的光荣，来滋养自己的灵魂。

悉达多常常观察这些远离城乡的喧嚣、追求真理的孤独流浪者。他决定效法他们。他剃掉了头发。他把自己的珠宝，以及告别的消息，交给永远忠诚的车匿，让他带给家人。然后，这位年轻王子不带一个随从，进入荒野。

不久，他的高贵行为就传遍了山区。五个年轻人来找他，希望能允许他们聆听他的智慧之语。他答应说，如果他们愿意追随他，他可以收他们为徒。他们同意了，他把他们带进山里。有六年时间，

佛陀入山

在温迪亚山荒凉的山峰之间，他把所知道的一切都传授给他们。但这段研习时期过后，他觉得自己还远不完美，他所抛弃的世界一直诱惑着他。他叫徒弟们离开自己。然后，他斋戒了四十九个日夜，坐在一棵老树的树根上。最后他终于如愿以偿。第五十天的薄暮，梵天向这位忠诚的仆人现身。从那一刻起，悉达多就被称为佛，人们尊他为"觉者"，认为他是来救赎人们脱离人生苦海的。

佛陀一生中的后四十五年，都在恒河谷地中度过，把他关于服从、驯顺的朴素道理，教给所有人。公元前488年，他享尽天年而死。他受着数百万人的爱戴。他传播自己的教义，并非为某一阶层，甚至最低贱的人也可以称自己为他的信徒。

这让贵族、祭司、商人很不高兴，他们竭力要消灭这个信仰，因为它承认众生平等，还让人有希望在更快乐的情况下再生（转世）。一有机会，他们就鼓励印度人回到婆罗门教的古老信仰，斋戒、折磨自己的罪身。但佛教却无法被消灭。佛的信徒逐渐越过了喜马拉雅谷地，并进入了中国。他们又越过黄海，把导师的智慧传给日本人。他们忠诚地服从伟大导师的意志——佛禁止他们使用武力。现在，以佛为师的人比以往任何时候都多，超过基督和穆罕默德的信徒合起来的数量。

至于中国那位智慧的老人孔子，他的故事则比较简单。他出生在公元前550年。他庄严、高贵，过着波澜不惊的生活。当时，中国并没有一个强大的中央政府，中国人深受盗匪之苦，这些盗匪从一城到另一城，烧杀抢掠，中国繁华的北方与中部的平原，成了遍地饥民的荒野。

孔子爱自己的人民，力求挽救他们。他不太相信武力，是追求和谐之人。他觉得，给人们制定新法律，并不能改造他们，他知道，真正的救赎来自心灵的改变。他开始改变东亚的广阔平原上居住的数百万同胞的性格，这看上去本希望渺茫。中国人从来就不太对我们意义上的宗教感兴趣。他们相信魔鬼、鬼魂，像大多数原始人一样，但他们没有先知，也不承认"天启真理"。在伟大的人类导师中，孔子几乎是唯一一个没有看到神示的，唯一一个不说自己是某一神圣力量的使者，唯一一个从不称自己听到了上天声音的。

他只是一个通情达理、慈悲为怀的人，比较喜欢孤独的漫游，喜欢用他钟爱的笛子吹出忧伤的曲调。他不要名声，他不要求任何人追随他或崇拜他。他让我们想起古希腊的哲学家，尤其是斯多葛派，他们相信应该正确地生活、正确地思考，并不希望有报偿，而只是为了随善心而来的灵魂之安宁。

孔子特别宽容。他特意拜访了老子。老子是中国另一位伟大的思想领袖，建立了一种被称作"道家"的哲学体系，"道家"思想只不过是金律①的一个早期中国版罢了。

孔子对任何人都没有仇恨，他教人们高度自律。按照他的教诲，一个真正有价值的人，不会让自己受怒气的侵扰，无论命运带给他什么，他都以哲人的乐天知命态度来接受，这些哲人知道，无论发

---

① 指《圣经·新约》中之"己所不欲，勿施于人"的道德准则。

生什么，从某种角度来讲都可以是好事。

起初，孔子的学生很少。后来，学生越来越多。他死于公元前478年。在他死之前，中国的一些王公宣布自己为他的信徒。耶稣出生在伯利恒时，孔子的哲学已成了大多数中国人心理结构的一部分。它一直影响着中国人的生活，但并非以其纯粹的、本来的形式。随着时间推移，大多数宗教都会发生变化。耶稣教导的是谦卑、恭顺、戒除世俗的野心，但耶稣被钉上十字架一千五百年之后，基督教会的首领，单是修一座建筑就要挥霍无数钱财，而那建筑与伯利恒的冷清马厩几乎毫无相似之处。

老子教导金律，但在不到三百年的时间里，愚昧的民众把老子变成了一个真正的、非常残酷的神，把他明智的教诲埋在了迷信的垃圾堆下，这些迷信让普通中国人感到畏惧、害怕与恐怖。

孔子告诉弟子应该尊敬父母。人们对死去的父母的兴趣，很快超过了对子孙之福的兴趣。他们有意不去关注未来，而是想窥视过去的深邃黑暗。对祖先的崇拜成了一种正式的宗教体系。他们宁愿把稻谷种在不生一毛的山坡上，也不敢碰向阳的肥沃山坡上的祖坟。他们宁愿挨饿，也不能玷污祖坟。

同时，孔子的智慧之言，从来没有完全丧失对东亚越来越多人的影响力。儒家思想以其深刻的言语和精明的论断，给每个中国人的灵魂中都加了一笔常识哲学的成分，影响了人们的生活，无论是在燥热的地下室里劳作的普通洗衣工，还是住在深宫高墙后统治着广袤土地之人，都是如此。

公元前1300年
摩西
犹太人的领袖

公元前1000年
查拉图斯特拉
雅利安民族的领袖

公元前600年
佛陀
印度人的觉者

公元前500年
孔子
中国人的智慧长者

公元前400年
希腊的伟大哲学家们

公元30年
耶稣基督

公元622年
穆罕默德
阿拉伯沙漠的先知

伟大的道德领袖们

十六世纪，西方那些热情有加然而野蛮无礼的基督徒，遭遇了东方的古老信仰。早期的西班牙人和葡萄牙人看着佛陀的平和塑像，凝视着孔子的可敬画像，根本不知该如何对待这些令人敬仰的、带着脱俗微笑的先知。他们很快得出了结论：这些奇怪的神，纯粹都是魔鬼，代表一些偶像崇拜的、异端的东西，不值得真正的基督徒尊敬。一旦佛陀或孔子的精神有碍香料和丝绸贸易，欧洲人就用子弹、霰弹攻击这些"邪恶影响"。这样做显然不妥，它让人们相互仇视，对未来没有好处。

43. 宗教改革

人类的进步，可以形象比喻为一个巨大的、总是前后摇动的钟摆。文艺复兴时期人们漠视宗教，热衷于文艺，之后的宗教改革则漠视文艺，热衷于宗教

你肯定听说过宗教改革。你心中会想到一小群勇敢的清教前辈移民，他们为了获得"宗教信仰自由"而漂洋过海。随着时间推移，不知从什么时候起，宗教改革开始代表着"思想自由"（尤其是在我们这些新教国家），马丁·路德是领导着进步先锋队的领袖。但是，如果我们把历史不只看作对我们光辉祖先的一套谀辞，用德国历史学家兰克的说法，我们想弄清"究竟发生了什么"，那么，我们就会用不同的眼光看待过去的很多事。

人类历史上的事情，很少有完全好或完全坏的，很少有什么事非黑即白。诚实的史学家应描绘每个历史事件的一切好坏方面。要做到这一点很难，因为我们都有个人好恶，做到客观并不容易。但我们应尽量公允，不能让偏见过分影响我们。

以我本人为例。我成长在一个地道的新教国家的一个地道的新教中心。大约十二岁之前，我没见过一个天主教徒。十二岁那年，我遇到了他们，当时我很不舒服。我有点儿怕。我听过一个故事，说阿尔瓦公爵①想除掉荷兰人中的路德派与加尔文派异端，结果几千人被西班牙的宗教裁判烧死、绞死、肢解。我觉得那都很真切，似乎就发生在不久前，而且还会发生。也许又会有一个圣巴托洛缪之夜。弱小、可怜的我会穿着睡衣就被杀死，我的尸体会被扔出窗外，正如高贵的科利尼上将一样。②

圣巴托洛缪之夜

---

① 阿尔瓦公爵（Duke of Alba, 1507—1582）：西班牙政治家，因做荷兰总督时的暴虐而著称。

② 圣巴托洛缪之夜：1572年，在圣巴托洛缪节，法国天主教徒对新教徒进行了大屠杀。科利尼上将（Admiral de Coligny）是法国海军上将，新教领袖，在圣巴托洛缪之夜被杀。

很久以后，我在一个天主教国家住了多年。我发现那儿的人比我以前的同胞快活、宽容得多，而且同样聪明。令我大吃一惊的是，我开始发现，宗教改革不仅存在新教有理的一面，也存在天主教有理的一面。

当然，十六、十七世纪的人亲历了宗教改革，他们并不这样看问题。他们总是对的，敌人总是错的。这是一个要么绞死别人、要么被人绞死的问题，双方都选择绞死别人。此为人性使然，也无可厚非。

1500年，这是一个容易记住的年份，查理五世就出生在这一年。当我们考察1500年的世界时，看到的情形是这样的。中世纪的封建乱局已让位于几个有序的高度集权化的王国。所有君主中最强大的是伟大的查理，当时他还在摇篮中。他的外祖父和外祖母是斐迪南与伊沙贝拉，他的祖父是哈布斯堡王朝的马克西米连（中世纪的最后一位骑士），祖母是玛丽（玛丽之父为"大胆的"查理，雄心勃勃的勃艮第公爵，他在与法国的战争中获胜，但被独立的瑞士农民杀死）。于是，查理还是孩子时，就继承了地图上的大部分地区，包括他的父母、祖父母与外祖父母、叔叔与舅舅、叔伯兄弟、姑姑阿姨，在德国、奥地利、荷兰、比利时、意大利、西班牙的土地，外加亚洲、非洲与美洲的所有殖民地。他出生在根特的弗兰德伯爵们的城堡中，这真是命运的离奇玩笑 —— 德国人不久前占领比利时，曾把这城堡当作监狱。查理虽是西班牙国王、德国皇帝，接受的却是弗拉芒人的教育。

他父亲已死（据说是被人毒死的，但这并无证据），他母亲发了疯（她带着已故丈夫的棺材，在自己的领地内旅行），把孩子交给他的姑姑玛格丽特来严加管教。查理虽然后来被迫统治着德国人、意大利人、西班牙人，还有一百多个奇怪的民族，但他却是作为一个弗拉芒人长大的。他是天主教会的忠诚儿子，却痛恨宗教偏执。无论小时候还是长大后，他都相当懒散。但当世界陷入了宗教狂热的混乱局面时，命运却要他来统治世界。他总是从马德里赶往因斯布鲁克，从布鲁日赶往维也纳。他热爱和平与宁静，却总是身在战争之中。到五十五岁的时候，他已无心处理现实的局面，对如此之多的仇恨和愚昧感到痛彻心扉的厌恶。三年后，他在绝望与厌倦中死去。

查理皇帝的故事就说到这儿吧。那么，教会——世界上的第二大权威——又怎么样了呢？从中世纪早期到此时，教会发生了重大变化（中世纪早期，教会开始征服异教徒，对他们宣扬虔诚正直的生活之好处）。首先，教会变得极为富有。教皇不再是一群贫寒的基督徒的"牧羊人"，他住在一个庞大宫殿里，周围簇拥着画家、音乐家、知名文人。他的教堂和礼拜堂里，布满了新画像，画像里的圣人，看起来过于像希腊的神了。他的时间不均衡地用于处理国务与艺术事务，国务占去百分之十，另外百分之九十则花在对罗马塑像、最新出土的希腊花瓶、新避暑胜地的建成计划、新戏剧排练的兴趣上。大主教与枢机主教都效仿他，主教则尽量模仿大主教。但乡村牧师仍忠于职守，他们远离邪恶的世界，远离对美、享乐的异端之爱。他们也远离修道院（修道院里的僧侣，似乎已忘记了简朴清贫的古老誓言，在不致引起太大丑闻的情况下，尽情享乐）。

最后是普通人。他们的境况比以前好了很多。他们更富足，住在更好的房子里，孩子能上更好的学校。他们的城市比以前更漂亮，他们的火器让他们能抵挡宿敌（强盗般的贵族），这些敌人以前有好几百年的时间，都从平民的商贸中收取重税。宗教改革中的主要角色就是以上这些。

现在让我们看一下文艺复兴对欧洲产生了怎样的影响，然后你就会明白，为什么学问与艺术复兴之后，一定会有宗教的复兴。文艺复兴从意大利开始，从那儿传播到法国。它在西班牙不太成功（西班牙与摩尔人打了五百年的仗，这让西班牙人特别狭隘，在所有宗教问题上都很狂热）。文艺复兴的影响圈子越来越大，但跨越阿尔卑斯山之后，文艺复兴就发生了变化。

欧洲北部的人生活在与南方邻居很不同的气候条件下，对生活的态度也截然不同。意大利人可以在户外的晴空下，轻松地大笑、歌唱，过着快乐的生活。德国人、荷兰人、英国人、瑞典人则大部分时间待在室内，听雨打在他们舒适小屋紧闭的窗户上。他们不苟言笑，对一切都更严肃。他们总是意识到自己的不朽灵魂，对于他们认为神圣之物，不喜欢开玩笑。他们更感兴趣的是表现文艺复兴"人文主义"的那部分，譬如书籍以及对古代作家、语法、教科书的研究等等。但全面回到以前古希腊罗马的异教文明（这是文艺复兴在意大利的主要结果之一），却让他们惊惧。

但教皇和枢机主教团总是由意大利人充任，他们把教会变成了一个快乐的俱乐部，人们谈论艺术、音乐、戏剧，却很少提到宗教。于是，严肃的北方，与更文明的、乐天的、随随便便的南方之间，分歧越来越大。但似乎没人意识到教会面临的危险。

有几个次要原因，可以解释为什么宗教改革发生在德国，而不是瑞典或英国。德国人早就不喜欢罗马。皇帝与教皇之间无休止的争吵，造成了双方的积怨。在其他欧洲国家，政府常常掌握在一个强大国王手里，他常可以保护他的子民免受教士的贪婪侵扰。而德国的情况是，一个没有实权的皇帝治着一群混乱的小王公。循规蹈矩的市民，更直接地受到主教和高级教士的欺凌。这些权贵竭力聚敛大笔钱财，以修建巨大的教堂，文艺复兴时期的教皇都酷爱那样的教堂。德国人觉得自己正在遭受掠夺，他们当然不喜欢这样。

此外，还有一个很少被提及的原因，那就是德国是印刷机的故乡。在欧洲北部，书籍很便宜。《圣经》不再是一部专门由教士拥有并解释的神秘手抄本，它成了很多家庭的家用书籍，只要父亲和孩子们懂拉丁语的话。一家子一家子的人开始阅读《圣经》，这是违背教会的戒律的。人们发现，教士告诉自己的很多事情，从《圣经》原文看并非如此，这就引起了怀疑。人们开始提出问题，而问题如果不能被解答，就常常引发大麻烦。

进攻开始了。北方的人文主义者开始朝僧侣开火。从内心深处来说，这些人仍然对教皇毕恭毕敬，并不敢攻击神圣的教皇本人。但生活在富有的修道院高墙后的那些懒惰愚昧的僧侣，则成了人们嘲笑的对象。

奇怪的是，这场战役的领袖，却是教会的一个极忠诚的儿子。计拉德·计拉德松（通称为德西德里乌斯·伊拉斯谟）是一个穷人家的孩子，出生在荷兰的鹿特丹，受教育的地方也是代芬特尔的那所拉丁学校（坎普滕的托马斯就毕业于该学校）。他成了一个教士，一度住在一所修道院里。他游历了很多地方，知道自己写的是什么。他开始公开写小册子（如果在今天他会被称作社论作家），于是世人被一组匿名书信逗得忍俊不禁。这组书信刚刚面世，题为《蒙昧者书简》。在书信中，中世纪晚期僧侣阶层中普遍存在的愚昧、傲慢，被一种奇怪的德语－拉丁语打油诗的形式，揭露了出来，读起来就像我们当代的打油诗。伊拉斯谟本人是非常渊博而严肃的学者，懂拉丁语、希腊语，并给我们提供了第一个可靠的《新约》版本（他把《新约》译为拉丁文，并对原来的希腊版本做了校订）。但他跟罗马诗人贺拉斯一样，相信什么也挡不住我们"面带微笑说出真相"。

1500年，他到英国去拜访托马斯·莫尔爵士时，用几周时间写了一本有趣的小书，书名《愚人颂》，在书中，他用所有武器中最危险的武器——幽默——抨击僧侣和他们轻信的追随者。这本小书是十六世纪的畅销书，被译为几乎每种语言，使人们开始注意到伊拉斯谟写的其他书。在那些书中，他倡导改革教会的诸多弊端，并请求其他人文学者帮助他实现基督教信仰的伟大再生。

但这些优秀的计划一无所成。伊拉斯谟太理性，太宽容，无法让教会的大多数敌人感到过瘾。他们等待一位性情更强硬的领袖。

他来了，他叫马丁·路德。

路德翻译《圣经》

　　路德出身于德国北部的农民家庭，有勇有智。他上过大学，是埃尔福特大学的硕士，然后他加入了一个多明我派修道院。之后，他成了维滕堡大学的神学教授，开始把《圣经》解释给家乡萨克森并不热心的青年农夫听。他将很多闲暇时间用来研究《旧约》《新约》的原文。他很快就看到，基督的话与教皇、主教宣传的那些话之间，有很大出入。

　　1511年，他因公到了罗马。博尔吉亚家族的亚历山大六世已死（他曾为子女聚敛钱财）。他的继任者尤利乌斯二世，虽然个人品格无可挑剔，却把大部分时间花在打仗和大兴土木上。路德这位严肃的德国神学家，对教皇的"虔诚"不以为然。他极度失望地回到了维滕堡。但更糟的事还在后头。

　　尤利乌斯教皇想留给无辜的继任者们的圣彼得大教堂，当时虽只完成了一半，但已经需要维修了。教皇亚历山大六世花光了府库中的每一分钱。1513年继承了尤利乌斯的利奥十世，濒临破产。他求助于一种古老的方法来筹集现金，他开始出售"赎罪券"。赎罪券是一张羊皮纸，花一定的钱就能买到，它保证有罪者可以缩短待在炼狱的时间。按照中世纪晚期的教义，这是一种完全合理的方法。教会既然能在死前原谅那些真正悔罪的人，也就有权跟圣人们商量，缩短灵魂在炼狱的阴暗国度里赎罪的时间。

赎罪券被明码标价出售，这很不幸。但这是简单的获得收入的方法，而且，特别穷的人是可以免费得到赎罪券的。

1517年，在萨克森领土内独家出售赎罪券的权利，被交给了一个名叫约翰·台彻尔的多明我派修士。约翰修士是个急功近利的"销售员"。说实话，他急功近利得有些过分，他的销售方法，惹恼了这小公国中的大部分信徒。诚实的路德特别生气，做了一件鲁莽的事。1517年10月31日，他来到宫廷的教堂，在教堂大门上贴了一张纸，上面是九十五条声明（或论纲），抨击出售赎罪券的举动。论纲是用拉丁文写的。路德并不想引发暴乱，他并非革命者。他反对赎罪券制度，也希望教授同事们知道，自己对他们是什么态度。但这仍是教士与教授世界中的一件私事，他的声明并不想引发在俗人员的偏见。

遗憾的是，当时整个世界都热衷于宗教上的时事，讨论任何事情都会马上引发一场精神大震荡。不到两个月的时间，全欧洲都在讨论路德这位萨克森僧侣的九十五条论纲。每个人都得决定自己的立场，每个默默无名的小神学家，都得把自己的观点印出来。教廷开始警惕起来，他们命令这位维滕堡教授到罗马去，陈述一下自己的行为。路德很明智地想起了胡斯的遭遇。他留在了德国，结果教廷以革除教籍来惩罚他。路德当着一群仰慕他的群众的面，焚烧了教皇的谕旨。从那时起，他与教皇之间的关系彻底破裂。

路德成了一支心怀不满的基督徒"大军"的领袖，虽然他本人并没想当领袖。德国爱国者，比如乌尔里希·冯·胡滕①，跑来捍卫他。维滕堡、埃尔富特、莱比锡的学生，都提出如果当局监禁他，他们会保护他。萨克森公国的选帝侯让这些热切的年轻人放心：只要路德留在萨克森的土地上，他就不会受到伤害。

这一切都发生在1520年。查理五世当时二十岁，是半个世界的统治者。他不得不与教皇和睦相处。他宣布在莱茵河畔的沃尔姆斯召开一次宗教大会，命令路德参加，以陈述他的出格行为。路德此时已是德国人的民族英雄，他去参加了大会。他拒绝收回写过或说过的任何话。只有上帝之道主宰着他的良心，他愿意为良心而生，也愿意为良心而死。

沃尔姆斯会议经过长时间的讨论后，宣布路德是神人共弃的被放逐者，禁止任何德国人给他提供住处、食物和水，或阅读这卑鄙的异端分子写的任何书籍。但这位伟大的改革家并未身处险境。德国北部的大部分人，都谴责该谕旨是最不公正、最可恶的文件。为了保证安全，路德被藏在瓦尔特堡（属于萨克森选帝侯的一个城堡），

---

① 乌尔里希·冯·胡滕（Ulrich von Hutten, 1488—1523）：德国爱国者，人文主义者。

在那里，他对抗着教皇的一切权威：他把整本《圣经》都译为德语，这样所有人都可以自行阅读它，亲自了解上帝的话。

此时，宗教改革已不再是精神问题、宗教问题。那些憎恶现代教堂建筑之美的人，利用这一动荡时期，来攻击并毁掉他们不喜欢的东西——他们不喜欢，因为他们不理解。贫穷的骑士想捞回过去的损失，夺取属于修道院的土地。心怀不满的王公，利用教皇不在的时机扩充自己的势力。饥民在半疯的鼓动者领导下，趁机进攻主人的城堡，像从前的十字军一样大肆烧杀抢掠。

整个帝国爆发了真正的混乱。有的王公成了新教徒（路德的那些"反抗教廷"的追随者被称作新教徒），迫害自己的天主教子民。有的王公仍是天主教徒，绞死自己的新教子民。1526年的斯拜尔宗教会议，努力想解决教派归属的难题，命令"子民应与自己的王公属于同一教派"。这让德国成了一千多个互相仇视的小公国、侯国星罗棋布的地方，这种局面，在长达几百年的时间里阻碍了政治上的正常发展。

1546年2月，路德去世，被葬在二十五年前他宣布反对出售赎罪券的那座教堂里。在不到三十年的时间里，漠视宗教的、诙谐的、欢乐的文艺复兴世界，变成了讨论、争吵、诽谤、辩论协会一般的宗教改革世界。教皇建立统一的宗教帝国的愿景猝然终结，整个西欧成了一个战场。新教徒与天主教徒彼此屠杀，为的是让某些神学教义更发扬光大，而这些教义对我们现在的人来说，就如古代伊特鲁里亚的神秘铭文一样不可理解。

44.宗教战争

宗教大纷争的时代

十六、十七世纪是宗教争论的时代。

如果你留意的话会发现，你周围几乎每个人都在谈论有关"经济"的话题，比如工资、工作时间、罢工，以及它们与社会生活的关系，因为这是我们这个时代人们感兴趣的主要的话题。

1600年或1650年的小孩子，情况则更糟糕。他们听到的全是有关"宗教"的话题。他们的脑海里充斥着"宿命论""化体"①"自由意志"，还有一百多个其他怪词，表达的是"真正之信仰"（不论这是天主教的，还是新教的）的模糊观点。按照父母的意愿，他们受洗时就成了天主教徒，或路德派，或加尔文派，或茨温利派，或再洗礼派。他们的神学知识，来自路德编写的《奥格斯堡信纲》，或者加尔文写的《基督教原理》，或者他们咕哝着的英国《公祷书》中印的三十九

————————

① 化体：面饼和酒化为耶稣的身体和血。

条信条。他们被告知，只有这些才代表"真正之信仰"。

他们听说英王亨利八世大肆掠夺教会财产——这位国王曾多次结婚，自命为英格兰圣公会的最高头领，并夺取了教皇任命主教、教士的古老权力。一旦有人提到宗教裁判所，他们就会做噩梦，宗教裁判所设有地牢和很多酷刑室。他们还听到了一些同样可怕的故事，说一群狂暴的荷兰新教徒，抓住并绞死了十几个手无寸铁的老牧师，只为了杀死与自己信仰不同的人来取乐。很不幸，这两个争斗的派别势均力敌，不然斗争很快就会结束，而实际上，斗争拖了

宗教裁判所

256

八代人之久，变得错综复杂。我只能给你讲一下其中最重要的细节，其他情况，我只能请你去读宗教改革史的专著了。

新教徒的大改革运动之后，教会核心部分也进行了彻底改革。那些只是业余人文主义者，做着罗马和希腊文物交易的教皇，从舞台上消失，取而代之的是一些严肃的人，他们一天花二十小时来处理手头的圣职事务。

修道院以前很不体面的长期享乐生活结束了。僧侣和修女被迫日出而作，研究教会的早期奠基者的历史，照料病人，安慰垂死的人。宗教裁判所日夜警戒着，以免有什么危险的教义通过印刷机来印发。在这里，按照惯例，我们应提一下可怜的伽利略。他被关了起来，因为他在解释自己用可笑的小望远镜观测天空时，有点太不谨慎了，而且他还嘟哝了关于星体运行的某些观点，与教会的官方看法背道而驰。但我们应公平对待教皇、牧师、宗教裁判所，我们应该说，新教徒跟天主教徒一样，同样仇恨科学、医学，以同样的愚昧和不宽容的态度，把那些为自己研究事物的人，看成人类最危险的敌人。

加尔文是法国的伟大改革家，日内瓦的暴君（无论从政治上还是宗教上，他都是暴君）。法国当局打算绞杀塞尔维特（西班牙神学家和医生，因是第一个伟大解剖学家维萨里的助手而闻名），加尔文鼎力相助。但后来塞尔维特设法从法国监牢中逃出，逃到日内瓦。加尔文把这聪明人投入监狱，经过漫长的审判后，因为他的异端学说而下令把他烧死在火刑柱上，全然不顾他作为科学家的名声。

事情就这样发展下去。关于此问题，我们手头可靠的统计资料很少，但总的来说，新教徒比天主教徒更早厌倦了这种游戏。因宗教信仰而被烧死、绞死、砍头的诚实的人们中，大部分都是罗马那精力过人也严厉过人的教会的牺牲品。

宽容只是最近才有的事（你长大后要记住这一点）。即便是我们这个所谓的"现代世界"中的人，也常常只宽容无关自己痛痒的人或事物。他们宽容非洲土著人，不在乎他成为佛教徒还是穆斯林，因为佛教和伊斯兰教对他们都毫无意义。但当他们听说，自己的邻居（这位邻居是共和党，支持高额的保护性关税）加入了社会主义党，如今宣扬取消进口关税时，人们就不再宽容了。他们形容这位邻居用的词，就跟十七世纪善良的天主教徒（或新教徒）在听说自己最好、最尊敬爱戴的朋友，被新教（或天主教）的可怕异端思想所毒害时，用的词一样。

直到不久前，"异端"还被视为一种疾病。如今，当我们看到一个人不注意个人卫生，使家庭、自己本人和孩子受到伤寒或别的可预防疾病威胁时，我们就会去叫卫生委员会的人。卫生员会把警察叫来把这人带走，因为此人威胁到了整个社区的安全。在十六、十七世纪，一个异端（也就是公开质疑新教或天主教信仰的基本原则的人），被视为是比伤寒病携带者更危险的威胁。伤寒病有可能（很有可能）摧毁人的身体，但在那些人看来，异端会摧毁人的不朽灵魂。因此，所有善良、有逻辑能力的公民，一旦见到万物现有秩序的敌人，就应向警察报告。没能做到这一点的，就跟现代人发现同租一个房子的租户得了霍乱或天花，却不打电话给就近的医生一样有罪。

你今后会听到关于预防医学的很多说法。预防医学的意思是这样的：我们的医生并不等病人已经病倒，才出面治疗他们。相反，当病人还完全健康时，他们就研究病人和他的生活条件，就清理垃圾，教病人应该吃什么、忌什么，并教给他几条关于注意个人卫生的简单办法，以消除产生疾病的隐患。还不止这些。这些好医生还到学校去，教孩子如何用牙刷，如何避免感冒。

十六世纪的人，把灵魂疾患看得比身体疾患严重得多（我已经试图告诉你这一点）。他们组织了一套精神预防医学体系。孩子长得大一点儿，能拼第一个词时，就要用信仰的真正原则（唯一的真正原则）来教育他。从间接上来说，这对欧洲人的整体进步不失为好事。新教国家里到处都出现了学校。它们用大量宝贵时间解释教理问答，但除了神学也教一些别的。它们鼓励人们阅读，印刷业的大繁荣就得益于此。

天主教徒不甘落后，也把大量时间和思想用在教育上。在这个问题上，教会在新成立的耶稣会那里，找到了珍贵的盟友。这一奇特组织的缔造者是一个西班牙军人，经过一生的放肆冒险后，他幡然悔悟，觉得有责任为教会效力，正如以前很多罪人被救世军 ① 指出错误后，把余生都用来帮助和安慰不幸的人一样。

这个西班牙人叫依纳爵·德·罗耀拉，他出生在发现美洲的前

---

① 救世军（The Salvation Army）：1865 年成立，以军队形式作为其架构和行政方针，以基督教作为信仰的国际性宗教及慈善公益组织，以街头布道和慈善活动、社会服务著称。

一年。他受过伤，终身都是瘸子。他住院时看到了圣母和她的儿子基督的幻象，他们命令他放弃以前的邪恶生活。他决定到圣地去，完成十字军东征的任务。但到了耶路撒冷后，他看到没法实现使命，于是他回到西方，参加对路德派异端的战斗。

1534年，他在巴黎的索邦大学学习。他跟另外七个学生一起结成了一个兄弟会，八人共同发誓要过圣洁的生活，不求财富，只求正直，献出身心为教会服务。几年后，这个小小的兄弟会发展成了一个正规组织，被教皇保罗三世承认为"耶稣会"。

罗耀拉曾是军人，他相信纪律。对上级命令的绝对服从，成了耶稣会取得巨大成功的主要原因之一。他们专门从事教育，对教师进行充分的培养，然后才让教师对学生授课。他们跟学生住在一起，跟学生一起游戏，十分关心、照顾学生。结果他们培养了新一代忠诚的天主教徒，这些人就像中世纪早期的人一样，严肃看待自己的宗教职责。

但精明的耶稣会士并非把全部精力都投入到教育穷人上。他们也进入权贵的宫殿，成了未来的皇帝、国王的私人教师。当我给你讲三十年战争时，你就会看到这意味着什么。但在那次宗教狂热的最终大爆发之前，还发生了很多别的事。

查理五世死了，把德国和奥地利留给了兄弟斐迪南，把西班牙、荷兰、东印度群岛以及美洲的所有其他地盘，都留给了儿子腓力。腓力是查理与一个葡萄牙公主之子，公主与查理是表亲。这样的婚姻生出的孩子常常比较古怪。腓力的儿子，也就是不幸的堂·卡洛斯是个疯子，在他父亲的默许之下被谋杀。腓力生性并不十分疯狂，但他对教会的热情近于一种宗教性精神病。他相信上天任命他为人类的拯救者之一。因此，谁要是拒绝与他持同一观点，谁就是在宣布自己与人类为敌，谁就必须被消灭，以免他的榜样腐蚀了他虔诚邻居的灵魂。

当然，西班牙非常富有。新大陆的所有金银，都流入了卡斯蒂利亚与阿拉贡的国库。但西班牙却有一个奇怪的经济疾患。西班牙农民都是勤劳的男人和更勤劳的妇女，但高等阶级对任何形式的劳动，只要是陆军、海军、公共机关之外的职业，都极为鄙视。至于摩尔人，他们是极勤恳的工匠，但他们早被逐出西班牙了。因此，西班牙这个世界的钱柜，却仍是个穷国，因为它所有的钱都得送到外国去，以换取粮食等西班牙人自己不屑种植的生活必需品。

十六世纪最强大的国家西班牙的统治者腓力，其税收要依靠从尼德兰繁忙的商业中心征税。但这些弗兰德人与荷兰人却是路德、加尔文的忠诚信徒。他们清除了教堂中的所有塑像、圣画，并告诉教皇说他们不再把他看成"牧羊人"，他们打算遵从良心指引，以及新翻译的《圣经》的教导。

这让国王的处境十分尴尬。他无法容忍荷兰子民的异端思想，但他又需要钱。如果让他们做新教徒，不采取措施拯救他们的灵魂，那么他就没尽到对上帝的义务。如果他派宗教裁判所到尼德兰去，把那些子民烧死在火刑柱上，他又会丧失自己的大部分收入。

作为一个优柔寡断的人，他犹豫了很长时间。他时而和蔼，时

莱顿因打开堤坝而获救

而严厉；时而信誓旦旦，时而恐吓。荷兰人仍不悔改，继续唱着赞美诗，听路德派、加尔文派牧师的布道。绝望之下，腓力派他的"铁腕人物"阿尔瓦公爵去摆平这些死不悔改的罪人。阿尔瓦一开始就砍掉了那些领袖的头（在他到来之前，他们没有明智地离开荷兰）。1572年（就在这一年，法国的新教领袖都在可怕的圣巴托洛缪之夜被杀死），他攻打一些荷兰城市，杀死了那里的居民，以儆效尤。第二年，他围攻荷兰的制造业中心莱顿。

这期间，尼德兰北部的七个小省结成了一个防御联盟，即所谓的乌得勒支联盟，推举奥兰治的威廉（一个德国贵族，曾是皇帝查理

沉默者威廉被杀

五世的私人秘书）统领他们的陆军以及掠夺成性的水手（这些水手被称为海上乞丐）。威廉为拯救莱顿挖开了大坝，洪水形成了浅浅的内陆湖，借助着一支装备奇特的海军（由驳船和平底船构成，这些船被人们又划又拉又推，才越过泥沼，到了城墙那儿），拯救了莱顿①。

西班牙国王的无敌军队第一次遭受如此耻辱的惨败。世人大吃一惊，就如日俄战争中，日本在沈阳的胜利让我们这代人大吃一惊一样。新教势力士气大振，腓力琢磨着新办法来征服这些叛民。他雇了一个半疯的穷苦宗教狂热者，去暗杀奥兰治的威廉。但看到自己的领袖死去，并没有让七省的人屈服，相反让他们义愤填膺。1581年，七省代表的三级会议在海牙召开，郑重宣布废黜"邪恶的

---

① 莱顿被围困。荷兰人挖开堤坝后，用船把补给运进城。西班牙人后被迫撤退。

无敌舰队来了

国王腓力",由自己来行使主权责任,而迄今为止,主权一直都在"君权神授"的国王手里。

这是争取政治自由的斗争史上的一件大事,比签署了《大宪章》的英国贵族起义还前进了一大步。荷兰这些好市民说:"在国王和臣民间存在一个默认的协议,即双方均要履行某些义务,承认某些明确的责任。如果任一方没有履行契约,另一方有权认为契约终止。"英国国王乔治三世的美国臣民,在1776年也得出了类似结论,但他们与自己的统治者之间隔着三千里大洋。而荷兰的三级会议则是在听到西班牙炮声的地方做出抉择的(如果失败,就意味着逐渐消亡),他们也一直面临着西班牙海军的报复。

当信仰新教的英国女王伊丽莎白继承了"血腥玛丽"的王位,人们就开始说,有一支神秘的西班牙舰队将征服荷兰和英格兰。这是个由来已久的说法,多年来,海滨地区的水手都谈论着这个话题。

十六世纪八十年代，谣言逐渐清晰起来。去过里斯本的领航员说，所有西班牙和葡萄牙的码头都在造船。在南尼德兰（比利时），帕尔马公爵正在征集一支大军，一旦西班牙舰队到来，这支军队就要从奥斯坦德到伦敦和阿姆斯特丹去。

1588年，西班牙的"无敌舰队"朝北进发。但弗兰德的沿岸港口已有荷兰海军守卫，英吉利海峡则由英国人把守。西班牙人习惯于南方的平静海域，不知如何对付荒凉北方海域的狂涛巨浪。这支无敌舰队遭到船只和暴风雨的袭击后发生了什么，我就不消说了。有几支船绕过爱尔兰，逃脱了厄运，回来报告了失败的可怕故事。其余的船都沉没了，葬身于北海海底。

来而不往非礼也，英国和荷兰的新教徒如今把战火烧到了敌人的领土上。十六世纪末之前，霍特曼在林斯霍滕写的一本小书的帮助下（林斯霍滕是荷兰人，曾为葡萄牙人服务），终于发现了到东印度群岛去的道路，于是成立了大荷兰东印度公司①，对亚洲与非洲的葡萄牙、西班牙殖民地的战争，正式打响。

就在殖民征服活动的早期，荷兰法庭里打了一场奇怪的官司。十七世纪初，有个荷兰军官叫范·海姆斯凯尔克，他是位名人（他曾率一支探险队，想发现到东印度群岛去的东北路线，结果在新地岛②冰封的海岸上，过了一个冬天）。他在马六甲海峡，捕获了一

---

① 荷兰东印度公司：成立于1602年，是荷兰建立的具有国家职能、向东方进行殖民掠夺和垄断东方贸易的商业公司。1799年解散。

② 新地岛：在俄罗斯东北部。

条葡萄牙船。你应该还记得，教皇把世界分成了相等的两份，一份给西班牙人，一份给葡萄牙人。因此，葡萄牙人自然就把这些东印度群岛周围的海域看成自己的财产。当时他们也并未与尼德兰七省开战，他们声称，一家荷兰私有贸易公司的船长，无权进入他们的私人领地，盗窃他们的船只。于是他们起诉了。荷兰东印度公司的头头们，雇了一个聪明的年轻律师，名叫德·格鲁特，也叫格劳秀斯，来为他们辩护。他的辩护词令人震惊，他说海洋对所有人都是开放的。按照他的说法，在陆地上炮弹的射程之外，海洋对所有船只、所有国家来说，都应是一条免费、开放的"公路"。这条令人吃惊的原则是第一次在法庭上公开宣布，所有靠海洋吃饭的人都反对。为了反对格劳秀斯的著名"公海"理论，英国人约翰·塞尔登写了一篇著名论文，论述"海洋封锁"，说君主天生有权把国土周围的海域，视为自己的领土。我之所以在这里提及此事，是因为这问题到现在也没有解决，在世界大战中，它造成了各种难题和麻烦。

再回到西班牙人与荷兰人、英国人之间的战争。没用二十年的时间，东印度群岛、好望角、锡兰、中国沿岸，甚至日本沿岸的最有价值的殖民地都落入了新教徒手里。1621年，西印度公司 ① 成立，它征服了巴西，在北美还建立了一个名叫新阿姆斯特丹 ② 的据点，位于亨利·哈德逊1609年发现的那条河的河口。

---

① 西印度公司：即荷兰西印度公司，是模仿东印度公司模式建立的跨国殖民贸易公司，主要业务是处理奴隶和贵金属的贸易。

② 新阿姆斯特丹即后来的纽约。

哈德逊之死

这些新殖民地让英格兰与荷兰共和国大发横财，他们可以雇佣外国士兵在陆地上打仗，而自己则全心从事商业与贸易。对他们来说，新教反抗天主教，意味着独立与繁荣。但在欧洲很多其他地方，这种反抗则意味着一连串的灾难，与之相比，世界大战不过是主日学校的乖男孩们一次小小的远足罢了。

1618年，三十年战争爆发，1648年它以著名的《威斯特伐利亚和约》而结束。这场战争，是一个世纪以来愈演愈烈的宗教仇恨的必然结果。我前面说过，这是一场可怕的战争，人们彼此混战。战争之所以结束，只是因为各方都筋疲力尽，再也打不下去了。

在不到一代人的时间里，战争把欧洲中部的很多地方都变成了荒野，那里饥饿的农夫与更饥饿的狼，争夺着一匹死马的尸体。德国六分之五的城镇村庄都毁于战火，德国西部的普法尔茨被劫掠了二十八次，德国的一千八百万人口锐减到四百万。

一俟哈布斯堡家族的斐迪南二世被选为皇帝，仇恨就差不多开始了。斐迪南是耶稣会精心培育的产物，是教会最顺从虔诚的儿子。他年轻时就立誓，要把所有教派与异端从他的领土上根除。他努力兑现这一誓言。他当选后两天，他的主要对手弗里德里希（普法尔茨的新教选帝侯，英王詹姆斯一世的女婿）被选为波希米亚国王，这与斐迪南的意愿完全背道而驰。

哈布斯堡王室的军队马上开进了波希米亚。年轻的国王四处求援，想抗击可怕的敌人，但徒劳无功。荷兰共和国倒愿意帮忙，但它自己正在跟西班牙的哈布斯堡王室殊死搏斗，所以爱莫能助。英国的斯图亚特王朝更感兴趣的是在国内巩固自己的绝对权力，而不是把财力、人力花在遥远的波希米亚的无望行动上。挣扎了几个月后，普法尔茨的选帝侯被赶走，他的领土被交给了巴伐利亚的天主教家族。这就是三十年战争的开端。

然后，哈布斯堡军队在蒂利、华伦斯坦的率领下，从德国的新教地区一直打过去，打到了波罗的海沿岸。对丹麦的新教国王克里斯蒂安四世来说，一个天主教邻居构成严重威胁。他力求自卫，趁敌人还没强大到自己招架不住，发动了进攻。丹麦军队开进德国，被击败。华伦斯坦穷追猛打，丹麦被迫求和。当时，波罗的海沿岸只有一个城镇还在新教徒手里，就是施特拉尔松德。

1630年夏初，瑞典国王瓦萨王朝的古斯塔夫·阿道夫在那儿登陆，他此前因保卫国家抵御俄国人而出了名。他是个有无限雄心的新教国王，想让瑞典成为一个北方大帝国的中心。古斯塔夫·阿道夫受到了欧洲新教王公们的欢迎，被看成路德事业的拯救者。他打败了蒂利（蒂利刚刚大肆屠杀了马格德堡的新教居民）。然后，他的军队长驱直入，穿过德国腹地，想抵达哈布斯堡王室在意大利的领地。古斯塔夫后方受到天主教徒的威胁，他突然掉转头来，在鲁岑战役中打败了哈布斯堡王室的主力。不幸的是，这位瑞典国王在离开自己军队时被杀。但哈布斯堡的势力已经瓦解。

斐迪南生性多疑，他马上开始怀疑起自己的手下来。在他的指使下，总司令华伦斯坦被谋杀。天主教波旁王室（他们统治着法国，仇视自己的哈布斯堡对手）闻讯，加入了新教的瑞典人一边。路易十三的军队侵入德国东部，法国的杜伦尼、孔代将军，与瑞典将军巴内尔、威玛齐名，在哈布斯堡王室地盘烧杀抢掠。这给瑞典人带来了巨大的名声和财富，引起了丹麦人的嫉妒。信奉新教的丹麦人于是对同样信奉新教的瑞典人宣战，而瑞典人又是信奉天主教的法国的盟友 —— 法国的政治领袖枢机主教黎塞留，刚刚剥夺了胡格诺派（法国的新教徒）公开祈祷的权利（1598年的《南特赦令》本来赋予了他们这种权利）。

跟很多这类冲突一样，当这场战争1648年以《威斯特伐利亚和约》的形式结束时，它并没解决任何问题。天主教国家仍然信天主教，新教国家也仍然忠于路德、加尔文、茨温利的教义。瑞士与荷兰的新教徒，被承认为独立共和国。法国占有了梅斯、图勒、凡尔登诸城，以及阿尔萨斯的一部分。神圣罗马帝国名存实亡，它没有人力，没有财力，没有希望，也没有了勇气。

1648年的阿姆斯特丹

　　三十年战争的唯一好处是从负面来说的。它让天主教徒和新教徒，都不敢再尝试这样的战争了，于是他们共存无事。但这并不意味着宗教情感和神学仇恨已从世上消失。正相反，天主教徒与新教徒之间的争吵告一段落，但不同新教教派之间的争端，却仍像以前一样猛烈。在荷兰，关于预定论（这是个很晦涩的神学观点，但在你的曾祖父心里，它极端重要）发生了意见分歧，引发了争吵，结果荷兰政治家奥登巴内费尔特的约翰，被砍了头（荷兰共和国在独立后最初二十年中的成功，都要归功于他，他也是荷兰印度贸易公司的灵魂人物）。在英国，分歧导致了内战。

　　这场内战，第一次通过法律程序处决了一位欧洲君主。但在讲述这次战争之前，我要给你说说英国此前的历史。在本书中，我只想告诉你有助于理解当今世界的历史事件。如果我没有提到某些国家，那并非因为我对它们有什么隐秘的不喜欢。我也希望能告诉你挪威、瑞士、塞尔维亚、中国都发生了什么。但这些国家在十六、十七世纪对欧洲的发展没有太大影响，因此，我对它们礼貌而崇敬地鞠一躬，然后只能略而不谈。英国的情况则不同，过去五百年中那个小岛上人们的所作所为，影响了世界各个角落的历史进程。如果对英国的历史背景缺乏准确把握，你都看不懂报纸。因此，你应该知道，当欧洲大陆的其余部分仍由绝对君主统治时，英国怎样发展出了议会制政体。

45.英国革命

国王的"君权神授",与没那么神圣但更合理的"议会权利"之间的斗争,导致国王查理一世不得善终

恺撒是最早探索欧洲西北部的人,他于公元前55年渡过英吉利海峡,征服了英格兰,英格兰成了罗马的一个省。这样过了四百年。蛮族人开始威胁罗马时,英格兰驻防军被从边疆召回,以保卫本土,于是不列颠就没有了政府,也失去了保护。

德国北部饥饿的撒克逊部落闻讯渡过北海,在这富饶的岛屿上安了家。他们建立了一些独立的盎格鲁 – 撒克逊王国 —— 最初的入侵者是盎格鲁人(也就是英格兰人)和撒克逊人,所以这样称呼。但这些小国总在彼此争吵,没有哪个国王强大到能统领全国。此后五百多年的时间里,麦西亚、诺森布里亚、威塞克斯、苏塞克斯、肯特、东盎格里亚,或者不管它们还有什么别的名字,都遭到各类北欧海盗的袭击。最后,在十一世纪,英格兰与挪威、北德一起,成了克努特大帝的丹麦王国的一部分,英格兰独立的希望破灭了。

过了一段时间后，丹麦人被赶了出去。但英格兰刚一独立，就又被第四次征服了。这次的新敌人是另一支北欧部落的后裔，早在十世纪他们就入侵了法国，建立了诺曼底公国。诺曼底公爵威廉早就遥望海峡对面，垂涎三尺。他于1066年10月渡过海峡，在当年10月14日的黑斯廷斯战役中，消灭了威塞克斯的哈罗德的弱旅（哈罗德是最后一个盎格鲁－撒克逊国王），自立为英格兰国王。但无论是威廉还是之后继任的安茹王朝（金雀花王朝）统治者们，都没把英格兰当作真正的家。对他们来说，这座岛屿只是他们在欧洲大陆上领土的一部分，是殖民地，居住着相当落后的居民，安茹王朝必须把自己的语言和文明强加给他们。但英国这块"殖民地"逐渐超过了"祖国"诺曼底。同时，法国国王也不遗余力地想摆脱强大的、操着诺曼英语①的邻居，而这些邻居从本质上来说，不过是法国国王的不顺从的仆人。经过一百年的战争，法国人在一个名叫贞德的姑娘的率领下，将"外国人"从领土上赶了出去。贞德本人在1430年的贡比涅战役中被俘，抓住她的勃艮第人将她出卖给了英国士兵，她被当作女巫烧死。但英国人在大陆上一直立足不稳，最终英王们都把自己的全部时间放在不列颠领土上了。不列颠岛上的封建贵族一直混战（这种奇怪的混战，在中世纪就跟麻疹、天花一样普遍），大部分老派地主都在所谓的"玫瑰战争"②中被杀，于是国王不费力气就

---

① 诺曼英语（Norman-English）：英格兰的诺曼底征服者讲的英语方言。

② 玫瑰战争：1455—1485，是英王爱德华三世的两支后裔兰开斯特家族和约克家族的支持者为争夺英格兰王位而发生的战争。

扩张了王权。到十五世纪末，英格兰成了高度中央集权的国家，由都铎王朝的亨利七世统治着。一些存活下来的贵族，试图重获对国家管理的影响力。亨利七世著名的高等法庭，也就是令人生畏的"星室法庭"①，严厉镇压了他们的一切图谋。

1509年，亨利七世的儿子亨利八世即位。从那一刻起，英格兰的历史进入了新的重要阶段，因为英格兰不再是个中世纪岛屿，而成了一个现代国家。

亨利对宗教兴趣不大。他巴不得利用与教皇的一次私人争执（是关于他的数次离婚中的一次），宣布脱离罗马而独立，让英国教会成了第一个"民族教会"。在这种教会中，世俗统治者同时也是子民的精神领袖。1534年的这次和平改革，不仅使都铎王朝得到了英国牧师们的支持（很久以来，英国牧师就受到路德派的深刻影响），也通过没收修道院以前的财产而扩张了王权。同时，它让商人也都支持亨利。这些商人作为一个岛屿（与欧洲其他部分之间隔着一条又宽又深的海峡）之上骄傲而富足的居民，对一切"外来"之物都很不喜欢，不想让一个意大利主教来统治他们正直的英国灵魂。

1547年，亨利去世。他把王位传给了十岁的小儿子。这孩子的监护人喜欢现代的路德派教义，大力襄助新教事业。但孩子不到十六岁就死去，继任的是他姐姐玛丽，也就是西班牙腓力二世的妻子。她烧死了新"民族教会"的主教，在别的方面也与腓力二世夫唱

① 星室法庭（Star Chamber）：因在威斯敏斯特宫的星室（Star Chamber）开庭而得名。

妇随。

幸好她1558年就死了，继任的是伊丽莎白，也就是亨利八世与安娜·博林的女儿（博林是亨利的六任妻子中的第二任，失宠后被砍了头）。伊丽莎白曾在狱中待过一段时间，只是在神圣罗马帝国皇帝的请求下才被释放。她仇视一切天主教的、西班牙的东西。她跟父亲一样，在宗教问题上持无所谓态度，但她也继承了亨利八世极为精明的对人性格的判断力。她在位的四十五年中一直都在强化王权，增加她这些快乐岛屿的税收和领地。在这方面，一批能人聚在她的宝座周围辅佐着她，这使伊丽莎白时代成了一个极重要的时期，你应该从本书后开列的书单中的某本专著中详细了解一下这一时代。

但伊丽莎白在宝座上并不觉得高枕无忧。她有一个对手，一个极为危险的对手——斯图亚特王室的玛丽。玛丽的母亲是一个法国女公爵，父亲是苏格兰人，玛丽又是法国弗朗索瓦二世的遗孀，凯瑟琳·德·美第奇的儿媳，而正是凯瑟琳·德·美第奇，组织了圣巴托洛缪之夜对新教徒的大屠杀。玛丽有一个小儿子，后来他成了英格兰第一位斯图亚特王朝的国王。玛丽是热切的天主教徒，乐于帮助与伊丽莎白为敌的人。玛丽缺乏政治能力，加上她在惩罚加尔文派子民时手段残暴，结果苏格兰爆发了革命，迫使玛丽到英格兰的领土上避难。她在英格兰领土上待了十八年，一直都在搞阴谋，试图颠覆给她提供庇护的伊丽莎白。伊丽莎白最后只好听从心腹顾问们的意见，"砍下苏格兰女王的头"。

1587年，玛丽的头被奉命"砍下"，结果引发了与西班牙的战争。

我们前面已经说过，英格兰与荷兰的海军联手打败了腓力的"无敌舰队"。西班牙本想通过这次进攻，击垮这两个反天主教领袖国的势力，结果却让对方从中获利。

如今，在多年的犹豫之后，英国人与荷兰人终于觉得自己有理由入侵东印度群岛和美洲，为在西班牙人手下受难的那些新教徒兄弟报仇。英国人曾是哥伦布最早的后继者之一。英国船只在威尼斯领航员乔万尼·卡波特的率领下，1497年第一个发现并探索了北美大陆。拉布拉多与纽芬兰，作为未来的殖民地不太重要，不过英国的捕鱼船却在纽芬兰的沿岸大赚了一笔。一年后，也就是1498年，这位卡波特又探索了佛罗里达海岸。

约翰（即乔万尼）和塞巴斯蒂安·卡波特望见纽芬兰海岸

然后就是亨利七世与亨利八世时期，国家政事繁杂，没钱到外国去冒险。但在伊丽莎白统治时期，国家平定，玛丽·斯图亚特也被拘禁，水手们可以离开港口出海，没有后顾之忧。伊丽莎白还小的时候，威洛比就曾航行过了北角①。他的一位船长理查德·钱塞勒继续东进，寻找能到东印度群岛去的路线，到达了俄罗斯的阿尔汉格尔斯克，在那里，他与这个遥远的莫斯科帝国的神秘统治者建立了外交和通商关系。伊丽莎白在位的最初几年，许多人继续从事这一航行事业。商人探险家为"合资股份公司"的利益服务，为贸易公司奠定了基础，在后来几百年里，这些贸易公司成了殖民地。伊丽莎白时代的水手半是海盗，半是外交家，甘把一切赌注押在一次幸运的航行上，任何能塞到船舱里的东西他们都走私。他们贩卖人口、货物，除了利润外，别无顾忌。他们把英国的旗帜和童贞女王的威名，带到了七大洋的每个角落。同时，在国内，威廉·莎士比亚又让女王陛下有所消遣，英国最有才智的人都辅佐着女王，把亨利八世的封建遗产变成一个现代民族国家。

1603年，伊丽莎白女王去世，享年七十岁。她的亲戚，也就是她的祖父亨利七世的女儿的曾外孙，她的对手和敌人玛丽·斯图亚特的儿子，继承了王位，是为詹姆斯一世。由于上帝的安排，他发现自己统治的国家已逃脱了大陆上那些对手带来的厄运。当欧洲的新教徒与天主教徒彼此厮杀，绝望地想压倒对手的势力，确立自己那一信仰的唯一统治时，英格兰却安享和平，可以从容"改革"，而不必走路德或罗耀拉那样的极端。在未来争夺殖民地的过程中，这

_____

① 北角（North Cape）：在挪威。

伊丽莎白时代的剧场

让岛国英格兰有了很大优势。它使英国在国际事务中掌握了领导权，并迄今仍维持着这一领导权。即便斯图亚特王朝遭遇灾难，也没有阻止这一进程的正常发展。

都铎王朝之后上台的斯图亚特王朝，在英国属于"外国人"。他们似乎既没有意识到也没有理解这一点。本土的都铎王朝可以偷一匹马，但"外来的"斯图亚特王朝即使看马鞍一眼，也会引起民众的老大不满。老女王贝丝① 基本上自行其是，统治着她的国土。但总的来说，她奉行的政策，总能让诚实的（以及不诚实的）英国商人口袋里有钱。因此，女王总可以得到感恩戴德的人们的全力支持。她

---

① 贝丝：伊丽莎白的昵称。

278

即便有某些轻微的越界行为，侵犯了议会的某些权利和特权，人们也愿意睁一只眼闭一只眼，因为他们从女王强硬而成功的外交政策中，获得了最终的好处。

表面看来，詹姆斯国王延续了同样的政策。但他缺乏他的伟大前任的那种特有的个人热情。他继续鼓励对外经商，天主教徒也没有得到任何自由。但当西班牙朝英格兰微笑致意，想建立和平关系时，人们发现詹姆斯也报之以微笑。大多数英国人可不喜欢这样，但詹姆斯是他们的国王，所以他们也没说什么。

很快出现了其他情况，导致了摩擦。詹姆斯和他的儿子查理一世（1625年即位），都坚信"君权神授"，认为可以自行其是地统治国土，而不必征求子民的意见。"君权神授"并非什么新主张。教皇在很多方面都是罗马皇帝的继承人（或者说继承了罗马帝国的理想，那就是一个统一的国家覆盖整个已知世界）。教皇一直就把自己看成"基督在尘世的代理人"，也被公开承认如此。没人质疑上帝自行其是统治世界的权力。那么，自然很少有人敢怀疑神圣的"代理人"也有权这样做，并要求民众服从他，因为他是宇宙绝对主宰的直接代表，他只对万能的上帝负责。

路德派的宗教改革成功之后，以前赋予教皇的那些权力，被很多皈依新教的欧洲君主夺取。作为国家或王朝教会的领袖，他们坚持认为，在自己的领土内，他们就是"基督的代理人"。民众并未质疑他们的统治者是否有权这样做。他们接受它，正如我们现在认为代议制政体是唯一合理而正确的政体一样。那么，为什么詹姆斯国王常常大声重申"君权神授"，会令民众不满？ 如果说是路德思想或加尔文思想使然，那有失公允。英国人真心怀疑"君权神授"，必有别的缘故。

我们在尼德兰第一次听到了对"君权神授"的明确否定，那里的三级大会1581年宣布废黜合法君主——西班牙的腓力二世国王。他们说："国王破坏了他的契约，因此国王就像任何不忠诚的仆人一样，应予开除。"从那时起，国王对子民负有责任这一观念，就在北海沿岸的许多民族中传播开来。这些民族处在特别优越的地位，他们很富有。中欧腹地的穷人，在统治者卫队的淫威之下，是不敢讨论该问题的，否则马上就会落入附近城堡最可怖的地牢。但荷兰和英国商人拥有足够的资金，可以维持庞大的陆军和海军，他们还知道如何使用"信贷"这一强大武器。因此，他们没有那种顾虑。他们愿意拿自己金钱的"神圣权利"，抗衡任何哈布斯堡、波旁、斯图亚特王朝的"神圣权利"。他们知道，他们的荷兰盾、英国先令，可以打败国王的唯一武器——蹩脚的封建军队。他们敢于行动，而其他人则只能忍气吞声，否则就有可能上绞刑架。

斯图亚特王室开始声称自己有权爱怎么做，就怎么做，而不用顾及责任。这时，英国人被惹怒了。英国中产阶级利用议会下院，作为对抗王权滥用的第一道防线。国王拒绝让步，让议会不要多管闲事。在长达十一年的时间里，查理一世都独揽大权。他征税（大多数人都认为这些税是非法的），把不列颠王国当作自己的田庄来管理。他有能干的助手，而且我们必须说，他有基于信念之上的勇气。

遗憾的是，他没有争取忠诚的苏格兰子民的支持，反而与苏格兰长老会信徒们发生了争执。查理最后被迫再次召集议会。他很不情愿如此，但由于急需现金，他只能如此。议会1640年4月召开，气氛很不友好。几周后它就被解散。新议会11月召开，比前一个更强硬。议会成员意识到，"神授君权治国"还是"议会治国"的问题，必须彻底解决。他们攻击国王的主要谋臣，处决了其中的六七个。他们宣布，没有他们同意，议会不能被解散。最后，1641年12月1日，他们向国王递交了一份《大抗议书》，详细列举了人民对统治者的种种不满。

查理指望能从乡村获得对他的政策的某些支持，于是他1642年1月离开伦敦。国王与议会各组织了一支军队，准备在国王的绝对权力与议会的绝对权力之间，决一死战。在这次斗争中，英国最强大的宗教成分，就是所谓的清教徒（他们是英国圣公会成员，力求最大限度地净化自己的教义），很快崭露头角。奥里佛·克伦威尔率领的"圣洁者"组成的军团，以铁一般的纪律和对神圣目标的执着信念，很快成了整个反对派军队的楷模。查理两次被打败，1645年的纳西比战役后，他逃往苏格兰。苏格兰人把他出卖给了英格兰人。

然后是一段充满阴谋的时期。苏格兰长老会派发生暴动，对抗英格兰清教徒。1648年8月，在普雷斯顿大战三天后，克伦威尔结束了这第二次内战，夺取了爱丁堡。同时，他的士兵已厌烦了更多空谈，厌烦了把时间浪费在宗教争论上，决定自己采取行动。他们把议会中不同意自己的清教观念的那些人都排挤出去。然后，"残余"的议会指控国王犯了严重叛国罪。上议院拒绝做法庭，结果任命了一个专门法庭，判处国王死刑。1649年1月30日，国王查理从白厅①的一面窗户平静走出去，走上了断头台②。那一天，至高无上的人民通过他们选出的代表，第一次处决了一位没能认识自己在现代国家中地位的君主。

查理死后的时期，常常被称为克伦威尔时期。克伦威尔最初是英国非正式的独裁者，1653年正式成为护国主。他统治了五年，用这段时间延续伊丽莎白的政策。西班牙再次成了英格兰的首敌，对西班牙人开战成了全国性的神圣任务。

英格兰的商业和商人的利益至上，最严格的新教信条得到认真履行。在维护英国的海外地位上，克伦威尔是成功的。但作为一个社会改革家，他一败涂地。世上那么多人，每个人的想法都不同，从长期来说，这似乎是个明智的安排。由全社会中一小部分人掌握的政府，不可能存活下去。清教徒在尽力纠正王权滥用时是一股强大的力量，但作为英格兰的绝对统治者，他们让人无法忍受。

1658年克伦威尔死后，斯图亚特王朝没费多大力气就复辟了。实际上，人们发现，温顺的清教徒的枷锁，跟独裁君主查理的枷锁一样令人难以承受。人们把斯图亚特王朝当作"拯救者"来欢迎。只要斯图亚特王朝忘掉他们已故的、可悲的父辈的什么"君权神授"，肯承认议会至高无上，那么人们保证做忠诚的子民。

两代人都励精图治，但斯图亚特王朝似乎没学乖，恶习难改。

---

① 英国行政部门的代称。

② 英王查理一世从白厅的二楼窗口步出，登上窗外临时搭建的断头台，被当众处决。

查理二世1660年回国，他是个和善但无用之人。他很懒惰，本性喜欢走捷径，再加上他撒谎撒得很成功，这些都让他避免了和民众的矛盾公开爆发。他通过1662年的《礼拜仪式统一法》，把所有不尊重英国国教的教士都从教区放逐，于是打破了清教牧师的势力。他通过1664年所谓的《秘密集会法》，力求阻止不尊重英国国教者参加宗教集会，否则他们就可能被流放到西印度群岛。这和"君权神授"的那些老日子太像了。人们开始表现出从前熟悉的不耐烦迹象，议会在给国王提供资金时也突然遇到了困难。

查理无法从不愿合作的议会手里得到钱，于是他偷偷从他的邻居和亲戚——法国国王路易——那里借钱。为换取一年二十万英镑，他背叛了他的新教盟友，并嘲笑着议会中那些可怜的傻瓜。

经济独立突然让国王对自己的实力有了强烈信心。他曾多年流放在他的天主教亲戚中，"暗恋着"他们的宗教。他也许能让英格兰重归罗马怀抱呢！他颁布了一个《宽容宣言》，废除了以前针对天主教徒和不尊重英国国教者的法律。正当此时，查理的弟弟詹姆斯据说已皈依了天主教。对老百姓来说，这一切看起来都很可疑，人们开始害怕会发生可怕的教皇派阴谋。全国散布着新的不安情绪。大多数人想避免再次爆发内战，对他们来说，专制国王、天主教国王——是的，甚至是"君权神授"——也比同室操戈好。其他人则没这么温和，他们就是大家都害怕的不尊重英国国教者，他们总坚信自己的信条，因而勇气有加。他们的头领是几个大贵族，他们不想看到以前绝对王权的复归。

在大约十年之久的时间里，这两大党派，一个是辉格党——它代表中产阶级，之所以叫这个可笑的名字，是因为1640年很多苏格兰赶马人（辉格莫人①），在长老会牧师的率领下，进军爱丁堡去反对国王；另一派是托利党（这个名字本是称呼保皇的爱尔兰人的，但现在用来称呼支持国王的人）。两派彼此对抗，但谁都不希望引发危机。他们让查理寿终正寝，让信仰天主教的詹姆斯二世于1685年继承了兄长的位置。但詹姆斯先是发明了可怕的外国玩意儿，叫"常备军"（要由信仰天主教的法国人率领），然后又于1688年颁布了第二个《宽容宣言》，命令所有英格兰圣公会的教堂都宣读这一方案。这时，他就有点越界了，那条敏感的界线，只有最受爱戴的统治者在最特殊情况下才能越过。七个主教拒绝服从谕旨，被控"叛国诽谤罪"。他们在法庭上被审判，陪审团的判决是"无罪"，判决赢得了民众的广泛支持。

偏偏这时候，詹姆斯（他在第二次婚姻中，娶了天主教的摩德纳家族的玛丽）生了个儿子。这意味着王位要传给一个天主教男孩，而不是他的姐姐，信奉新教的玛丽、安娜。老百姓再次疑心重重。摩德纳的玛丽已经年纪太大，不可能生孩子的！全是阴谋！一个奇怪的孩子被某个耶稣会士带进宫，好让英国有个天主教君主。诸如此类，谣言四起，又一场内战似乎一触即发。然后七个名人（既有辉格党人，也有托利党人）给詹姆斯的大女儿玛丽的丈夫——荷兰共和

---

① 原文为 Whiggamores，"辉格"（Whig）一词来源于此，意为"驱赶牲畜的人"。

国的执政威廉三世写了一封信，请他到英国来拯救这个国家，驱逐其合法但毫不讨人喜欢的君主。

1688年11月5日，威廉在托尔湾登陆。他不想让岳父成为殉道者，所以帮助詹姆斯安全逃到法国。1689年1月22日，威廉召集议会。同年2月13日，他和妻子玛丽被宣布同为英格兰君主，英国的新教事业以此得救。

议会已不满足于只做国王的咨询机构，而是想最大限度地利用这些机会。它从档案馆尘封的角落里，翻出1628年那份老的《权利请愿书》。它起草了一份更激进的《权利法案》，要求英国君主属于圣公会。它还规定，国王无权废除法律，或让某些特权公民违背某些法律。它规定"不经议会允许不得征税，也不得维持军队"。于是，1689年，英国获得了欧洲其他任何国家都没有的自由。

但英国的威廉统治时期之所以至今仍被铭记，并不只因为这一伟大的自由措施。威廉在位时，首次出现了"责任内阁"管理制。当然，没有哪个国王能独自统治，他需要心腹顾问。都铎王朝就有谘议会，由贵族和教士组成。该机构变得过于庞大，后缩减成较小的枢密院。随着时间推移，这些顾问形成了一个惯例，在王宫的一间密室觐见国王，因此他们被称为"内阁院"，过了不久就被称为"内阁"。

威廉像他以前的很多君主一样，从各个党派中选择自己的顾问。但随着议会势力越来越大，他发现如果辉格党在下院占多数，他就没法在托利党顾问的帮助下驾驭国家。于是他把那些托利党撤职，内阁就完全由辉格党组成。几年后，辉格党在下院中失势，国王为方便起见，不得不在占领导地位的托利党中寻求支持。威廉一直忙于同法国的路易打仗，无暇顾及英国的政府管理，一直到他1702年逝世都如此。几乎所有重要事务都交给了内阁。当威廉的妻妹安娜1702年继承王位时，情况还是如此。安娜死于1714年（不幸的是，她的十七个孩子没一个比她活得长的），王位传给了汉诺威王朝的乔治一世，他是詹姆斯一世的外孙女索菲之子。

这位粗鲁的君主从未学过一句英语，完全迷失在英国复杂的政治制度的迷宫里。他把一切都交给内阁，也不参加会议——这些会议让他厌倦，因为他一句话也听不懂。就这样，内阁会议形成惯例，内阁自行统治英格兰与苏格兰（1707年，苏格兰的议会与英格兰的议会合并），而不麻烦国王，国王则常花大把时间待在欧洲大陆上。

乔治一世、乔治二世统治时期，一大批强大的辉格党人（其中沃波尔爵士任职二十一年）相继组织了国王内阁。他们的领袖最终被承认不仅是实际内阁的官方领袖，而且是议会多数党的官方领袖。乔治三世试图将权柄抓到自己手里，不把实际政府事务交给内阁，他的这些做法都导致了恶果，于是再不敢重蹈覆辙。从十八世纪初起，英国就有代议制政府了，责任内阁管理着国务。

诚然，这个政府并不代表社会上的所有阶级。每十二个人中，有选举权的还不到一个。但这是现代代议制政府的基础。它和平而有序地把权力从国王那里夺取过来，置于越来越多的民众代表手里。它并没有给英国带来黄金时代，但它让英国避免了革命——十八、十九世纪，这些革命让欧洲大陆陷入灾难。

46.势力均衡

"君权神授"论在法国大张旗鼓地继续下去，君主的野心只是受到新发明的"势力均衡"法则的制约才有所收敛

下面我将告诉你，当英国人为自由而战时，法国都发生了什么，这与前一章形成了鲜明对比。在历史上，一个对的人在对的时机，出现在对的国家，此种生逢其时的情况很少见。对法国来说，路易十四就是这一理想的化身，但对欧洲其余地区来说，没有他，人们的生活会更幸福。

这位年轻国王将要统治的，是当时人口最多、名声最煊赫的国家。路易即位时，马萨林、黎塞留这两个强大的枢机主教，刚刚把古老的法兰西王国锤炼成了十七世纪集权程度最高的国家。路易本人也能力过人。我们二十世纪的人，周遭仍环绕着太阳王①辉煌时代的记忆。我们社交生活的基础，就是路易宫廷中完美的礼节、优

---

① 指路易十四。

雅的谈吐。在国际和外交事务中，法语仍是外交和国际会议的官方语言，因为两百年前，法语就象征着一种高贵的文雅、表达的纯粹，当时其他任何语言都无法企及。国王路易时期的戏剧，仍能给我们一些教益，而我们在学习这些教训时太迟钝了。路易在位期间，黎塞留创建的法兰西学院开始在文人世界中占据一席之地，其他国家纷纷效法。类似的例子我们还可以列举很多。我们当代的菜单之所以用法语印刷，并非偶然。精制烹调这一高难度艺术、文明的最高体现之一，是第一次为了这位伟大君主才实践起来的。路易十四时代是一个辉煌优雅的时代，至今仍能让我们学到很多。

不幸的是，这幅闪闪发光的图画还有另一面，就远没有这样激动人心了。对外的辉煌，常常意味着国内的悲惨，法国也不例外。路易十四1643年继承父位，死于1715年。这意味着法国政府有72年之久（几乎是两代人的时间），都由一个人独揽大权。

我们最好能充分理解这个观念——"独揽大权"。有一长串君主，在很多国家都建立了那种很高效的独裁制，我们称为"开明君主制"，而路易是这类君主中的第一人。有的国王只把统治当儿戏，把国务当作愉快的野餐。路易不喜欢这样的国王。开明时代的国王，比他的所有子民都更兢兢业业，比任何人起得都早，睡得都晚。他们不仅感到"君权神授"（这个权利，让他们不必征求子民的意见来统治国家），也同样强烈地感受到"神圣的责任"。

当然，国王不可能事必躬亲，他周围不得不有几个帮手和顾问。一两个将军，几个外国政治方面的专家，几个精明的银行家和经济学家，足矣。但这些大人物只能通过君主来行动，作为个体，他们并没有存在价值。对老百姓来说，神圣的君主本人代表了本国政府。大家共有的祖国的光荣，成了一个王朝的光荣（这正与美国的理想背道而驰）。法兰西是由波旁王朝所有、所治、所享的。

这样的政体弊端很明显。国王就是一切，其他人什么都不是。古老而有用的贵族，逐渐被迫放弃了在省级政府管理中的份额。一个皇家小官吏，指头上蘸着墨汁，坐在遥远巴黎的一座政府建筑发绿的玻璃后面，现在行使着一百年前封建主的责任。封建主无事可干，搬到巴黎，在宫中尽情享乐。他的庄园很快患上了那种非常危险的经济疾病，就是所谓的"在外地主制"①。本来勤恳能干的封建管理者，在一代人的时间里，变成了凡尔赛宫中举止优雅然而一无是处的闲汉。

《威斯特伐利亚和约》缔结时，路易十岁。三十年战争之后，哈布斯堡王朝丧失了在欧洲的显赫地位。像路易这样有雄心壮志的人，必然会抓住良机，为自己的王朝争取本属于哈布斯堡王朝的荣誉。1660年，路易娶了西班牙公主玛丽亚·特蕾莎。不久，他的岳父腓力四世（西班牙哈布斯堡王室中半疯的国王之一）去世，路易马上宣布，西属尼德兰（比利时）是他妻子嫁妆的一部分。这样的吞并必将威胁欧洲和平，也威胁到新教国家的安全。在扬·德·维特（尼德兰联合七省的大议长或外交部长）领导下，1664年缔结了第一个国际

---

① 原文为 Absentee Landlordism，指拥有和出租地产，但地主本人不在地产上或地产附近。

大联盟——瑞典、英国、荷兰的联盟。联盟没有维持多久。路易用钱和动听的许诺，买通了英王查理和瑞典的三级会议。荷兰被盟友背叛，独自支撑。1672年，法国人入侵了低地国家，一直开进到该地区的腹地。大坝被第二次打开，法国的太阳王陷入荷兰沼泽的烂泥里。1678年缔结了《奈梅亨条约》①，它什么也没解决，只是预示了又一场战争。

第二次入侵战争从1689年延续到1697年，以《里斯威克和约》而结束，这个条约也没有赋予路易所指望的在欧洲事务上的地位。他的宿敌扬·德·维特已被荷兰暴民所杀，但维特的继任者威廉三世（前一章我们已见过他），阻遏了路易妄图让法国称霸欧洲的一切举动。

西班牙王位继承战争是1701年开打的（就在西班牙的最后一任哈布斯堡国王查理二世死后），1713年以《乌得勒支和约》而结束，战争也没解决什么问题，却掏空了路易的府库。在陆地上，法国国王是胜利者，但英国和荷兰的海军让法国无法最终获胜。此外，这场旷日持久的战争催生了国际政治的一条新的基本原则，此后该原则让任何国家都不能长期统治整个欧洲，或整个世界。

这就是所谓的"势力均衡"原则。它不是一条成文法律，但在三百年时间里，人们严格遵守它，就如遵守着自然法一样。提出该思想的人认为，欧洲在其民族主义发展阶段，只有当整个大陆上各

①　结束法荷战争的一系列条约之一，体现了路易十四时代法国在欧洲的霸权。

种冲突的利益之间实现了绝对均衡，欧洲才能生存下去。不能让某一国或某一王朝，凌驾于他人之上。三十年战争中，哈布斯堡王朝的情况就是这一法则的体现。但他们虽是牺牲品，却没有意识到该法则。那场战争中争论的问题，被一层宗教争端的云雾遮蔽，我们无法洞悉大冲突中的主要趋势。但从那时起我们就开始意识到，在所有重大国际问题上，冷静的经济考虑与计算是主导因素。我们发现，出现了一种新型政治家，他们的个人情感就仿佛滑尺与收银机一样冷静。扬·德·维特是这一新政治流派的第一个成功倡导者，威廉三世是他的第一个伟大学生。路易十四虽有威名，却是第一个有意识的牺牲品。从那时起，又有不少人步了他的后尘。

47. 俄罗斯的崛起

神秘的莫斯科帝国突然闯入欧洲政治大舞台的故事

我们已经知道，1492年哥伦布发现了美洲。那一年的早些时候，一个名叫施努普斯的蒂罗尔人①，奉蒂罗尔大主教之命，率一支科学考察队，带着最好的介绍信和好名声，想抵达神秘的莫斯科城。他没有成功。他到庞大的莫斯科国边境时（人们隐隐约约觉得，该国位于欧洲极东的地方），被坚决地请了回去。莫斯科国不需要外国人。施努普斯于是去拜访了君士坦丁堡的异教徒土耳其人，这样他回去对大主教也好有个交代。

六十一年后，理查德·钱塞勒想寻找到东印度群岛去的东北路线，被一阵恶风吹到了白海，到了北德维纳河的河口，发现了莫斯科国的村庄霍尔莫果雷，离1584年建立阿尔汉格尔斯克之处只有几小时的路程。这次，莫斯科国的人要求这些外来者到莫斯科去觐见

---

① 蒂罗尔（Tyrol）：奥地利西部一地区。

292

大公。他们去了。回到英国后，他们带回了俄罗斯与西方世界缔结的第一个通商条约。其他国家纷纷效法，人们对这片神秘的土地开始略知一二。

从地理上来说，俄罗斯地处一块大平原。乌拉尔山海拔很低，不足以抵挡入侵者。河流虽宽却常常很浅。这是游牧部落的理想家园。

罗马帝国建立、扩张，然后消失。在这期间，斯拉夫部落（他们早就离开了位于中亚的家园）漫无目的地游荡于德涅斯特河、第聂伯河之间的森林和平原。希腊人有时曾遇到这些斯拉夫人，三、四世纪的一些旅行者也提到过他们。他们的其他情况，人们却一无所知，就如同1800年人们对内华达州的印第安人一无所知一样。

但是，有一条很方便的商道穿过他们的国土，让这些原始居民无法过上和平的生活。这是从北欧到君士坦丁堡去的要道，它顺着波罗的海沿岸，直到涅瓦河口。然后它越过拉多加湖，朝南顺着沃尔霍夫河前进。之后它越过伊尔门湖，再逆着较小的河流洛瓦特河而上。之后再走一小段路，就到了第聂伯河，顺着第聂伯河到达黑海。

北欧人很早就知道这条道。九世纪，他们开始在俄罗斯北部定居（当时，其他北欧人正在德国和法国为独立国家奠定基础）。862年，三个北欧人兄弟越过波罗的海，建立了三个小王朝。这三个兄弟中，只有一个名叫留里克的寿命较长，占有了他兄弟的领土。这些北欧人到来二十年后，建立了一个斯拉夫国，定都基辅。

从基辅到黑海并不远。不久，君士坦丁堡就知道了这样一个有组织的斯拉夫国家。对信仰基督教的那些热情的传教士来说，这意味着又有一块地方可以传教了。拜占庭僧侣沿着第聂伯河北上，很快来到俄罗斯腹地。他们发现那儿的人们崇拜着奇怪的神，据说这些神住在森林、河流、山洞里。传教士给他们讲耶稣的故事。并没有罗马传教士来竞争，罗马人正忙着教育异教的条顿人，无暇顾及遥远的斯拉夫人。因此，俄罗斯的宗教、字母表、最初的艺术与建筑思想，都来自拜占庭僧侣。拜占庭帝国（东罗马帝国的残余部分）已经非常东方化，丧失了很多欧洲特点，俄罗斯也深受其害。

从政治上说，俄罗斯大平原上的这些新国运气并不好。北欧人的习惯是把每份遗产都均分给所有儿子。一个小国建立没多久，马上就被八九个继承人分掉，他们又把领土分给越来越多的子嗣。小国林立，必然互相争吵，无政府的混乱状态是常态。当东方的地平线泛出红光，警告人们可能有野蛮的亚洲部落入侵时，这些小国都太弱小，一盘散沙，无法抵挡可怕的敌人。

1224年，鞑靼人第一次入侵俄罗斯。成吉思汗（中国、布哈拉、塔什干、突厥斯坦的征服者）的大军，第一次出现在西方世界。斯拉夫军队在卡尔卡河附近被打败，俄罗斯落入蒙古人手里。蒙古人来得突然，消失得也迅速。但十三年后，也就是1237年，他们卷土重来。不到五年的时间里，他们征服了整个俄罗斯大平原。鞑靼人成了俄罗斯人的主人，直到1380年，莫斯科大公德米特里·顿斯科伊才在库利科沃平原上打败鞑靼人。

俄罗斯人总共用了两百年时间，才摆脱鞑靼人的桎梏。这的确是桎梏，而且是特别恼人、特别令人反感的桎梏。它把斯拉夫农夫变成了凄惨的奴隶，俄罗斯人只能在肮脏矮小的主人前面爬着走，否则别想活下来，而这主人坐在俄罗斯南部大平原腹地的某个帐篷中，朝他吐口水。这让老百姓丧失了所有尊严感和独立感。它让饥饿、悲惨、虐待、个人滥用权力，成了家常便饭。直到最后，普通的俄罗斯人，不管是农民还是贵族，都像丧家之犬一样干着自己的活计，这条狗被打的次数太多了，精神已经崩溃，不经允许甚至都不敢摇尾乞怜。

没有任何出路。鞑靼大汗的骑兵敏捷而无情。无边无际的草原，让人无法进入邻国的安全地带。俄罗斯人必须老老实实忍受黄皮肤的主人加诸他的痛苦，否则就是死罪。当然，欧洲本可以干预。但欧洲正忙于自己的事务，教皇和皇帝争战不休，或者忙着镇压各种异端。因此，欧洲就由斯拉夫人自生自灭，逼着他自己谋一条解救之路。

俄罗斯最后的救世主，是早期北欧统治者建立的诸小国中的一个，它位于俄罗斯平原的心脏地带。它的都城莫斯科，坐落于莫斯科河畔的一座陡山上。这个小公国在只能讨好时，就讨好鞑靼人；在反抗又没什么危险时，就反对他们。就这样，到十四世纪中叶，它已成了新的民族生活的领袖。我们应记住，鞑靼人完全没有建设性的政治能力，他们只知破坏。他们征服新领土的主要目的就是获得收入，为了以税收的形式取得收入，就有必要保留旧政治体制的某些残余。因此，许多小城在大汗的恩赐下存活下来，以便做收税人，为鞑靼人的国库去掠夺自己的邻居。

莫斯科公国以周围地区为代价，富裕了起来，最后变得足够强大，敢于公开反抗鞑靼主人了。反抗成功。莫斯科作为俄罗斯独立事业领袖的名声，让它成了一个中心，那些仍相信斯拉夫民族有美好未来的人，都聚拢到这里。1453年，土耳其人占领了君士坦丁堡。十年后，在伊凡三世的统治下，莫斯科告知西方世界，这个斯拉夫国家，有权继承已灭亡的拜占庭帝国的世俗和精神遗产，以及君士坦丁堡残留下来的罗马传统。一代人的时间后，在伊凡雷帝治下，莫斯科的大公们强大到采用了恺撒的称号（即沙皇），并要求西欧大国的承认。

1598年，古老的莫斯科王朝，也就是最初的北欧人留里克的后裔所建立的王朝，随着费奥多尔一世而结束。此后的七年中，一个名叫鲍里斯·戈都诺夫的鞑靼混血儿坐在沙皇之位。就在这段时期，俄罗斯众多百姓的未来命运被决定。这个帝国富有土地，但缺少金钱。没有贸易，没有工厂，仅有的几个城镇也不过是肮脏的村庄。它由一个强大的中央政府和一大群目不识丁的农民组成，政府混合了斯拉夫、北欧、拜占庭、鞑靼的影响，除了国家利益外，什么也不承认。为了保卫国家，它需要一支军队。为了征税（必须有税收，才能发军饷），它需要公务员。为了支付这些官员的工资，它需要土地。在东西方的广袤荒野中，土地这种商品倒有的是。但只有土地，没有人手来耕地、照看牲口，土地就毫无价值。于是，古老的游牧农民被剥夺了一个又一个权利，直到最后，在十七世纪的第一年，他们正式成了他们生活于其上的土地的一部分。俄国农民不再是自由人，而成了农奴，也就是奴隶，一直到1861年（到1861年，他们已

莫斯科

特别悲惨，甚至快死绝了）。

十七世纪，这个新国家的版图越来越大，迅速扩张到西伯利亚。它成了一股势力，让其他欧洲国家不得不刮目相看。鲍里斯·戈都诺夫死去。1613年，俄罗斯贵族从自己的队伍中选出一人来做沙皇。他名叫米哈伊尔（他父亲也叫费奥多尔），属于莫斯科的罗曼诺夫家族，住在克里姆林宫外的一所小房子里。

1672年，他的曾孙彼得（彼得的父亲也叫费奥多尔）出生。彼得十岁时，他同父异母的姐姐索菲娅夺取了俄罗斯皇位。小彼得被恩准在首都郊区度日，外国人都住在那里。他周围尽是苏格兰酒馆老板、荷兰商人、瑞士药剂师、意大利理发师、法国舞蹈教师、德国老师。这位年轻王子对遥远神秘的欧洲（那里的一切都与俄罗斯不同），有了相当奇特的第一印象。

他十七岁的时候，突然把姐姐索菲娅从沙皇位上赶了下来，自己成了俄罗斯的统治者。他不满足于做一个半野蛮、半亚洲民族的沙皇，而决心要当开化民族的君主。他要一夜之间把俄罗斯从拜占庭－鞑靼国家，变成一个欧洲帝国，这非同小可，它需要强有力的手腕和睿智的头脑，这两样彼得都具备。1698年，他开始实施"大手术"，把现代欧洲嫁接到古老的俄罗斯身上。俄罗斯这个病人倒是没死掉，但却一直没从这场惊吓中缓过来，过去五年发生的事①，就表明这一点。

---

① 指俄国革命。

48.俄罗斯对阵瑞典

俄罗斯与瑞典大打出手，以决出谁才是东北欧的霸主

1698年，沙皇彼得开始了他的第一次西欧之旅。他途经柏林，来到了荷兰和英国。他小时候在父亲乡下庄园的一个放鸭子的小池塘里，用自制的船航行，差点儿淹死。他一生都保持着对水的这种狂热之情。他希望他的内陆领土能有一个出海口，也是这种狂热之

彼得大帝在荷兰造船厂

情的体现。

当这位不讨人喜欢、严酷的年轻沙皇游历在外时，莫斯科固守俄罗斯古老生活方式的人，开始破坏他的所有改革。他的戍卫军（也就是射击军）突然叛乱，彼得不得不火速回国。他自命为总剑子手，射击军被绞死、肢解、杀死，一个不剩。他姐姐索菲娅是这次叛乱的头目，被彼得锁进一个修道院。彼得正式执掌大权。1716年，戏码重演，当时彼得正在第二次西部之行的途中。这一次，反对派的首领是彼得愚笨的儿子阿列克谢，彼得沙皇再次火速回国。阿列克谢在监狱里被打死。拥护旧日拜占庭生活方式的人，跋涉几千英里的凄惨路程，才到达西伯利亚的铅矿流放地。此后民众的不满情绪再未爆发过，彼得一生都可以放心地进行改革。

要想按时间顺序列出他的改革措施，不是一件易事。这位沙皇工作起来，效率惊人，近乎发狂。他并不遵循什么体系，他颁发一道道谕旨，让人甚至来不及记录。彼得似乎觉得以前的一切都错了，必须在短时间内改变整个俄罗斯。他死的时候，留下了一支训练有素的二十万人的陆军、一支拥有五十艘战船的海军。旧政府体制一夜之间被废除，杜马（贵族会议）被解散，沙皇在自己周围聚集了一个由国家官员组成的名为"参政院"的咨询委员会，取代杜马。

俄罗斯被划为八个大区，也就是省。道路修通，城市崛起。沙皇只要觉得哪儿合适，就在哪儿创建工业，全然不顾是否有原材料。他开挖运河，在东部山区开凿矿山。他在这个文盲之国建立了学校和学术机构，以及医院、职业学校等。他鼓励荷兰的海军工程师，世界各地的商人和工匠，都搬到俄国来。他建立印刷厂（但所有书籍首先需经皇家审查官审读）。每个社会阶层的责任，都被详细写进一部新法律，整个民法和刑法体系也汇编为法典。沙皇下令废除古老的俄罗斯服装。警察手拿剪刀，监视着每一条乡村道路，于是留着长须的俄罗斯农民，突然变成了脸部光净的西欧人士，效果不错。

在宗教问题上，沙皇不接受任何分权，万不能像欧洲那样，教皇与皇帝相争。1721年，彼得自命为俄罗斯教会的领袖。莫斯科的大牧首公署被取缔，宗教委员会成了东正教所有问题的最高权威。

如果俄罗斯的古老势力聚集在莫斯科，这些改革就无法成功，于是彼得决定迁都。沙皇开始在波罗的海不利于健康的沼泽地中，修建新都城。他从1703年起开始拓荒，四万农民年复一年地工作，为帝都奠定基石。瑞典人进攻彼得，想毁掉他的这座城，疾病和痛苦则让几万农民倒毙，但工程仍不分冬夏继续下去，这座量身定做的城市开始崛起。1712年，它被正式宣布为"帝都"。十几年后，它已有了七万五千居民。涅瓦河水一年两次淹没它，但沙皇凭着非凡的意志，修大坝、挖运河，水灾于是不再肆虐。彼得1725年驾崩时，彼得堡已是北欧最大的城市。

当然，一个劲敌突然崛起，这让所有邻居都寝食难安。从彼得这方面来说，他也密切关注着波罗的海对手——瑞典王国的众多征伐活动。1654年，克里斯蒂娜（三十年战争中的英雄古斯塔夫·阿道夫的独女）放弃了王位，到罗马去做虔诚的天主教徒，以了却余生。她是瓦萨王朝的最后一位女王，古斯塔夫·阿道夫的一个新教侄子

彼得大帝建造新都

继承了王位。新王朝在查理十世、查理十一世的领导下，使瑞典如日中天。但1697年查理十一世猝然驾崩，即位的是一个十五岁的少年查理十二世。

这个时机，很多北方国家等待已久。在十七世纪的宗教大战中，瑞典以邻国为代价发展起来。邻国思忖，现在是算账的时候了。战争马上爆发，一方是俄国、波兰、丹麦、萨克森，另一方是瑞典。彼得装备简陋、缺乏训练的军队，在1700年11月著名的纳尔瓦战役大败查理。然后查理（他是那个世纪最有趣的军事天才之一）大砍大烧，一路横扫波兰、萨克森、丹麦、波罗的海诸省的乡村城镇，此时彼得则在遥远的俄罗斯练兵。

结果，在1709年的波尔塔瓦战役中，莫斯科人打败了瑞典的疲惫之师。查理此后继续扮演着戏剧性的角色，是传奇式的英雄，但他妄想复仇，却断送了自己的国家。1718年，他死于意外事故（或是被暗杀，我们不知究竟）。1721年在尼斯塔德缔结和约，瑞典丧失了（除芬兰外）从前全部波罗的海地盘，彼得缔造的新俄国成了北欧霸主。但一个新对手即将出现，普鲁士国正在形成。

49. 普鲁士的崛起

德国北部一个名叫普鲁士的荒凉小国，骤然崛起

普鲁士的历史就是一部边疆史。九世纪，查理大帝将古老文明的中心，从地中海地区转移到了西北欧的荒野。他的法兰克士兵把欧洲的边疆逐渐朝东推进，征服了信奉异教的斯拉夫人、立陶宛人的很多土地（这些民族住在波罗的海与喀尔巴阡山之间的地区）。法兰克人管理这些偏远地区的方式，正如过去美国管理尚未成为独立州的地区一样。

边疆省勃兰登堡本是查理大帝建立的，旨在保卫东方领土，抵御野蛮的萨克森部落的袭击。文德人（住在该地区的一个斯拉夫部落）十世纪被征服，他们的集市名为布兰纳堡，成了勃兰登堡省的中心，新省份"勃兰登堡"由此得名。

十一、十二、十三、十四世纪，一系列贵族家族在这个边疆省行使着皇家总督的职能。最后，在十五世纪，霍亨索伦家族登场，成了勃兰登堡的选帝侯，开始把这个荒凉而多沙的边疆地区，变成现

代世界最高效的帝国之一。

霍亨索伦家族（他们刚刚被欧美的力量联手赶出历史舞台①）原本来自德国南部，出身卑微。十二世纪，霍亨索伦家一个叫腓特烈的人，缔结了一桩幸运的婚姻，被任命为纽伦堡城堡的拥有者。他的子孙抓住一切机会扩大势力。经过几个世纪的不懈攫取，他们被任命为尊贵的选帝侯，"选帝侯"指一些有自治权的王公，古代德意志帝国的皇帝应由他们选出。宗教改革时期，霍亨索伦家族站到了新教徒一边。到十七世纪初，他们已跻身北德最强大的王公之列。

三十年战争中，新教徒和天主教徒竞相掠夺勃兰登堡和普鲁士。但在腓特烈·威廉大选帝侯（腓特烈·威廉一世）的领导下，这些损失很快被捞回。他明智而精心地利用国内所有经济和思想资源，建立了一个几乎没有浪费一寸土地的国家。

在现代普鲁士国，个人及其愿望和志向，几乎都被整个社会吞噬——这样的普鲁士，可以上溯到腓特烈·威廉一世（腓特烈大帝的父亲）。他是勤恳而吝啬的普鲁士军官，钟爱酒吧里谈论的故事、味道浓重的荷兰烟草，厌恶一切繁文缛节（尤其是来自法国的繁文缛节）。他只有一个想法，就是责任。他严于律己，也不能容忍子民的弱点，不论他们是将军还是普通士兵。他和儿子腓特烈之间的关系从不亲密，这还是说得最轻的。父亲的粗鲁态度，让思想细腻的儿子不悦。儿子喜欢法国举止、文学、哲学、艺术，父亲则斥责说这是

---

① 指刚过去的第一次世界大战。

娘娘腔的体现。这两种怪异的秉性之间，爆发了可怕的冲突。腓特烈想逃到英国去，被捉住并送上军事法庭，眼睁睁看着帮他出逃的好友被砍头。之后，作为对他的惩罚的一部分，年轻的王子被送到外省一个小城堡里，去认真学习未来的治国之术。后来的事实证明，这是因祸得福。腓特烈1740年登基时，已深谙治国的方方面面，从如何处理穷人孩子的出生证明，到如何处理复杂的年度预算的细枝末节。

腓特烈写过书，尤其在题为《反马基雅维利》的书中，他表达了对马基雅维利政治信条的轻蔑——马基雅维利这位前代佛罗伦萨的历史学家，教导他的王公学生们，为了国家利益，必要时要不惮于撒谎欺骗。腓特烈书中的理想统治者则是人民的第一公仆，是以路易十四为榜样的开明君主。但实践中，虽然腓特烈为他的人民一天工作二十小时，却容不下任何人在身边支招。他的大臣只不过是高级书记员罢了。普鲁士是他的私人财产，要按他的意愿管理，一切都不得影响国家利益。

1740年，奥地利的皇帝查理六世死去。他此前曾在一大张羊皮纸上，白纸黑字签署了一个庄重的诏书，想以此稳固他的独生女玛丽亚·特蕾莎的地位。但老皇帝刚被安葬在哈布斯堡王朝世代的陵墓中，腓特烈的大军就朝奥地利边境攻了过来，准备占领西里西亚一部分——普鲁士声称这片土地该归自己所有，它也声称中欧的几乎一切都该归它所有，其依据是某些很可疑的古老继承权。几次战罢，腓特烈征服了整个西里西亚。他常常险些失败，但他终于在这

306

些新夺取的领土上站稳脚跟，抵挡住了奥地利的一切反击。

欧洲及时注意到这一强大新国家的突然出现。十八世纪的德国人是一个被宗教大战摧毁的民族，任何人都不把他们放在眼里。但腓特烈以俄国的彼得那样迅速而几乎同样杰出的努力，让这种轻蔑变成了恐惧。普鲁士的内部事务安排得井井有条，那儿的居民不比别处的人更有抱怨的理由。国库每年都有盈余，而不是赤字。酷刑被废除，司法系统得到改进。国家有良好的道路和学校。还有一个敬业而诚实的行政管理系统，让人们觉得不论国家要求他们做什么，他们（用俗语来说）都不亏。

以前的几个世纪，德国是法国人、奥地利人、瑞典人、丹麦人、波兰人的战场，如今在普鲁士榜样的激励下，德国开始重拾自信。这就是腓特烈大帝这个小老头的功劳。他长着鹰钩鼻子，旧军装上散发着烟草气味，他对他的邻居做的评论有趣而刺耳。虽然他写了《反马基雅维利》一书，但他实际上却玩着十八世纪充满丑闻的外交游戏，毫不顾及事实，只要能用谎言得利就行。1786年，他的末日来临了。他的朋友都离他而去，他没有一个孩子。他孤独地死去，陪伴他的只有一个仆人，还有他忠实的狗。他爱这些狗胜过爱人类，因为他说狗从不忘恩负义，对朋友永远忠诚。

50. 重商主义

欧洲新建立的民族国家或王国如何尽力积累财富，以及何谓重商主义

我们已看到，在十六、十七世纪，近代国家开始形成。它们的起源在各个方面都不相同。有的是某国王努力的结果，有的则出于偶然，还有的是有利的自然地理边界使然。但它们一旦成立，就全都努力加强内部管理，对外交事务施加最大程度的影响。这一切当然都需要很多钱。中世纪的国家缺乏中央集权，不能依仗充盈的国库。国王的收入来自王家领地，而他的官吏体系是自给的。现代中央集权国家则更复杂，从前的骑士消失了，取而代之的是雇佣的政府官员或官吏。陆军、海军以及内部管理，动辄需要百万计的资金。那么问题出现了——到哪儿去弄这些钱？

在中世纪，金银都是稀缺品。我前面说过，普通人一辈子见不到一枚金币，只有大城市的居民才熟悉银币。美洲的发现以及对秘鲁矿藏的开发，改变了这一切。贸易中心从地中海转移到大西洋沿

岸，意大利古老的"商业城市"失去了金融上的重要地位，新的"商业国家"取代了它们。金银不再是稀罕物。

贵重金属通过西班牙、葡萄牙、荷兰、英国，流入欧洲。十六世纪的政治经济学家发展出一套国家财富理论。对他们来说，这种理论完全合理，也能给各自的国家带来最大好处。他们提出黄金、白银都是实际财富，因此他们相信，哪国的国库地窖以及银行中有最多的实际现金储备，哪国就最富有。既然金钱意味着军队，所以最富有的国家也是最强大的国家，可以统治世界的其他部分。

我们把这种理论称为"重商主义"。人们对此全盘接受，就如同早期基督徒相信奇迹，现代美国商人相信关税一样。在实践中，重商主义的推理如下：要获得最大的贵重金属储备，一国必须有出口贸易顺差。如果你对邻国的出口，超过了它对你的出口，它就欠你钱，必须给你送来更多黄金。于是你就赚了，它则亏了。这种理论造成的结果是，十七世纪几乎每个国家的经济政策都是这样的：

1. 获得尽可能多的贵重金属；

2. 鼓励对外贸易（而非国内贸易）；

3. 鼓励那些能把原材料变成可出口成品的工业；

4. 鼓励增加人口，因为工厂需要人手，而农业社会无法提供足够的工人；

5. 国家要监督这一过程，必要时进行干预。

十六、十七世纪的人不把国际贸易看成一种类似自然力之物（不管人如何干预，它总遵循某些自然法则）。相反，他们总想借助政府的法令、谕旨、财政援助，来管理商业。

十六世纪，查理五世采取了这种重商主义政策（当时它还是一种全新的理念），把它引入自己的很多领地。英国的伊丽莎白效法他，可称给了他很大面子。波旁王朝，尤其是国王路易十四，是该理论的狂热倡导者。路易十四的财政大臣柯尔贝成了重商主义的先知，整个欧洲都唯其马首是瞻。

克伦威尔的全部外交政策，就是对重商主义的实际应用。他的外交总是针对富有的对手荷兰共和国，因为荷兰船主作为欧洲商品的共同"马车夫"，有点儿喜欢自由贸易，所以必须不惜代价消灭荷兰。

我们很容易明白，这种体系对殖民地会有什么影响。重商主义下的殖民地，纯粹成了黄金、白银、香料的储存库，为了宗主国的发展必须开发这些资源。亚洲、美洲、非洲的贵重金属储备，以及热带国家的原材料，成了殖民地宗主国的垄断产品。外来者都不许染指该地区，本地人都不许与悬挂外国旗的商船交易。

重商主义无疑鼓励了某些本没有制造业的国家发展出新工业。它修筑道路，开挖运河，发展更便捷的交通工具。它要求工人有更多技能，让商人有了更高的社会地位，同时削弱了拥有土地的贵族的势力。

另一方面，它导致了极端的悲惨局面。它让殖民地土著人受到

海上霸权

最无耻的剥削，它让宗主国公民遭受更可怕的厄运。它在很大程度上让每个国家都成了军营，把世界分成一小块一小块领土，每块领土都只着眼于自己的直接利益，同时竭力摧毁邻国势力，夺取其财富。它特别强调拥有财富的重要性，以至于"发财致富"成了普通公民的唯一美德。经济理论就像外科手术的潮流或女士时装潮流一样，频频更替。到十九世纪，重商主义被人们抛弃，取而代之的是自由公开的竞争。至少我听说是如此。

51. 美国革命

十八世纪末，一个奇怪的消息传到欧洲，说北美大陆的荒野上出事了。清教徒曾因国王查理坚持"君权神授"而惩罚了他。在争取自治的过程中，这些清教徒的后裔续写了新的篇章

为方便起见，我们要回溯几百年，重温一下早期殖民地大争夺的历史。

为自由而战

三十年战争期间及之后，在民族或王朝利益基础上，一些欧洲国家得以建立。这些国家一出现，其统治者就在商人资本、贸易公司船只的支持下，在亚洲、非洲、美洲，继续争夺更多领土。

　　西班牙人、葡萄牙人探索印度洋、太平洋之后过了一百多年，荷兰和英国粉墨登场。这对他们是好事。最初的艰苦工作已有人完成。而且，最早的航海者让亚洲、美洲、非洲的当地居民很反感，因此英国人、荷兰人都被当作朋友和解放者而受到欢迎。我们不能说这两个民族有什么高尚美德，但他们的身份首先是商人，他们从不让宗教问题影响自己的实用常识。所有欧洲国家在与弱小民族刚开始接触时，都残忍得令人发指。但英国人、荷兰人更懂得掌握些分寸，只要能得到香料、黄金、白银、税收，他们就愿意让当地人随心所欲地生活。

　　因此，他们没费多少力气，就在世界上最富庶的地区站稳了脚跟。然后，他们之间开始为争夺更多土地而开战。奇怪的是，殖民地战争从来都不是在殖民地打的，而是由交战国的海军在三千里以外解决的。古代和现代战争最有趣的法则之一就是，"谁控制了大海，谁就控制了陆地。"这是少数几条可靠的历史规律之一，迄今为止屡试不爽，现代的飞机也许会改变它，但在十八世纪并没有飞行器。英国海军为英国赢得了广袤的美洲、印度、非洲殖民地。

　　英国与荷兰在十七世纪打的一系列海战，在这里我们就不评说了，其结局，正如很多力量悬殊的对抗的结局一样。但英国与另一对手法国的战争则重要得多，因为，虽然英国海军高出一筹，最终打败了法国海军，但前期的很多战斗发生在美洲大陆上。在这片辽阔的土地上，法国和英国都声称已发现的一切都归自己所有，还包括白人的眼睛尚未见到的许多。1497年，卡波特在北美登陆。二十七年后，乔万尼·韦拉扎诺也来到这片海岸。卡波特挂的是英国旗，韦拉扎诺挂着法国旗。于是，英国和法国都宣称自己是整个大陆的主人。

十七世纪，缅因与卡罗来纳之间大约建立了十个英国小殖民地。它们一般是某个不尊英国国教的教派的避难所，比如清教徒1620年到了新英格兰，教友派1681年在宾西法尼亚定居。这些都是边疆小

在"五月花"号的船舱里

314

社区，挨近海滨，人们聚集在这里建造新家园，远离王室的监视与干涉，在更愉快的环境下开始新生活。

法国殖民地则一直属于国王。胡格诺派（法国新教徒）不许人们染指这些殖民地，怕他们会用危险的新教理论教坏印第安人，也许会妨碍耶稣会士的传教事业。因此，英国殖民地赖以建立的基础，比其法国邻居和对手健康得多。英国殖民地表现了英国中产阶级的从商热情，而法国居民点里住的人为效忠国王才远涉重洋，他们一有机会就迫不及待想回到巴黎。

但从政治上说，英国殖民地的位置远不如人意。法国人早在十六世纪就发现了圣劳伦斯河的河口，他们从大湖区朝南，顺着密西西比河南下，沿着墨西哥湾建立了好几个据点。经过一个世纪的探索后，在大西洋沿岸，六十个法国据点连成一条线，从里面切断了英国居民点的连线。

英国给予各殖民地公司的土地许可状，把"从海到海之间的所有

法国人探索西部

陆地"都许给了它们。这写在纸上倒不错，但在实践中，法国据点开始之处，就是英国领土结束之处。这一屏障并非无法打破，但那既需人力，也需财力。英、法之间爆发了一系列可怕的边境战争，双方在印第安部落的协助下，屠杀自己的白人邻居。

只要斯图亚特王朝统治着英国，英国就不会与法国开战。斯图亚特王朝在建立独裁政府、打破议会势力时，需要波旁王朝的支持。但1689年，最后一个斯图亚特国王从英国国土上消失，即位的是荷兰的威廉，也就是路易十四的大敌。从那时起，一直到1763年《巴黎条约》的签署，法国和英国就一直为争夺印度和北美的土地而大打出手。

我们前面说过，在这些战争中，英国海军总能打败法国海军。法国同殖民地的联系被切断，丧失了大部分地盘。当宣布停战时，整个北美大陆已落入英国人手里。卡蒂亚、尚普兰、拉萨尔、马凯特等二十多个法国探险家的伟大探险工作化为乌有。

这片辽阔土地上，只有很小一部分地区有人居住。清教徒前辈移民1620年在北边的马萨诸塞登陆（这是一个清教教派，特别不宽容，因此无论在信奉圣公会的英国，还是在信奉加尔文教的荷兰，他们都找不到快乐）。南边是卡罗来纳与弗吉尼亚（是生产烟草、完全为利润而建立的州）。马萨诸塞到弗吉尼亚之间，延伸着窄窄的一条人口稀疏的地带。住在这空气清新、天高地远的新大陆上的人，跟宗主国的同胞们很不同。他们在荒野中学会了独立自强，他们是强悍的、精力旺盛的祖先的子孙。当时，懒惰胆怯的人是不会远渡

荒野里的木堡

新英格兰的第一个冬天

重洋的。美国的殖民地居民，痛恨以前的限制与局促的空间，正是这些使他们在祖国的生活如此不快。他们执意要自己做主，而英国的统治阶层似乎没能理解这一点。政府让殖民者不舒服，殖民者讨厌被如此干涉，于是也开始让英国政府不舒服。

仇恨愈演愈烈。在此不必详述究竟发生了什么，也不必说如果英国国王比乔治三世再聪明一点儿，或他的大臣诺斯伯爵不那样迷迷糊糊，对政事漠不关心，那么可以避免什么。英国殖民地居民意识到，和平的讨论无法解决这些难题。于是他们拿起武器，从忠诚的子民变成了叛乱分子。如果他们被德国士兵抓住（按照当时的套路，乔治雇德国兵来为自己打仗，当时条顿王公们会把整军团的士兵卖给出价最高的人），就会被处死。

英国和其美洲殖民地之间的战争持续了七年。七年中的大部分时间里，叛乱分子最终胜利的希望似乎都很渺茫。很多人，尤其是城市居民，一直忠于国王。他们希望妥协，宁愿求和。但华盛顿的伟岸身躯，捍卫着殖民地居民的事业。

他在几个勇敢者的大力辅佐下，用他的军队削弱了国王队伍的势力，军人们坚定果敢，但装备却很简陋。一次又一次，眼看就要失败了，他的战略却总能扭转局势。他手下的人常常食不果腹，冬天他们没有鞋和大衣，不得不栖身在肮脏的掩蔽壕里。但他们绝对信任自己的伟大领袖，一直坚持到最后的胜利时刻。

华盛顿战斗着，富兰克林则在欧洲从法国政府和阿姆斯特丹银行家那里筹款，取得了外交胜利。但比这些都更有意思的，是发生在革命早期的一件事。各殖民地代表在费城集会，讨论共同关心的问题。这是革命的头一年。沿海多数大城镇仍在英国人手里，从英国派来了一船又一船的增援部队。只有对自己事业的正义性深信不疑的人，才会有勇气做出1776年6月和7月的那种重大决策。

6月，弗吉尼亚的理查德·亨利·李，向大陆会议提出一项动议，说"这些联合起来的殖民地是 —— 而且理应是 —— 自由独立的国家，它们对英国王室已经全无效忠义务，它们与大不列颠国之间的一切政治联系已经 —— 也理应 —— 完全解除"。

动议得到马萨诸塞州的约翰·亚当斯的支持，于7月2日通过。7月4日，大陆会议发布了正式的《独立宣言》，它出自托马斯·杰斐逊的手笔（他是严肃的、能力极强的政治与政府方面的学者，后来成

乔治·华盛顿

了美国最著名的总统之一）。

这一消息传到欧洲。然后又传来殖民地居民最终胜利的消息，以及1787年颁布的美国著名宪法（第一部成文宪法）的消息。这些消息引起人们极大关注。十七世纪宗教大战后发展起来的高度中央集权国家的王朝体系，已到达巅峰。各地国王的王宫都大得出奇，而国王领地内的城市周围，则出现了迅速扩展的连片贫民窟。贫民窟里的居民显出了躁动的迹象，他们很无助。高等阶层（贵族与职业人士）也开始对自己生存于其中的经济、政治局面产生怀疑。美国殖民者的胜利告诉他们，很多不久前还被认为不可能之事，都是可能的。

按照诗人的说法，莱克星顿战斗的第一声枪响，"震动了全球"。这有些夸张。中国人、日本人、俄国人就根本没听到这枪响（更不要说澳大利亚人、夏威夷人了，夏威夷人刚刚被库克船长重新发现，就因为他发现了他们，他们杀了他）。但枪声越过大西洋，落在了欧洲不满情绪的火药库里，在法国引起了爆炸，震动了从圣彼得堡到马德里的整个欧洲大陆，把旧的治国之术、旧的外交理念，埋在了数以吨计的民主瓦砾之下。

52. 法国革命

法国大革命向全世界宣布了自由、博爱、平等的原则

在谈论革命之前，我们最好解释一下"革命"一词究竟何意。用一个俄国大作家的话来说（俄国人在此领域应该是专家吧），革命就是："在几年时间内，迅速推翻历经许多世纪才扎根的制度，这些制度仿佛坚不可摧，甚至最热切的改革家都不敢在自己的作品中攻击它们。革命就是一个国家的社会、宗教、政治生活的主体，在短时间内土崩瓦解。"

十八世纪在法国就发生了这样一场革命。当时法国的旧文明已经腐朽。路易十四时代，国王成了一切，国王就是国家。贵族本是联邦般的国家之公务人员，现在却无所事事，只在宫廷社交方面起点儿作用。

但十八世纪的这个法兰西国，需要大笔资金。钱只能以税收形式获得。不幸的是，法国国王不够强大，无法迫使贵族和教士纳税，于是税收就全靠农业人口缴纳。而住在寒窑中的农民，已不再与他

们以前的地主有亲密关系，而是忍受着残忍而无能的土地代理人的压榨，境况越来越糟。他们何必辛苦劳作呢？土地上的收成增加，只意味着要交更多的税，对自己毫无好处。所以他们就壮着胆子，疏于农务。

于是我们看到的景象是，一个国王，周身环绕着浮华的光环，在宫殿的巨大厅堂里游荡，身后常跟着一群如饥似渴的谋官求爵者。他们靠的是从农民那里获得的税收，而农民比地里的牲畜好不到哪儿去。这不是幅美妙图画，但绝没有夸张。不过我们还应记住，所谓"旧制度"还有另外一面。

一个与贵族有紧密联系的富有中产阶级（联系的途径通常是，富有银行家的女儿嫁给穷困潦倒的男爵之子），还有一个由法国人中最擅长逗趣的人组成的宫廷，把优雅、礼貌生活的艺术，实践到了极致。国家中最聪明的头脑不允许考虑政治经济学问题，于是他们把闲暇时间用于讨论抽象思想。

思想和个人行为的潮流，就如同服装潮流一样，常常走极端。所以当时最矫揉造作的社交界，很自然地对所谓"淳朴生活"产生了浓厚兴趣。国王和王后（法国及其所有殖民地与附属国无可争议的绝对主宰）以及他们的朝臣，都跑去住在可笑的乡下小房子里，穿成挤奶女工、马夫模样，假装自己是生活在古希腊快乐山谷中的牧羊人。在他们周围，朝臣跳着凑趣的舞，宫廷音乐家谱写动听的小步舞曲，宫廷理发师设计出越来越复杂和昂贵的头饰。直到最后，完全因为闲极无聊，凡尔赛（路易十四在远离喧嚣城市的地方修建的巨大的名胜之地）整个矫揉造作的世界，满口谈论的净是离他们的生活最远的东西，正如一个挨饿的人除了食物，什么也不谈一样。

伏尔泰是一位勇敢的老哲学家、戏剧家、历史学家、小说家，是所有宗教暴政和政治暴政的大敌。当他开始把自己的批评炸弹，掷向与现有制度相关的一切时，整个法国都鼓掌叫好。他的戏剧场场观众爆满。当让－雅克·卢梭感伤地大谈原始人，向同时代人描绘地球上初民的幸福生活美景（关于原始人他其实所知甚少，就像他对孩子所知甚少一样，而他却是儿童教育方面的公认权威），整个法国都读他的《社会契约论》。卢梭呼吁应回到以前的幸福日子，那时真正的主权在人民手里，那时国王只是人民的公仆。在自己的社会中，"国王即国家"，在民众读到这些文字时，他们涕泪交流。

孟德斯鸠发表了《波斯人信札》，其中两个尊贵的波斯旅行者，把法国整个社会都翻了个过儿。他们嘲笑一切，上至国王，下至他六百个面点师中最低级的一个。这本书马上印了四版，为他在《论法的精神》中发表的著名言论，赢得了成千上万读者。在《论法的精神》中，孟德斯鸠这位高贵的男爵，将英国的优秀制度与落后的法国制度相比，宣称不应采用绝对君主制，而应建立这样一个国家，它的行政、立法、司法权掌握在不同机构手里，彼此独立运作。当巴黎书商勒布雷顿宣布，狄德罗、达朗贝尔、杜尔哥先生以及二十多位杰出作者，将出版一本《百科全书》，里面要囊括"所有新思想、新科学、新知识"时，公众的反响极为热烈。二十二年后，二十八卷本的《百科全书》最后一卷写完了，法国社会热情欢迎这本极为重要但也极为

断头台

危险的书（它对当时的讨论做出了巨大贡献），警察稍有些迟滞的干预，也没能遏止这热情。

在此，我要给你一点小小警告。当你读一本关于法国革命的小说，或观看关于法国革命的戏剧时，很容易得到这样的印象：法国革命是巴黎贫民窟里的乌合之众的产物。完全不是这样。乌合之众经常出现在革命的舞台上，但他们总是受到中产阶级职业人士的鼓动与领导，这些人士将饥饿的百姓，当作与国王和宫廷开战时的有利盟友。但引发革命的基本思想，是由几个聪明头脑发明出来的。这些思想一开始被介绍到"旧制度"迷人的会客室里，给国王陛下宫廷中百无聊赖的女士、先生们提供了一点儿谈资。那些愉快却不谨慎的人，玩着社会批评这危险的爆竹，直到火星从地板缝里落下去，而地板就像该建筑的其余部分一样古老、腐朽。不幸的是，火星落进了地下室，那里是一个乱糟糟的年深日久的垃圾堆。有人喊"着火了"，但房主对一切都感兴趣，唯独没有兴趣管理自己的财产，他不知道怎么扑灭这小火苗。火势迅速蔓延，整个建筑都被烈焰吞噬。我们把这场熊熊大火叫做"法国大革命"。

为方便起见，我们可以把法国大革命分为两个时期。从1789年到1791年是比较有序地引入君主立宪制的时期。这一努力失败了，部分是由于君主本人愚蠢而缺乏诚意，部分是出于不可控的因素。从1792年到1799年出现了一个共和国，人们首次力图建立民主政府。但在暴力革命实际爆发前，已有多年的动荡，以及很多真诚却无效的改革尝试。

当时，法国有四十亿法郎的债务，国库总是空空如也，再也找不到新名目来征税了。这时，即便好国王路易（他是个专业锁匠，擅长打猎，但却是极糟的政治家），也模模糊糊感到该做点什么。于是他召来杜尔哥做他的财政大臣。安纳·罗伯特·雅克·杜尔哥，也就是劳恩男爵，六十出头，是迅速消失的有田产的绅士阶层之完美代表。他曾在某省成功地做过总督，还是很有能力的业余政治经济学家。遗憾的是，他虽尽了力，但也不能创造奇迹。他已经无法从衣衫褴褛的农民那里榨取更多赋税，因此就应从贵族和教士那里取得所需资金。他们以前一分钱都没缴纳过，这让杜尔哥成了凡尔赛宫廷里最招人痛恨的人。而且，他还不得不面对王后玛丽·安托瓦内特的敌意，王后不喜欢任何人对她说"节俭"一词。很快，杜尔哥被称为"不实际的幻想家""理论教授"，他的位子自然难保。1776年，他被迫辞职。

"教授"之后，来的是一个有"实用经济头脑"的人 —— 勤恳的瑞士人内克。他做谷物投机生意，是一家国际商行的合伙人，由此发了财。他野心勃勃的妻子把他推进政界，以便能为女儿谋一个位置。他们的女儿后来嫁给了瑞典驻巴黎大使 —— 德·斯达尔男爵，后来她成了十九世纪初的文坛名人①。

路易十六

内克像杜尔哥一样满腔热情地开始工作。1781年，他发表了一份关于法国财政的详细报告，国王对这份"报告"一点不懂。国王刚刚派兵去美国，帮助殖民地居民反对他们的共同敌人 —— 英国人。

---

① 即斯达尔夫人。

出人意料的是，这次远征后来证明特别费钱，国王要求内克提供所需的资金。内克没有搞到钱，却公布了更多的数据，做起了统计，并开始发出讨厌的警告说"必要时需节俭"。这时，内克在位的日子也不多了。1781年，他作为一个不称职的仆人被解职。

"教授"和"有实用经济头脑的人"之后，来的是乐天派的财政大臣。他对所有人都承诺百分之百的回报率，只要他们信任他十全十美的体系。他是查理·亚历山大·德·卡罗纳，一个汲汲于功名的官员。他能爬到这一步，既因勤勉，也因他寡廉鲜耻。他发现法国债务沉重，但他是个聪明人，希望让大家都高兴，于是他开出了一剂能迅速见效的药方。他举新债来偿旧债。这不是什么新点子，自古以来，这办法的结果都是灾难性的。不到三年时间，这位迷人的财政大臣在法国的债务上又添了八亿法郎。他从不担心。国王陛下、可爱的王后提出的每个要求，他都微笑着签字，而王后从在维也纳的年轻时代起，就养成了挥霍的习惯。

最后，甚至仍忠于君主的巴黎议会（是一个高级法庭，而非立法机构），也认定应该采取措施。卡罗纳还想借八千万法郎。这一年庄稼歉收，乡村哀鸿遍野。再不做点正事，法国就要破产了。国王像以往一样，仍未意识到局势之严重。假如征求一下人民代表的意见，应该是个好主意吧。自从1614年后，还没有召开过三级会议。考虑到有可能出现的恐慌，人们要求召开三级会议。但路易十六性格懦弱，他并没有这么做。

为平息民众的呼声，他在1787年召开了"显贵会议"。这只是把最高等的家族聚在一起，讨论一下能做什么、该做什么，而不触动封建主和教士阶层的免税特权。我们不能指望社会的某一阶层为了另一群同胞，甘愿在政治和经济上自戕。一百二十七个显贵坚决拒绝放弃哪怕一项古老权利。街头的人群如今已饥肠辘辘，他们要求重新起用内克（他们相信内克）。显贵会议的回答是"不"。街上的群众开始砸窗户，还做了些其他不体面的事。显贵们逃走，卡罗纳被撤职。

国王任命了一个毫无个性的新财政大臣——洛梅尼·德·布里耶纳枢机主教。路易在饥民的暴力威胁下，同意"尽快"召开古老的三级会议。这个模糊的许诺，当然无法让任何人满意。

法国经历了一个几乎百年不遇的严冬。庄稼要么在夏季毁于洪水，要么在冬日的地里冻死。普罗旺斯的所有橄榄树都死了。私人慈善组织尽力帮忙，但对一千八百万饥民来说，无异于杯水车薪。到处都出现了抢面包的暴乱。要是在大约三十年前，这些暴乱会被军队镇压，但新哲学思潮的努力已经开始结出果实。人们开始意识到，手拿鸟枪的人，肚子也会饿。国王甚至连士兵（他们也来自老百姓）也指望不上。国王必须采取明确措施，重新赢得大众支持，但他仍举棋不定。

新哲学思想的信徒，在外省一些地方成立了一个个独立的小共和国。忠诚的中产阶级中间，到处能听到"没有代表，就不能征税"的呼声（二十五年前，这也是美国叛乱分子的口号）。法国面临全面的无政府状态。为安抚人民，提高国王的支持率，政府出人意料地取消了以前极严格的书籍审查制度，一场墨水的倾盆大雨降落在法国土地上。每个人，无论地位高低，都批评着别人，也遭到别人批评。出版的小册子不下两千种。洛梅尼·德·布里耶纳被唾弃他的口水之雨冲走。内克被匆忙召回来，尽力平息全国范围的动荡。股市立即上扬了百分之三十，大家不约而同暂时停止了指责。1789年5月将召开三级会议，然后将集举国之智慧，尽快解决把法兰西王国重建为健康、快乐国度这一难题。

当时大家都以为，人民的集体智慧能解决所有难题——这种想法被证明是灾难性的。在重要的几个月中，它都使人们没有各

巴士底狱

330

自尽力。内克没有在这关键时刻把政府掌握在自己手里，而是对一切放任自流。于是重新爆发了一场激烈争论，争论的焦点是何为改革旧王国的最好办法。各地警察势力都遭到了削弱。巴黎郊区的人们在职业鼓动家的率领下，逐渐意识到自己的力量，开始扮演在以后的大动荡年月里他们一直将扮演的角色——革命的实际领袖利用这些人的野蛮暴力，去获得那些无法通过合法途径得到之物。

为讨好农民和中产阶级，内克决定，在三级会议中，他们有两倍于教士或贵族等级的席位。然后，教士西耶斯就这个问题写了一个著名的小册子，《第三等级是什么》。他在书中得出的结论是，第三等级（中产阶级的别称）应该是一切，但它在过去什么也不是，现在想有所作为。他表达了大多数以国家利益为重的人的情绪。

最后，在极端不利的条件下进行了选举。选举结束时，有三百零八个教士、二百八十五个贵族、六百二十一个第三等级的代表，打点行囊去凡尔赛。第三等级不得不带上更多行李，里面是一卷卷报告，被称作"陈情表"，写着选民的种种不满和冤情。舞台已经摆好，就等着上演伟大的最后一幕，来拯救法兰西。

三级会议1789年5月5日召开。国王情绪很坏，教士和贵族声称不愿放弃任何特权。国王下令三组代表在不同房间开会，分别讨论其不满，第三等级拒不同意。1789年6月20日，他们在一个网球场庄严宣誓（网球场匆忙整理了一下，以召开这次非法集会）。他们坚持说，三个等级——贵族、教士、第三等级——应该一起开会，并如是告知国王。国王让步了。

三级会议成了"国民大会",开始讨论法兰西王国的状况。国王生气了,然后又犹豫起来。之后他就去打猎,完全忘记了国事的烦忧。打猎归来,他又让了步。因为,这位国王的习惯就是在错误的时间,以错误的方式,做正确的事。当人们吵着要"A",国王指责他们,什么也不给。接着,王宫被一群叫嚷的穷人包围,国王屈服了,答应子民的要求,但这时人们要的已经是"A+B"了。这出戏码一次次重演。当国王在谕旨上签字,给他亲爱的子民"A"和"B"时,他们要求得到的已是"A+B+C",否则他们就要杀死整个王室成员。他就这样顺着字母表走下去,一直走到了断头台。

不幸的是,国王总是迟一个字母。他从来没明白这一点。甚至当他将脑袋置于断头台上时,他还觉得自己很冤,他尽自己有限的能力爱着人民,他们却给了他如此不公正的待遇。

我常常提醒你说,历史上的"如果"毫无价值。我们很容易说,"如果"路易更有能力、心肠更硬,那么他或许可以挽救君主制。但国王并非一人。即便他具备拿破仑的铁腕,在这些艰难岁月中,他的一生也会被他的妻子断送。他妻子是奥地利的玛丽亚·特蕾莎之女,在当时最独裁、中世纪色彩最浓厚的宫廷长大,具备这种环境下成长的年轻女子的所有典型优点与缺点。

她断定必须采取点措施,于是她策划了反对革命的行动。内克被突然撤职,皇家军队被召到巴黎。人民听到这一消息,袭击了巴士底狱堡垒。1789年7月14日,他们摧毁了独裁权力的这一招人痛恨的著名象征物（它早已不是政治监狱，当时只关押小偷和梁上君子）。很多贵族有先见之明，逃离了法国。但国王像往常一样无所作为。巴士底狱被攻陷的那天，他在打猎，打死了几只鹿，觉得很高兴。

现在，国民大会开始工作。8月4日，他们耳中响着巴黎群众的喧闹声，废除了所有特权。8月27日，他们颁布了《人权宣言》，就是法兰西第一宪法的著名前言。到此为止，情况也还不算严重，但宫廷似乎并未学乖。大家都怀疑国王想再次干预这些改革，于是，10月5日巴黎爆发了第二次暴乱。暴乱扩散到凡尔赛，群众把国王带回巴黎的王宫，暴乱才平息下去。把国王放在凡尔赛，他们不放心。他们喜欢让他待在能监视他的地方，控制他与维也纳、马德里以及欧洲其他宫廷亲戚的通信。

同时，在国民大会上，米拉波（他本是贵族，后来成了第三等级领袖）开始整顿乱局。但他还没来得及拯救国王于危境，就在1791年4月2日去世。国王现在开始为自己的性命担忧，6月21日他想逃跑。他被人凭硬币上的肖像认出来，国民卫队在瓦雷纳村附近截住他，将他带回巴黎。

1791年9月，法国通过了第一部宪法，然后国民大会的成员各自回家。1791年10月1日，立法议会集会，继续国民大会的工作。在民众代表的这次新会议中，有很多极端革命分子，其中最激进的当属雅各宾派（他们在雅各宾修道院里进行政治集会，因而得名）。这些年轻人大多来自职业阶层，他们发表激进演说，报纸把他们的演说传播到柏林、维也纳。普鲁士国王以及皇帝觉得必须采取措施，挽救他们的好兄弟、好姐妹（他们当时正忙着瓜分波兰王国，波兰政治派系的内讧造成了极大混乱，结果任何外人想弄走几个省，都能插手）。他们派一支军队入侵法国，来拯救法国国王。

然后，可怕的恐慌席卷了法国土地。多年饥饿、苦楚郁积起来的压抑的仇恨，到达了骇人的顶峰。巴黎群众袭击了杜伊勒里宫。效忠于国王的瑞士卫队竭力想保卫主人，但正当群众后撤时，优柔寡断的路易下令"停火"。群众被鲜血、噪音、廉价的烈酒弄得如痴如狂，把瑞士卫兵杀得一个不剩，然后闯入王宫，追赶着路易。路易逃到国民大会的大会厅里，被就地宣布暂时免职，作为囚犯，被带到了坦普尔的旧城堡里。

但奥地利与普鲁士军队仍在前进。人们的恐慌变成了歇斯底里，男男女女都成了野兽。1792年9月的第一个星期，群众冲进监狱，杀死了所有囚犯。政府没有干涉。以丹东为首的雅各宾派知道，这次危机决定着革命的成败，只有最野蛮的大胆行为才能拯救他们。立法议会休会。1792年9月21日召开了一个新的国民公会。这是一个几乎完全由极端革命派组成的机构。国王被正式指控犯有高级叛国罪，被带到国民公会前受审。他被判有罪，国民公会以三百六十一票对三百六十票（多出来的那一票是他的亲戚奥尔良公爵的），判处他死刑。1793年1月21日，他平静地、相当有尊严地走上断头台。他一直也不明白，这些枪声、这些喧嚷都是为了什么。而他又太高傲了，不屑于发问。

然后，雅各宾派把矛头指向了国民公会中较温和的派别——吉伦特派（来自南边的吉伦特地区）。他们组成了一个专门的革命法庭，二十一个吉伦特派成员被判处死刑，其余的自杀。他们是能干而诚实的人，但太讲究哲学，太温和，无法活过那可怕的年代。

　　1793年10月，雅各宾派暂时停止执行宪法，"直到宣布和平为止"。所有权力都被交给由极少数人组成的公安委员会，其领袖为丹东、罗伯斯庇尔。基督教和旧历法被废除。托马斯·潘恩在美国革命时期，曾大力宣扬的"理性时代"已经到来，同时到来的还有"恐怖"。在一年多的时间里，"恐怖统治"以每天七八十人的速度，屠杀着好人、坏人、不好不坏的人。

　　国王的独裁被消灭了，取而代之的是几个人的暴政。这几个人对民主美德有着狂热的爱，觉得必须杀掉所有意见与之相左的人。法国变成了屠宰场，人人猜忌，个个自危。原来国民公会中的一些成员知道，下一批就要轮到自己走上断头台了。他们完全出于恐惧，对罗伯斯庇尔倒戈（他已砍掉了以前大多数同事的头）。罗伯斯庇尔这个"唯一真正、纯粹的民主派"，想自杀而未果。他受伤的下巴被仓促裹上绷带，他被拖上了断头台。1794年7月27日（按照革命的奇怪日历，这是第二年的热月9日），恐怖统治结束，整个巴黎都欢呼雀跃。

　　但面对法兰西的危局，仍需把政府事务交给几个强有力的人，直到革命的诸多敌人被从法国领土上赶出去为止。衣不蔽体、食不果腹的革命军队，在莱茵、意大利、比利时、埃及殊死战斗，打败了

法国大革命侵入荷兰

大革命的所有敌人。这期间任命了五名督政官，他们统治法国四年
时间。然后，权力落到了一个叫拿破仑·波拿巴的功勋卓著的将军
手里，他在1799年成为法国"第一执政"。以后的十四年，欧洲大陆
变成了一系列政治实验的舞台，而这将是史无前例的。

53. 拿 破 仑

拿破仑

拿破仑生于1769年，是家里的第三个儿子，父亲名叫卡洛·玛利亚·波拿巴，是科西嘉岛阿雅克肖市一个正直的公证员。他母亲很贤惠，名叫莱提霞·拉茉莉诺。所以拿破仑并非法国人，而是意大利人，他出生的科西嘉岛古代曾是地中海上希腊、迦太基、罗马的殖民地。科西嘉为重新获得独立，斗争了多年。首先它要摆脱热那亚人，十八世纪中叶后，又要摆脱法国人 —— 法国人曾屈尊枉驾，提出帮助科西嘉人争取自由，后来却自行占领了该岛。

拿破仑一生的前二十年，都是"职业科西嘉爱国者" —— 相当于一个科西嘉的新芬党人。他希望把亲爱的祖国，从他痛恨的法国敌人手里解放出来。但法国革命意外认可了科西嘉人的要求。拿破仑曾在布里埃纳军校受过良好训练。逐渐地，他开始为自己的宗主国服务。他一辈子都没学会正确拼写法语，他说法语时也总带有浓重的意大利口音，但他成了一个法国人。天长日久，他成了法国所有美德的最高代表，如今他被视为法国天才的象征。

拿破仑是所谓的快刀手。他的事业持续的时间不到二十年。在这段短暂时间里，他比任何人（包括亚历山大大帝、成吉思汗）都打了更多的仗，赢得了更多胜利，行军了更多英里，征服了更多土地，杀了更多人，实施了更多改革，总的来说更大程度上颠覆了欧洲的局势。

他是个小个子，年轻时身体不太好。他貌不惊人，无法给任何人留下深刻印象。一直到最后，当不得不出现在社交场合时，他仍显得很笨拙。教养、出身、财富，这些优势他一样没有。他年轻时大部分时间都很穷，常常有上顿没下顿，不得不挖空心思赚几个小钱。

也看不出他有什么文学才能。他曾参加里昂学院举办的一次征文比赛，得了倒数第二名，是十六个参赛者中的第十五位。但他绝对地、毫不动摇地相信自己的命运，相信自己辉煌的未来。凭这一信念，他克服了上述所有障碍。野心是他一生的重要原动力。对自我的关注，对大写字母"N"①的崇拜（他在所有信笺上都签上这字母，它也反复出现在他草率修建的宫殿的装饰上），绝对要让拿破仑成为世上仅次于上帝的最重要名字 —— 这些热望，把拿破仑带到了无人能及的声名巅峰。

年轻的波拿巴还是个拿半饷的中尉时，就很喜欢读古希腊历史学家普鲁塔克写的《名人传》。但他从未想过要效法那些往日英雄的

---

① 拿破仑的法文拼写是"Napoleon"，首字母是"N"。

高贵品格。拿破仑似乎全无体恤、顾念别人之心，而正是这些情感让人类有别于动物。很难断定他除自己外是否爱过任何人。他对母亲言语恭敬，但莱提霞的风度和举止是贵妇人的样子，按照意大利母亲的习惯，她知道如何管束孩子，如何让他们尊敬自己。有几年时间，拿破仑比较喜欢出生于拉丁美洲的妻子约瑟芬，她是马提尼克岛一个法国军官的女儿，德·博阿尔内子爵的遗孀（博阿尔内在一次与普鲁士的战役中战败，被罗伯斯庇尔处决）。但约瑟芬没能给拿破仑生下儿子，拿破仑就跟她离了婚，又娶了奥地利皇帝的女儿，因为这能带来政治利益。

在土伦被困期间（他就是因在土伦做炮兵司令而扬名的），拿破仑认真研究了马基雅维利的作品。他遵循那位佛罗伦萨政治家的劝告，如果食言而肥对自己有利，就一定不守信。"感激"一词从未出现在他的个人词典里。公平地说，他也不指望别人感激他。他完全无视人类苦难。1798年，他在埃及处决了本来答应放其生路的战俘。他在叙利亚发现无法把伤员运到船上，就无动于衷把他们丢下等死。他下令让一个心怀偏见的军事法庭判处昂吉安公爵死刑，并执行枪决（这是违背一切法律的），只因"波旁王朝需要一个警告"。他下令就近靠墙，射杀那些为本国独立而战斗被俘的德国军官。当安得利亚斯·霍弗（蒂罗尔的英雄）奋勇抵抗后落到了他手里，霍弗也像一个普通叛徒一样被处决。

简单地说，当我们研究这位皇帝的性格时，我们开始明白，在英国为什么焦虑的母亲在赶孩子上床睡觉时常吓唬他们："波拿巴早饭吃小孩子，孩子要是不乖，就会被他抓走。"拿破仑对军队每个部门都极为关心，唯独忽略了医疗部门。他无法忍受可怜士兵的汗味，于是在自己的军装上洒科隆香水，不惜毁掉军装。但是，关于这位奇怪的暴君我说了这么多坏话，而且完全能添上更多坏话之后，我得承认，我心里隐隐感到一丝怀疑。

我现在坐在一张舒服的桌子边，桌上堆满书籍。我一只眼睛盯着打字机，另一只眼睛盯着我的猫"里克里斯"（这猫特别喜欢复写纸），对你说拿破仑皇帝是个卑鄙小人。但假如我恰巧朝窗外看，顺着第七大街望下去；假如街上的车水马龙突然停下来；假如我听到了沉沉的战鼓声，看到拿破仑这个小个子穿着有些破旧的绿军装，骑着一匹白马，那么，我不知是否也会抛却我的书、我的猫、我的家，以及其他一切，去追随他，到他指引的任何地方去。我自己的祖父就这样做了，天知道，他生来并非英雄。数百万其他人的祖辈也这样做了。他们没得到奖赏，也不指望奖赏。他们乐于献出自己的腿、胳膊、生命，来效忠这位外国人。他把他们带到离家千里的地方，让他们冲进俄国人、英国人、西班牙人、意大利人、奥地利人的枪林弹雨中，当他们在死亡的痛苦中挣扎，他目光平静，看着空气。

如果你问我为什么，我只能说，我不知道。我只能猜测其中的一个原因。拿破仑是最伟大的演员，整个欧洲大陆就是他的舞台。在任何时候、任何情况下，他都知道什么样的姿势能打动观众，什么样的台词能留下最深印象。不论他是在埃及沙漠中威严的狮身人面像和金字塔前说话，还是在意大利浸着露水的平原上对冻得发抖的士兵讲话，都不要紧。任何时候他都主宰着局面。即便最后，当他被流放到大西洋中央的一座岩石小岛上，成了病人，受一个无聊的、令人无法忍受的英国总督的管制，他仍是舞台的中心。

滑铁卢战役失败后，除了几个心腹外，谁也看不到这位伟大的皇帝了。欧洲人知道他在圣赫勒拿岛上，一支英国驻军日夜看守着他，英国舰队看守着驻军，驻军看守着皇帝，皇帝则在朗伍德的农场上。但他却一刻也没有从敌人和朋友的心里消失。当疾病、失望最终带走了他的生命，世人依然能看到他平静的眼神。即便今天，他在法国生活中也是一股力量，就像一百年前，人们一见到这脸色发黄的人就会晕倒一样。就是他，把马厩设在俄国克里姆林宫神圣的庙宇里，像对待走卒一样对待教皇和世上一切大人物。

即便只为你勾勒出他的一生，也需要两卷书。要给你讲他在法国的伟大政治改革，讲他的新法典（在大多数欧洲国家都被采用），讲他在公共领域的各种活动，则要写上几千页。但我可以用几句话来解释，为什么他在一生事业的前半段那么成功，最后几年又那么失败。1789年到1804年，拿破仑是法国革命的一个伟大的领导人。他不只是为自己的荣誉而战，他打败奥地利、意大利、英国、俄国，因为他本人和他的军队是"自由、博爱、平等"的新信仰的使徒，是人民的朋友、宫廷的敌人。

但1804年，拿破仑自己成了法国的世袭皇帝，并让教皇庇护七世来给他加冕，就像公元800年，教皇利奥三世为法兰克人的另一个伟大国王查理大帝加冕一样 —— 查理大帝的榜样总在拿破仑的眼前浮现。

一登上帝位，这位革命领袖就成了哈布斯堡君主的一个拙劣模仿。他忘记了他的精神之母——雅各宾的政治俱乐部。他不再是被压迫者的保护神。他成了所有压迫者中的魁首，他的射击队时刻准备处决那些违背圣旨的人。1806年，当神圣罗马帝国的凄凉骸骨被抬进历史垃圾堆，当古罗马荣光的最后遗迹被一个意大利农民的孙子毁灭，没人掉一滴眼泪。但当拿破仑的军队入侵西班牙，强迫西班牙人承认一个他们厌恶的国王，屠杀效忠于旧统治者的可怜马德里人——这时，公众舆论就反对这位马伦哥、奥斯特里兹以及一百多场革命战役的英雄。那时，也只有那时，当拿破仑不再是革命英雄，而成了旧制度的所有陋习的化身，英国才可能引导迅速传播的仇恨情绪，这种情绪让所有正直的人都成了法国皇帝的敌人。

英国报纸描述了"恐怖时期"的可怕细节后，英国人从一开始就感到特别厌恶。他们一百年前也进行了自己的革命（查理一世在位时期），那次革命同巴黎的动荡相比显得小巫见大巫。英国舰队从1798年起就包围了法国。它破坏了拿破仑越过埃及入侵印度的计划，迫使拿破仑在尼罗河畔获胜后撤退，颜面扫地。最后，1805年，英国获得了自己等待已久的机会。

在西班牙西南的特拉法尔加角，纳尔逊消灭了拿破仑的舰队，使之再没有翻身的希望。从那时起，皇帝就被困于大陆上。即便如此，如果他能把握住时代脉搏，接受列强向他提出的体面的和议，他本来可以维持大陆霸主的地位。但拿破仑被自己的辉煌迷住了眼睛，他不愿让任何人与他平起平坐，他容不下任何对手。他的仇恨转向了俄国，那个有着一望无际平原的神秘国度，俄国有取之不尽的炮灰。

只要俄国由保罗一世统治着（叶卡捷林娜大帝的半疯的儿子），拿破仑就知道如何应付局面。但保罗变得越来越不负责任，直到他愤怒的子民不得不杀掉他，否则他们都要被送到西伯利亚的铅矿去。保罗的儿子亚历山大并不像父亲那样喜欢拿破仑。亚历山大把拿破仑看成人类的敌人，永远破坏和平之人。亚历山大非常虔诚，相信是上帝降大任于他，来把世界从这科西嘉诅咒下拯救出来。亚历山大加入了普鲁士、英国、奥地利的行列，他被打败了，他试了五次，五次都失败了。1812年，他再一次向拿破仑挑战，直到那位法国皇

从莫斯科撤退

帝狂怒之下，发誓要在莫斯科签城下之盟。然后，拿破仑从各地，从西班牙、德国、荷兰、意大利、葡萄牙，招募心不甘情不愿的军团，驱赶着他们朝北进发，以便伟大皇帝受伤的自尊心能得到应有的补偿。

故事的其余部分大家都知道了。拿破仑行军两个月后，到达了俄国首都，把总司令部设在神圣的克里姆林宫。1812年9月15日晚上，莫斯科起火，烧了四天。第五天傍晚，拿破仑下令撤退。两个星期后开始下雪。法国军队在淤泥和霰雪①中跋涉，11月26日，他们来到了别列津纳河。这时，俄国的进攻正式开始。哥萨克士兵蜂拥而上，围住"法国大军"，此时法国大军已不成其为正规军，而是一伙乌合之众了。12月中旬，德国东部城市开始看到第一批法国幸存者。

然后出现了很多谣言，说起义就要发生了。欧洲人说："时候到了，我们该摆脱这难以忍受的桎梏了。"他们开始寻找旧鸟枪（这些枪逃过了无处不在的法国间谍的眼睛）。但他们还不知道怎么回事的时候，拿破仑已经带着一支新军队卷土重来。

他丢下战败的军队，自己乘一个小雪橇冲到巴黎，最后一次招募军队，以保卫法国的神圣领土，抵御外国侵略。

十六七岁的孩子跟着他东进，去与联盟军队作战。1813年10月16日、18日、19日，打了可怕的莱比锡战役。三天的时间里，穿绿

---

① 指空中降落的白色不透明的小冰粒，有的地区称为雪糁儿。

军装的少年，与穿蓝军装的少年殊死搏斗，直到鲜血染红了埃尔斯特河。10月17日下午，大批俄国援军突破法国防线。拿破仑逃走。

他逃回巴黎，退了位，把宝座让给他年幼的儿子。但联军坚持让路易十八（已故国王路易十六的兄弟）登上法国王位。这位目光呆滞的波旁王子，在哥萨克士兵、德国长枪骑兵的簇拥下，胜利地进入巴黎。

至于拿破仑，他成了地中海上小岛厄尔巴岛的"统治者"，他将自己的马童组织成小型军队，在棋盘上打仗。

但他一离开法国，人们就意识到自己失去了什么。过去二十年不管代价多么惨重，仍是伟大辉煌的二十年，巴黎成了世界的中心。路易十八这位肥胖的波旁国王，在他的流亡生涯中什么也没学会，什么也没有忘记，他的懒散让所有人厌烦。

1815年3月1日，当联军的代表准备重新给欧洲版图洗牌，拿破仑突然在戛纳附近登陆。不到一星期的时间，法国军队就抛弃了波旁王室，冲到南方，把自己的剑和刺刀献给拿破仑这位"小下士"。拿破仑长驱直入，3月20日抵达巴黎。这次他比以前更加谨慎，他提出议和，但联军坚持开战。整个欧洲都起来反对这个"背信弃义的科西嘉人"。皇帝迅速北进，以便在敌人部队集结之前取胜。但拿破仑已大不如前，他常觉得恶心，很易疲倦。他在本该起来指挥先头部队进攻时，却在睡觉。此外，他还失去了很多忠诚的老将军，他们都死了。

6月初，他的军队进入比利时。6月16日，他打败了布吕歇尔率领的普鲁士军队。但他的一个下属元帅没有遵照命令消灭撤退的敌军。

两天后，拿破仑与英国的惠灵顿在滑铁卢附近相会。这是6月18日，星期天。下午两点，法国人似乎赢定了。三点，东边地平线上出现了一股尘沙。拿破仑以为是自己的骑兵到了，那么英国就败局已定。四点，他知道得更清楚了。老布吕歇尔咒骂着，率领他的疲惫之师，加入到战团的核心。法军吃惊之下，乱了阵脚。拿破仑再没有增援部队。他叫手下人自寻生路，然后他逃走了。

拿破仑又一次逊位给儿子。就在他从厄尔巴岛逃出一百天后，他朝海边去，想去美国。1803年，他把法国殖民地路易斯安那（它面临着被英国占领的重大危险），廉价卖给了年轻的美利坚合众国，几乎相当于白送。他说："美国人会感激我的，会给我一小块地，一个小房子，让我在平静中了却余生。"但英国舰队监视着所有法国港口。拿破仑夹在联军与英国舰队之间，进退失据。普鲁士人想枪毙他，英国人也许会仁慈些吧。他在罗什福尔等待某种转机。滑铁卢战役后一个月，他收到了法国新政府的命令，命令他二十四小时内离开法国领土。他总爱扮演悲剧人物，于是给英国的摄政王写信（英王乔治三世当时进了疯人院），告诉摄政王殿下，他想"投靠自己的敌人，像泰米斯托克利一样，希望在敌人的火炉旁能受到欢迎"①。

7月15日，他登上英国船只"柏勒洛丰"号投降，把剑献给霍瑟

①　雅典名将泰米斯托克利后来因贪污等被放逐，投奔波斯国王薛西斯，受到厚待。

拿破仑被流放

姆将军。在普利茅斯，他被转到"诺森伯兰"号，那条船把他带到了
圣赫勒拿岛。他在那儿度过了一生中的最后七年。他努力想写回忆
录，他跟看守吵架，他回想着过去的岁月。奇怪的是，他回到了最
初的起点（至少在他想象中是如此）。他回忆起为革命而战的日子，
他竭力想告诉自己，他永远是"自由、博爱、平等"这些伟大原则的
真正拥护者——国民公会那些衣衫褴褛的士兵，把这些原则带到世
界的各个角落。他喜欢停留在他做总司令、执政的那些日子。他很
少提到帝国。他有时会想起儿子赖希施塔特公爵，那只"小鹰"——
现在他住在维也纳，被他年轻的哈布斯堡表亲当"穷亲戚"对待，而
那些亲戚的父亲，一听到拿破仑的名字就要吓得发抖。拿破仑的死
期来临了，他似乎正率领军队去赢得胜利。他命令内伊带着卫队去
进攻，然后他就与世长辞。

　　但如果你想明白他奇特的一生，如果你真想知道为什么一个人
只凭意志力，就能统治这么多人如此之久，那么你不要去读那些关

于他的书。那些作者要么恨这位皇帝，要么爱他。你从书中会知道很多事实，但更重要的是"感受历史"，而不只是了解历史。不要读这些书，而要等机会去听一个优秀艺术家唱一首名叫《两个掷弹兵》的歌曲。歌词是海涅写的，这位伟大的德国诗人经历了拿破仑时代。曲子是舒曼作的，每次拿破仑拜访他的岳父奥地利皇帝时，舒曼都能见到他 —— 拿破仑是舒曼祖国的敌人。因此，这首歌出自两个有各种理由痛恨这位暴君的人。

去听吧，然后你就会明白一千本书也无法让你明白的道理。

54. 神圣同盟

一俟拿破仑被遣送到圣赫勒拿岛，屡次被这可恨的"科西嘉人"打败的那些统治者们，就在维也纳集会，力图清除法国革命带来的许多变化

皇帝陛下、国王陛下、公爵殿下、杰出的大臣阁下、全权代表，以及众多阁下及其秘书、仆人、随从的大军，他们的工作曾被那可怕科西嘉人的卷土重来而粗暴打断（现在他正在圣赫勒拿岛的烈日下暴晒）。如今，他们又回到工作岗位。他们用宴会、园会、舞会来大庆胜利，这些场合跳的是让人吃惊的新"华尔兹"，它令那些对旧制度下的小步舞念念不忘的女士、先生们骇然。

几乎有三十年的时间，他们都过着退隐的生活。危险终于过去，他们滔滔不绝地讲着自己受了多少苦。他们希望，在邪恶的雅各宾派手里损失的每一分钱，都能得到补偿。这些雅各宾派居然敢杀了他们的"神授"国王，居然取缔了假发，居然摈弃了凡尔赛宫的短筒裤，代之以巴黎贫民窟破破烂烂的长裤。

我提到"裤子"这个细节，你大概觉得很可笑。但随你怎么想，维也纳会议谈论的就是一长串这样的可笑内容。几个月的时间里，代表们更感兴趣的是"短裤还是长裤"这样的问题，而不是萨克森的未来命运，或西班牙问题。普鲁士国王陛下甚至定做了一条短裤，以显示他对一切革命事物的鄙视。

另一位德国大人物，在对革命的这种神圣仇恨上也不甘示弱，命令他的子民，凡缴纳给法国篡位者拿破仑的所有税收，都要向他们的合法统治者再缴纳一遍——因为人民处在那位科西嘉恶魔的淫威之下时，合法的君王远远地爱着他的百姓，诸如此类。维也纳会议犯着一个又一个错误，人们不禁倒吸一口凉气，说："老天，为什么民众不反对？"究竟为什么呢？因为民众已经筋疲力尽，绝望至极，只要有和平，他们已不关心究竟发生什么事，或者由谁、在哪里、怎样统治他们。他们厌倦了战争、革命和改革。

十八世纪八十年代，他们都在自由之树周围跳舞。王公拥抱着自己的厨子，公爵夫人跟自己的奴仆一起跳卡马尼奥拉舞。他们真诚地相信，平等、博爱的黄金时代，终于降临到了这个邪恶的世界。但来的不是黄金时代，而是革命的军需官。这些军需官让十几个肮脏的士兵住在百姓客厅里，回到巴黎时顺手偷走了他们祖传的餐具，还向政府汇报，"被解放的土地"如何热烈欢迎法国人送给邻国的宪法。

当他们听说，巴黎最后一次爆发的革命动荡，被一个名叫波拿巴的年轻军官镇压了下去，这位军官把大炮对准了暴民时，他们松了一口气。自由、博爱、平等再稍微少一点，那似乎比较好。但此后不久，这位叫波拿巴的年轻军官，成了法兰西共和国的三执政之一，之后又成了唯一的执政，最后成了皇帝。他比以前的任何统治者都更高效，他的手沉重地压在他的可怜国民身上，他对他们毫不怜悯。他把国民的儿子招进军队，把他们的女儿嫁给他的将军，把他们的绘画、雕塑夺走，填充他自己的博物馆。他让整个欧洲都成了一个军营，他杀掉了几乎整整一代的男子。

现在他走了，民众（除了几个职业军人外）只有一个愿望，他们希望没人打扰他们。有一段时间，他们曾被允许自治，选举市长、参事、法官。那种政体惨遭失败，新选出来的统治者既缺乏经验，又奢侈浪费。民众纯粹出于绝望，转向了旧制度的代表。"你们来统治我们吧，"民众说，"就像以前一样。告诉我们，我们欠你们多少税，然后别打扰我们了，我们正忙着修补自由时代的损失呢。"

策划了著名的维也纳会议的那些人，的确尽力满足人们对和平与安宁的渴望。维也纳会议的主要产物是神圣同盟。它让警察成了国家中最显赫的人物，谁敢对某个官方行为批评一句，谁就要遭到严惩。

欧洲有了和平，但这种和平却如同墓地的那种死寂。

维也纳会议上的三个最重要人物，是俄国的亚历山大大帝，代表奥地利哈布斯堡王朝利益的梅特涅，原法国欧坦教区的主教塔列朗。塔列朗全凭聪明才智，历经法国政府的各种变迁而活下来。现在他到了奥地利首都，为本国挽救能从拿破仑废墟中挽救出来的东

去特拉法尔加

西。有首打油诗写一个快乐的年轻人，别人羞辱他，他却满不在乎。像这样的年轻人一样，塔列朗不请自来地参加会议，就像他真的被邀请了一样大吃大喝。实际上，过不了多久，他就坐到了桌子的首席，用他可笑的故事逗大家乐，凭着他举止的魅力，赢得了众人的好感。

塔列朗在维也纳待了不到二十四小时，就意识到同盟分成两个敌对阵营。一方是俄国（它想吞并波兰）与普鲁士（它想吞并萨克森）。另一方是奥地利与英国，它们想阻止俄国与普鲁士的吞并，因为不论普鲁士还是俄国，都不应独霸欧洲，这对奥地利和英国才最有利。塔列朗凭着高超的技巧，让双方互斗。法国的帝国官员让欧洲吃了十年的苦，而正因为塔列朗的努力，法国人没有为此遭到报复。他辩称，法国人在这个问题上没有选择权，拿破仑迫使他们从命。但拿破仑已经不在了，在位的是路易十八。"给他一个机会。"塔列朗请求道。同盟很高兴看到合法国王又坐上了一个革命国家的王位，于是宽宏大量，同意给波旁王朝机会（但波旁王朝却糟糕地利用了这机会，十五年后就被赶出法国）。

维也纳三巨头中的第二人，是奥地利首相梅特涅，他是哈布斯堡王室外交政策的领袖。梅特涅实际叫文策尔·洛特哈尔，是梅特涅-温尼堡的亲王。他出身显贵，是潇洒的绅士，举止优雅，家财万贯，能力过人。但他是贵族社会的产物，远离在城里和农田里挥汗劳作的大众。梅特涅年轻时曾在斯特拉斯堡学习，这时法国革命爆发。斯特拉斯堡是《马赛曲》的诞生地，曾是雅各宾派的活动中心。梅特涅记得，他愉快的社交生活被可恶地打断，很多无能的公民，

神圣同盟畏惧的幽灵

突然被任命来完成他们力所不及的任务。暴民屠杀无辜者，庆祝自由曙光的来临。他没有看到群众的真挚热情，没有看到妇孺给国民公会衣裳褴褛的士兵送面包、送水时，眼里闪烁的希望之光（这支军队行军穿过该城到前线去，为祖国法兰西大义赴死）。

整个局势让这位年轻的奥地利人深恶痛绝。这是不文明的，如果真要打仗，打仗的也应该是潇洒的青年，他们穿着漂亮军装，骑着骏马，驰过碧绿的原野。但把整个国家都变成散发难闻气味的军营，流浪汉一夜之间就被提拔为将军——这既邪恶，也没有意义。"看看你们的杰出思想都成了什么。"他对法国外交官说。他在奥地利众多大公们举办的一次安静小宴会上，遇到这些法国外交官，"你们想要自由、平等、博爱，结果你们得到的是拿破仑。如果你们当时能满足于现状，那该多好。"他善于解释自己的"稳定"理论。他鼓吹应回到战前美好、正常的旧时代，那时大家都快乐，没人说什么"人人平等"的蠢话。他的态度是完全真诚的。他意志坚强，能言善辩，所以他成了革命思想最危险的敌人之一。他一直到1859年才死去，因此他亲眼目睹了自己政策的惨败，这些政策被1848年的革命浪潮冲到了一边。然后他发现自己成了欧洲最招人痛恨的人，不止一次差点儿被愤怒的公众私刑处死。但直到最后，他都坚信自己做得对。

他一直坚信，拿和平与自由相比，民众更喜欢和平，于是他投其所好。公平地说，他建立全面和平的努力相当成功。列强几乎有四十年时间没有互相厮打，一直到1853年的克里米亚战争（一方是

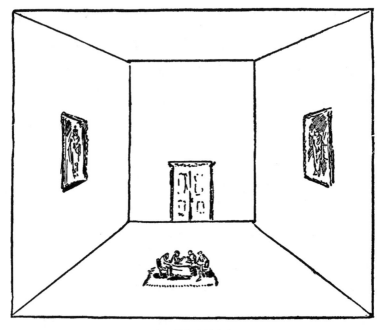

真正的维也纳会议

俄国，另一方是英国、法国、撒丁王国、土耳其），这在欧洲大陆上
可算创下了历史。

　　这次跳着华尔兹的会议的第三个英雄，是沙皇亚历山大。他在
祖母 —— 著名的叶卡捷林娜女皇 —— 的宫廷里长大。这位精明的
老太太教育他，要把俄国的光荣看成一生最重要之事。而他的私人
教师却是个崇拜伏尔泰和卢梭的瑞士人。在这两种力量之间，这少
年的性格变得很奇特，既是自私的暴君，又是感情用事的革命派。
在他疯狂的父亲保罗一世在位期间，他忍受了很多耻辱，被迫目睹
拿破仑战场上的集体屠杀。然后风向突转，他的军队为联军赢得了

胜利，俄国成了欧洲的救世主，这个强大民族的沙皇像神一样被拥戴，他将救治世上的许多疾患。

但亚历山大并不聪明。他不像塔列朗、梅特涅那样洞察人性，他不懂外交的奇特游戏。他很虚荣（那种情况下，谁会不虚荣呢？），喜欢听群众的欢呼。很快，他成了维也纳会议的主要"点缀品"，而梅特涅、塔列朗、卡斯尔雷（特别能干的英国代表）围坐桌边，喝着一瓶托卡伊白葡萄酒，决定着实际事务。他们需要俄国，因此他们对亚历山大毕恭毕敬，但他越少亲自参与会议的实际工作，他们越高兴。他们甚至鼓励他建立"神圣同盟"的计划，以便他有事可做，而他们则致力于手头之事。

亚历山大喜欢社交，爱参加各种聚会，会见各色人等。在这样的场合，他高兴而快活。但他的性格中还有另一种成分，他竭力想忘却无法忘却的事。1801年3月23日晚上，他坐在圣彼得堡圣米迦勒城堡的一间屋子里，等着父亲退位的消息。但保罗拒绝在文件上签字，这文件是一帮醉醺醺的军官放到他面前的桌上的。他们狂怒之下，用一条围巾套住他的脖子，勒死了他。然后他们下楼告诉亚历山大，他现在是俄国所有土地的皇帝了。

亚历山大生性敏感，那个可怕夜晚的记忆一直挥之不去。他曾接受过法国大哲学家的教育，他们不相信上帝，只相信人类理性。但理性无法满足困境中的这位沙皇。他开始听到奇怪的声音，看到异象。他竭力想让自己的良心安宁下来，变得特别虔诚，开始对神秘主义产生了兴趣。神秘主义就是那种对神秘、未知事物的奇特的爱，它像底比斯和巴比伦的庙宇一样古老。

大革命时代的强烈情感，以一种奇怪的方式影响了时人的性格。经历了二十年焦虑恐惧的男男女女，都变得不太正常。门铃一响，他们就会惊跳起来。这可能意味着他们的独子"光荣地战死疆场"了。对受到沉重打击的农民来说，革命关于"博爱""自由"的说法，只是空话。他们抓住能让他们重新控制可怕生活问题的每根救命稻草。在悲伤凄惨中，他们很容易听信一大群骗子的话，这些人扮成先知，传播着从《启示录》的犄角旮旯挖出来的奇怪新教义。

亚历山大已求教于许多巫师。1814年，他听说新出现了一个女预言家，预言世界末日即将来临，劝人们赶快悔罪，否则就太迟了。这位女士就是冯·克鲁德娜男爵夫人，是位俄国妇女，年纪不详，名声不佳。保罗沙皇在位时，她曾是一位俄国外交官的妻子。她挥霍掉了丈夫的钱，有很多奇怪的风流韵事，让丈夫倍感耻辱。她过着极为放浪的生活，结果她的神经出了毛病，有一段时间，她脑子不正常了。然后她目击了一位朋友猝死的场景，于是幡然悔悟。那之后，她就鄙视一切享乐，她向她的鞋匠忏悔了以前的罪过，这位鞋匠是个虔诚的摩拉维亚修士，古老的改革家约翰·胡斯的追随者（胡斯就是1415年被康斯坦茨会议作为异端而烧死的那人）。

此后十年，男爵夫人是在德国度过的，专门"感化"王公贵族。能让欧洲的救世主亚历山大相信他的生活方式是错的，这是她一生中的最大目标。而亚历山大在悲惨心境中，愿意倾听能给他带来一线希望的任何人的话，于是双方很快安排了会面。1815年6月4日傍晚，她被带进沙皇的营帐，发现他在读《圣经》。我们不知道她都对亚历山大说了什么，但她三小时后离开时，亚历山大泪流满面，发誓说他的灵魂"终于找到了安宁"。从那天起，男爵夫人就成了亚历山大形影不离的旅伴，他的精神顾问。她跟他到巴黎，然后到维也纳。除了跳舞，亚历山大的时间都花在克鲁德娜的祈祷集会上。

你也许会问，我为什么如此详细地讲这个故事？十九世纪的社会变迁，难道不比一个精神不正常、最好被遗忘的女人的命运重要得多吗？当然重要得多，但有很多其他书能准确详细地告诉你那些事。我希望你从历史中学到的，不只是一连串事实。我希望你能以一种"对一切存疑"的心态，去对待所有历史事件。不要只满足于这样的话：当时发生了如此这般一件事。你要努力寻找每个行动背后的动机，然后你就会更好地了解你周围的世界，你就有更多机会去帮助别人，而帮助别人，最终而言，是唯一真正令自己满足的生活方式。

我不希望你把神圣同盟想象成1815年签署的一张纸，埋在国家档案馆的某处，如死去一般，被人遗忘。它也许已被遗忘，但它并没"死去"。神圣同盟直接导致了门罗主义的出现，而门罗主义提出的"美洲人的美洲"思想，与你的生活直接相关。这就是为什么我想让你确切知道神圣同盟这份文件是怎样产生的，在文件貌似虔诚、献身于基督教责任的外表下，隐藏着什么动机。

神圣同盟是一男一女共同努力的结果。男子是亚历山大这个不幸的人，他经历过可怕的精神打击，他想平息自己动荡不安的灵魂；女子是野心勃勃的克鲁德娜，她放荡了一生后丧失了美貌和吸引力，于是自命为一个奇怪新教义的先知，以满足虚荣心和对名声的追求。我给你说这些，并不是想揭示什么秘密。卡斯尔雷、梅特涅、塔列朗这些清醒的人，完全明白这位感伤的男爵夫人能力有限。梅特涅很容易就可以把她遣回她的德国庄园去，给帝国全能的警察局长写几句话，就办妥了。

但法国、英国、奥地利有赖于俄国的好感，他们得罪不起亚历山大。他们容忍了这位愚蠢的老男爵夫人，因为他们只能如此。他们把神圣同盟完全看成垃圾，还不如签署同盟宣言的纸有价值。但当沙皇给他们宣读初稿时，他们耐心地听着。沙皇想以《圣经》为基础，创造一个人类博爱的世界，这就是神圣同盟的意图。签署该文件的人庄严宣布，他们"在管理各自国家中，在与一切其他政府的政治关系中，唯一的指引就是神圣宗教的训诫，即正义、基督教之仁爱与和平的训诫，这些训诫远非只限于私人事务，而应对王公的行为有直接影响，应引导他们的行动，这是巩固人类制度、纠正人类缺陷的唯一途径"。然后他们彼此保证，他们将由"真正的、不可破坏的兄弟之爱的纽带"永远团结在一起，"视彼此为同胞，在所有情况下，在所有地方，都彼此帮助"，云云。

最后，奥地利皇帝在"神圣同盟"上签了字，虽然他一个字也不懂。波旁王朝也签了字，他们需要拿破仑宿敌的友谊。普鲁士国王也签了字，他希望让亚历山大支持一个"更伟大的普鲁士"的计划。欧洲所有小国慑于俄国的威力，也都签了字。英国没有签字，因为卡斯尔雷认为它全篇都是废话。教皇没有签字，因为他厌恶一个希腊东正教徒和一个新教徒插手他的事务。苏丹没有签字，因为他不知道有这回事。

但欧洲的老百姓很快不得不注意到"神圣同盟"的存在了。在神圣同盟的空洞言辞后面，站着梅特涅在诸大国中组建的五国联军，这些军队可不是闹着玩的，军队宣布，绝不许所谓的自由派破坏欧洲和平 —— 这些自由派实际上不过是伪装的雅各宾派，期望回到革命时代。从1812年到1815年，人们对伟大解放战争的热情开始暗淡，他们真心相信，一个更快乐的时代即将到来。在战争中冲锋陷阵的士兵希望和平，也表达了这种希望。

但他们不想要"神圣同盟"和"欧洲列强会议"给他们的那种和平。他们说自己被出卖了。但他们很谨慎，免得警察探子听到。反动势力取得了胜利。促成这次反动的人，相信只有他们的办法，才对人类有好处。但反动势力依旧让人难以忍受，就像他们动机不良一样。它引发了很多不必要的苦难，大大阻碍了正常的政治发展进程。

55. 大 反 动

他们压制所有新思想，想让世人享有不受干扰的和平。他们使密探成了国家的最高公务人员。各国监狱里，都塞满了声称人民有权自治的人

要弥补拿破仑时代的"大洪水"造成的损害，几乎是不可能的。古老的藩篱被冲走。四十多个王朝的王宫被毁，已经不适宜居住。但有些王宫却以不幸的邻居们为代价向外扩张。潮水退去后，留下了零零碎碎的革命思想，要拔除它们就会撼动整个社会的根基。但维也纳会议的政治工程师们尽力而为，下面就是他们的成绩。

法国在这么多年的时间里，破坏了世界的和平，以至于人们几乎本能地害怕法国人。波旁王朝借塔列朗之口，保证乖乖做人，但"百日政变"告诉欧洲，如果拿破仑第二次逃脱会有怎样的后果。于是，荷兰共和国变成了一个王国，比利时（它并没有参加荷兰十六世纪争取独立的斗争，从那时起，比利时就是哈布斯堡王朝的领土，先在西班牙统治下，后在奥地利统治下）成了这个尼德兰新王国的一

部分。无论是信奉新教的北方，还是信奉天主教的南方，都不愿意这样结盟，但他们也没提出异议。这似乎有利于欧洲和平，而欧洲和平正是主要的考虑因素。

波兰曾指望自己能大赚一笔，因为一个波兰人——亚当·恰尔托雷斯基亲王，是沙皇亚历山大最亲密的朋友之一，在战时，在维也纳会议上，他一直是亚历山大的顾问。但波兰却成了俄国的附庸，亚历山大成了它的国王。这样的结局让大家都不高兴，引起深刻的不满，引发了三次革命。

丹麦直到最后都是拿破仑的忠实盟友，于是受到严惩。七年前，一支英国舰队曾顺着卡特加特海峡，既没宣战，也没发出任何警告，就炮轰哥本哈根，还掳走了丹麦舰队，生怕它对拿破仑有用。维也纳会议变本加厉，把挪威（自从1397年的卡尔马联盟起，它就一直与丹麦一体）从丹麦分离出来，给了瑞典的查理十四，以奖励他背叛了扶植他登上王位的拿破仑。奇怪的是，这位瑞典国王本是个法国将军，名叫贝纳多特，跟随拿破仑来到瑞典。当荷尔斯泰因－哥托普王朝的最后一任统治者死去，没留下子嗣，这位将军被邀请登上王位。从1815年到1844年，他极为能干地统治着他的这个移入国（他一直没学会瑞典语）。他是个聪明人，赢得了瑞典和挪威百姓的尊敬。但他没能把这两国强扭在一起，因为无论从天性还是从历史上说，两国都格格不入，这个"二合一"的斯堪的纳维亚一直就没成功过。1905年，挪威以极为和平有序的方式，变成了独立王国。瑞典人祝挪威"一路走好"，很明智地让它走自己的路去了。

意大利人自从文艺复兴起，就受制于一系列入侵者。它也对波拿巴将军寄予厚望，但拿破仑皇帝令他们大失所望。他们想要的是统一的意大利，结果却被分割成许多小侯国、公国、共和国、教皇国。教皇国（仅次于那不勒斯），是整个半岛上统治得最糟糕、最悲惨的地区。维也纳会议废除了拿破仑建立的几个共和国，却重新建立了一些古老的小公国取而代之，这些公国都交给哈布斯堡家族能胜任的成员，不论男女。

可怜的西班牙人，曾最先发动民族大起义，反对拿破仑。他们为了国王，牺牲了国家的精英。而维也纳会议让这国王回去统治国土，西班牙人相当于遭到了严惩。这个邪恶的家伙名叫斐迪南七世，此前四年他都被拿破仑囚禁。他给自己喜欢的恩主圣人的塑像编织外衣，以此度日。他是这样庆祝他的回归的：他重新建立了宗教裁判所、酷刑室，这些都是大革命废除之物。他是个令人作呕的家伙，百姓和他的四任妻子都看不起他。但神圣同盟维护他坐在合法宝座上。正直的西班牙人竭力想摆脱这恶棍，让西班牙成为一个君主立宪制国家，但这些努力都以流血、杀戮而告终。

葡萄牙从1807年起就没有国王了（王室逃到了巴西的殖民地）。1808年到1814年的半岛战争中，葡萄牙成了惠灵顿军队的供应基地。1815年后，葡萄牙从某种意义上说依然是英国的省，直到布拉干萨家族回到王位上。这个家族还在里约热内卢留了个家庭成员做巴西皇帝。那是美洲唯一的帝国，维持了几年，直到1889年，巴西成为共和国。

在东边，斯拉夫人和希腊人仍然臣服于苏丹，神圣同盟没采取任何措施改善他们的可怕处境。1804年，"黑乔治"（一个塞尔维亚猪倌，卡拉乔治维奇王朝的缔造者）发动了一场反抗土耳其人的起义，起义失败，他被他当作朋友的另一个塞尔维亚领袖谋杀，后者叫米洛什·奥布雷诺维奇（奥布雷诺维奇王朝的缔造者）。土耳其人继续做着巴尔干无可争议的主人。

希腊人自从两千年前丧失独立后，先后臣服于马其顿人、罗马人、威尼斯人、土耳其人。他们希望同胞卡波·迪斯特里亚（他出生在希腊的科孚岛）①，以及恰尔托雷斯基（亚历山大最亲密的私人朋友），能为他们做点什么。但维也纳会议对希腊人没有兴趣。维也纳会议感兴趣的是让所有"合法"君主 —— 不论是基督教、穆斯林还是别的什么君主 —— 都继续坐在各自的宝座上，因此它没有动一根指头。

维也纳会议的最后一个但也许是最大错误，是在对待德国的问题上。宗教改革与三十年战争不仅毁掉了德国的繁荣，而且把它变成了一个无望的政治垃圾堆。组成它的是两个王国、几个大公国、众多公国、几百个侯爵领地、侯国、男爵领地、选帝侯领地、自由城市、自由村庄，由一群罕见于喜剧舞台之外的最奇怪的各种大人物统治着。腓特烈大帝创造了一个强大的普鲁士，改变了该局面，但他死后，繁荣局面没维持多久。

---

① 卡波·迪斯特里亚（Capo d'Istria）：希腊政治家，他也为沙皇亚历山大效力。

这些小国大多要求独立，拿破仑则不准。三百多个小国中，只有五十二个撑过了1806年。在争取独立的斗争岁月里，很多年轻士兵梦想着一个强大统一的新祖国。但没有强有力的领袖，是不会有统一的。这个领袖会是谁呢？

说德语的地区有五个王国，其中两个（奥地利、普鲁士）的统治者，是上帝指定的国王。另外三个——巴伐利亚、萨克森、符腾堡——的统治者，则是拿破仑指定的国王，他们效忠于拿破仑皇帝，所以在其他德国人眼里，他们的爱国名声并不太好。

维也纳会议成立了一个新的德意志邦联，由三十八个主权国家构成的联盟，领袖为奥地利国王，现在被称为奥地利皇帝。这是一种权宜之计，人人都不满意。诚然，成立了一个德意志邦联议会，在旧加冕城市法兰克福集会，讨论"共同政策与共同关心的问题"。但在这个会议上，三十八个代表代表着三十八种不同利益。任何决定都必须全票通过（这种议会规则曾毁了强大的波兰王国），于是著名的德意志邦联成了欧洲的笑柄。旧帝国的政治，开始类似于十九世纪四五十年代中美洲国家的政治。

对那些为民族理想牺牲了一切的人来说，这是奇耻大辱。但维也纳会议并不在意"百姓"的个人感情，会议的讨论到此结束。

有人反对吗？当然。一旦对拿破仑的最初仇恨消弭，一旦大战的热情消退，一旦人们完全意识到以"和平与稳定"的名义犯下的罪，他们就开始不满。他们甚至威胁说要揭竿而起。但他们能怎样？他们无权无势，受制于世界上迄今为止最无情、最高效的警察系统。

维也纳会议的成员真诚地相信，"革命原则导致前皇帝拿破仑篡夺了王位"。他们觉得有责任消灭所谓"法国思想"的追随者，正如腓力二世在烧死新教徒、绞杀摩尔人时，也不过是遵从了自己良心的声音一样。在十六世纪，谁要是不相信教皇有神授权利，可以随心所欲地统治人民，谁就是"异端"，所有忠诚的公民都有责任杀掉他。在十九世纪早期的欧洲大陆，谁要是不相信国王有神圣权利，随心所欲或随首相所欲地统治人民，谁就是"异端"，所有忠诚的公民都有责任向附近的警察告发他，让他受到惩罚。

但1815年的统治者，在拿破仑的学校里学会了高效行事。他们执行起任务来，比1517年时的质量高得多。1815年到1860年是政治密探大行其道的时代。探子无所不在。他们出现在王宫里、下层的酒馆里。他们透过大臣内阁的钥匙孔朝里窥探，偷听人们在市政公园的长椅上纳凉时都谈些什么。他们守护着国界，任何人没有签证的护照都不得离境。他们检查所有包裹，以确保没有任何关于危险的"法国思想"的书，进入他们的国王主子的领土。他们坐在演讲厅的学生中间，哪个教授要是对现行秩序说句反对的话，那他可要倒霉了！他们跟着小男孩、小女孩上教堂，生怕他们开小差。

在很多这类任务上，教士协助着探子。教会在革命时代吃了不少苦，教会财产被没收，若干牧师被杀。这一代人是从伏尔泰、卢梭等法国哲学家那里学到教理问答的，1793年10月，当公安委员会取缔了对上帝的崇拜，这代人都围着"理性的神坛"跳舞。牧师跟随着"流亡者"开始了漫长的流亡生涯，现在他们跟随联军归来，开始加倍复仇。

甚至耶稣会也在1814年卷土重来，重新干起了教育年轻人的活计。耶稣会在与教会的敌人战斗时，曾成功得有点儿过了头。它在世界各地都建了"省"，向当地人宣传基督教的好处，但它很快就发展成一个正规的贸易公司，总在干预着世俗当局。在葡萄牙的改革大总理庞贝尔侯爵时期，耶稣会被赶出了葡萄牙领土。1773年，在欧洲大多数天主教国家的要求下，教皇克雷芒十四世宣布解散耶稣会。现在耶稣会回来了，他们对孩子们说着"服从""热爱合法王朝"的原则，而这些孩子的父母曾花钱租临街的店铺窗户，以嘲笑在断头台上结束自己苦难的玛丽·安托瓦内特王后。

在普鲁士这样的新教国家，情况也一样糟。1812年的伟大爱国领袖，宣扬对篡位者拿破仑开战的诗人、作家，现在成了危险的"煽动家"。他们的房子被搜查，信件被审阅，他们被迫定期向警察汇报自己的情况。普鲁士教官疯狂地扑向年青一代。如果学生在老瓦尔特堡的喧闹而无害的节日上集会，庆祝宗教改革三百周年，普鲁士官僚就把这视为革命即将爆发的征兆。如果一个正直有余、智慧不足的神学院学生，杀了一个在德国工作的俄国政府间谍，大学就要被置于警察的监视之下，教授不经任何审判就会被监禁或开除。

当然，俄国在这些反革命活动上表现得尤为荒谬。亚历山大已从虔诚情绪发作中缓过来，又逐渐漂向忧郁症。他清楚知道自己能力有限，明白在维也纳他被梅特涅与那个叫克鲁德娜的女人利用了。他对西方越来越不感兴趣，成了一个真正的俄国统治者。他的兴趣在君士坦丁堡，那座古老圣城曾是斯拉夫人的启蒙老师。他年纪越来越大，干得越来越努力，但能完成的事却越来越少。当他坐在书房中时，他的大臣把整个俄国变成了军营之国。

这不是幅美妙图画。大概我本应把"大反动时代"的篇幅缩短些，但你还是应该详细了解一下这个时代。不是第一次有人试图让历史时钟倒转了，结果还不都是一样。

56.民族独立

但人们对民族独立的热望，不会就此泯灭。南美国家最先起来，反抗维也纳会议的反动措施，希腊、比利时、西班牙等欧洲大陆的许多国家纷纷效法。十九世纪流传着各国独立战争的消息

如果你说："假如维也纳会议做了某某事，而不是采取了某某措施，十九世纪欧洲的历史大概会不同。"这种话是没用的。聚集在维也纳会议上的人，都刚刚经历了一场大革命，经历了二十年可怕的、几乎不曾中断的战争。他们聚在一起，是为了给欧洲"和平与稳定"，他们以为这正是欧洲急需的。他们是我们所说的反动派。他们真心相信，老百姓无力统治自己。他们重新安排了欧洲的版图，想用这种方式最大限度地维护各自的利益。他们失败了，但并非因为他们事先有什么邪恶心机。他们中的大部分人都是老派人物，对安宁而快乐的年轻时代记忆犹新，迫切希望重回那幸福的时光。他们没有意识到，很多革命原则已在欧洲大陆民众的心中深深扎了根 —— 这是他们的不幸，但算不上罪过。法国革命教给欧洲和美洲的一条原

则，就是人们有权张扬自己的"民族性"。

拿破仑不尊敬任何人或物，他在对待民族热情、爱国热情方面是十分无情的。但早期的革命将军们曾宣布了一个新理论，说"民族性不只是政治边界或圆脑袋、宽鼻子的问题，而是关乎心与灵魂"。他们教育法国孩子意识到法兰西民族之伟大，这也鼓励了西班牙人、荷兰人、意大利人意识到自己民族的伟大。不久，这些民族（他们都跟卢梭一样，相信原始人更有德行）开始挖掘自己的过去，发现在封建制度的废墟下，埋着一个强大民族的骸骨，他们认为自己就是这一强大民族的孱弱子孙。

十九世纪上半叶是一个历史大发现的时代。各国历史学家都忙于出版中世纪的"特许状"和中世纪早期史，这在各国都形成了一种局面：人们对古老的祖国产生了新的自豪。这种情绪，很大程度建立在对史实的误解基础上。但在实际政治中，什么是真的并不重要，一切都依赖于人们以为什么是真的。在大多数国家，国王及其子民都坚信自己祖先的辉煌和英名。

维也纳会议不想感情用事。会议上的各位首脑们，根据六七个王朝的最大利益来划分欧洲版图。他们将"民族热情"跟所有危险的"法国教义"一起，列进了禁书目录。

但历史并不尊重什么会议。出于某种原因，对人类社会的正常发展来说，"民族"似乎是必要的（这大概是迄今为止尚未引起学者注意的一条历史规律）。谁要阻挡这潮流，谁就会像梅特涅试图阻止人们思考一样，徒劳无功。

奇怪的是，最早的麻烦出现在世界的偏远一隅——南美。在多年的拿破仑大战中，南美大陆的西班牙殖民地曾享受了一段相对独立的时期。西班牙国王被法国皇帝拿破仑囚禁时，他们甚至仍效忠于他，拒绝承认约瑟夫·波拿巴（他1808年，在弟弟拿破仑的命令下，成了西班牙国王）。

实际上，法国大革命深深波及的唯一美洲地区，似乎就是海地岛，也就是哥伦布第一次航海时到过的伊斯帕尼奥拉岛。1791年，法国国民公会对此地突发善心，赋予黑人兄弟以白人主子的所有特权。不久，法国人又反悔，试图取消原来的承诺，这导致了多年的殊死战争。战争一方是勒克莱尔将军（拿破仑的妹夫），另一方是黑人领袖杜桑·卢维杜尔。1801年，杜桑应邀去见勒克莱尔，讨论和平条款。对方向他做出庄严承诺，确保他的人身安全。他相信了白人对手，被送上了一条船，不久就死在法国监狱中。即便如此，黑人还是获得了独立，建立了共和国。顺便说一下，南美洲的第一个大爱国者西蒙·玻利瓦尔，在解放祖国摆脱西班牙束缚时，得到了海地人的鼎力相助。

西蒙·玻利瓦尔1783年出生于委内瑞拉的加拉加斯，在西班牙接受教育。他去过巴黎，目睹了革命政府的行动。他在美国待了一段时间，然后回国。当时，委内瑞拉国内对宗主国西班牙弥漫着普遍的不满情绪。1811年，委内瑞拉宣布独立，玻利瓦尔成了它的革命将军之一。在两个月的时间里，这些叛乱分子就被镇压，玻利瓦尔出逃。

此后五年里，他领导着似乎注定失败的事业。他献出自己的全部财富，但若没有海地总统的支持，他就无法发动最后一次成功的远征。之后，叛乱波及整个南美洲。不久，西班牙孤军作战，似乎已无力镇压叛乱，于是求助于神圣同盟。

这一步让英国很不安。英国船主已取代荷兰人，成了全世界的海上马车夫。他们指望整个南美宣布独立后，自己能捞取丰厚的利润。他们希望美国干预，但美国参议院无此计划，众议院中也有很多声音宣称，不应插手西班牙人的事。

就在这时，英国更换了大臣。辉格党人下台，托利党人掌权，乔治·坎宁成了外交大臣。他向美国示意说，如果美国政府宣布，反对神圣同盟关于南美叛乱殖民地的计划，那么英国乐于用自己的全部海军来支持美国政府。于是，门罗总统1823年12月2日在国会发表国情咨文时说："神圣同盟各国试图将其势力扩展到西半球的任何做法，我们都视为对美国和平与安全之威胁。"他还警告说："美国政府认为神圣同盟的任何此类行动，均为公然冒犯美国。"四周后，"门罗主义"文件见诸英国报纸，神圣同盟被迫做出选择。

梅特涅犹豫了。从个人角度来说，他想冒险惹一惹美国（自从1812年的英美战争结束后，美国就忽略了自己的陆军和海军）。但坎宁的挑衅态度以及大陆上的麻烦，迫使梅特涅不得不小心从事。神圣同盟没有远征，南美和墨西哥赢得了独立。

说到欧洲大陆上的麻烦，诚然来势迅猛。1820年，神圣同盟派法国军队到西班牙去维护和平。奥地利军队也为同一目的被派到意大利，意大利的"烧炭党"（"烧炭人"的秘密组织）正在大力宣传要统一意大利，这引发了叛乱，以反对恶棍那不勒斯的斐迪南。

俄国也传来了坏消息。亚历山大死后，圣彼得堡马上爆发了革命，这是一场短暂但血腥的叛乱，被称为"十二月党人起义"（因为它发生在十二月），结果绞死了大量优秀的爱国者——他们对亚历山大晚年的反动行为不满，试图在俄国建立立宪政府。

不过，更糟的还在后头。梅特涅在亚琛、特罗保、莱巴赫，最后在维洛那，召开了一系列会议，试图以此确保欧洲各宫廷能一直支持自己。各国代表如期赶到这些宜人的温泉疗养地（梅特涅这位奥地利首相常在这些地方消夏）。他们总是保证尽力镇压叛乱，但不敢保证镇压成功。民众的情绪开始骚动起来，尤其是在法国，国王的地位岌岌可危。

但真正的难题在巴尔干国家。那是西欧的门户，自古就是入侵者的必经之地。第一次麻烦出现在摩尔达维亚，就是古罗马的达西亚省。它在三世纪被切断了与罗马帝国的联系，从那时起，它就是一块无主之地，像亚特兰蒂斯一样。那里的人们仍说着古罗马的语言，仍自称为罗马人，称他们的国家为罗马尼亚。就在这里，1821年，一个名叫亚历山大·伊普希朗蒂公爵的年轻希腊人，开始了反抗土耳其人的起义。他对追随者说，俄国肯定会支持他们。但梅特涅腿脚麻利的邮差很快上路，赶到了圣彼得堡。沙皇完全被奥地利人强调"和平与稳定"的理论说服，拒绝帮助罗马尼亚人。伊普希朗蒂被迫逃到奥地利，以后的七年都在奥地利监狱中度过。

同一年，也就是1821年，希腊又出了乱子。从1815年起，希腊的一个秘密爱国组织就已筹备起义。他们突然在摩里亚半岛（古代的伯罗奔尼撒半岛）举起独立大旗，赶走了土耳其驻军。土耳其人以惯用的方式还击，他们逮捕了君士坦丁堡的希腊牧首（希腊人和很多俄国人都视他为教皇）。1821年复活节那个星期天，他们绞死了他以及一些主教。希腊人还以颜色，屠杀了摩里亚首府特里波利的所有穆斯林。土耳其人以牙还牙，进攻希俄斯岛，杀死那里的两万五千名基督徒，把四万五千名基督徒卖到亚洲、埃及为奴。

然后，希腊人向欧洲各宫廷求援，但梅特涅振振有词地对他们说，他们这是"咎由自取"（我并不是在开玩笑，我引用的是梅特涅阁下知会沙皇的信，信中说"起义之火在野蛮地区会自燃自灭"）。那些想帮助希腊爱国者的志愿者，则不许出境。希腊人的事业似乎无望了。在土耳其的请求下，一支埃及军队在摩里亚登陆。很快，雅典卫城（古代雅典的堡垒）重新飘起土耳其国旗。埃及军队"以土耳其人的方式"来平靖这一国家。梅特涅袖手旁观事态的发展，期待"这一试图破坏欧洲和平的行为"就这么过去。

这次又是英国人让梅特涅没有得逞。英国的最大光荣不在于其广袤的殖民地，不在于其财富或海军，而在于普通公民坚毅沉着的英雄主义和独立精神。英国人恪守法律，因为他们懂得，尊重他人的权利，正是狗穴与文明社会之间的区别。他们不承认别人有权干涉他们的思想自由，如果国家做了他们认为错误的事，他们会站出来直言不讳。他们攻击的政府会尊重并尽力保护他们抵挡暴民的进攻（如今正如苏格拉底时代一样，暴民常喜欢消灭那些勇气和智慧胜过他们的人）。任何正义事业，不论多么不受欢迎、多么遥远，其最坚定的追随者中，总会有几个英国人。英国群众与别国群众也没什么两样，他们也专注于手头之事，没工夫玩虚无缥缈的"冒险游戏"。但如果他们的哪位邻居抛弃一切，跑去为亚非的某个弱小民族而战，那他会得到大家的钦佩。他战死时，大家会给他办一个隆重的葬礼，把他作为勇气和骑士精神的楷模，指给孩子们。

即便是神圣同盟的密探，对英国人的这种民族性也束手无策。1824年，拜伦勋爵（一位年轻富有的英国人，他的诗歌让全欧洲为之潸然泪下），扬起他的小船帆朝南进发，去帮助希腊人。三个月后，消息传遍了欧洲，说他们的英雄拜伦死在希腊的最后一个据点迈索隆吉翁。他孤独的死亡，点燃了人们的想象之火。所有国家都成立组织，来帮助希腊人。美国革命中的伟大元老拉法夷特，在法国宣传希腊人的处境。巴伐利亚国王派来几百名军官，金钱和补给源源不断地送到迈索隆吉翁饥民手里。

在英国，乔治·坎宁已击败神圣同盟在南美的计划，现在他成了首相。他发现第二次阻挠梅特涅的机会来了。英国和俄国舰队已经在地中海上，它们是政府派来的，因为政府已不敢压制民众对希腊爱国事业的狂热。法国海军也出现，因为自十字军东征后，法国就担当起在穆斯林土地上捍卫基督教信仰的角色。1827年10月20日，三国的战船在纳瓦里诺湾进攻土耳其海军，摧毁了对手。很少有哪次战役的消息，让这么多人欢呼。西欧人与俄国人在国内没有自由，聊以自慰的是，他们代表被压迫的希腊人，打了一场想象的自由战争。1829年，他们如愿以偿。希腊成了独立国家，反动的"稳定至上"政策遭到第二次重创。

要想在短短篇幅内，详述各国争取民族独立的斗争，那将是荒唐可笑的。有很多关于这一题目的好书。我描述了希腊争取独立的斗争，因为这是对维也纳会议所建立的"维护欧洲稳定"之反动堡垒的第一次成功打击。那个强大的反动堡垒仍然矗立着，梅特涅仍然掌权，但其末日已为时不远。

在法国，波旁王朝建立了几乎令人无法忍受的警察官僚统治。他们竭力破坏法国革命的成果，无视文明战争的规则和规律。路易十八1824年死去时，人们已享有了九年"和平"，这九年就跟帝国的十年战争一样令人痛苦。继承路易王位的是他的弟弟查理十世。

路易属于著名的波旁王朝，这个王朝虽然什么也没学会，却什么都不会忘记。路易十八在德国哈姆镇时，一天早晨听到哥哥路易十六被砍头的消息。这消息一直警示他，没有读懂时代信息的国王将有怎样的下场。但查理还不到二十岁时，就已欠下五千万法郎的私人债务。他什么也不懂，什么也不记得，并固执地什么也不想学。他刚继承哥哥的王位，就成立了一个"教士所建，教士所有，教士所享"的政府。这句评论是英国的惠灵顿公爵说的，而惠灵顿根本算不上激进自由派。查理的统治方式，甚至让惠灵顿这位笃信法律与秩序的人感到厌恶。查理大力镇压敢于批评政府的报纸，解散了议会，因为议会支持报界。这时，他的时日就不多了。

1830年7月27日晚，巴黎爆发了革命。30日，国王逃到海滨，起航流亡英国。就这样，著名的"十五年闹剧"收场，波旁王朝终于从法国王位上跌了下来——他们实在是朽木不可雕。这时，法国是可以回到共和政体的，但梅特涅不会允许。

局势危急。叛乱的星火越过法国边境，点燃了另一个全民怨声载道的火药库。尼德兰这个新王国经营得并不好。比利时人与荷兰人毫无共同之处。他们的国王，奥兰治的威廉（沉默者威廉的叔叔的一位后人）勤勤恳恳，也是个好商人，但他太缺乏技巧和灵活性，无法在这两群难以相处的子民之间维持和平。此外，降临于法国的那一大群教士，也马上进入了比利时。信奉新教的威廉不论做什么，都被一群义愤填膺的公民咒骂为"对天主教教会自由"的一次新进攻。8月25日，群众爆发起义，反抗布鲁塞尔的荷兰当局。两个月后，比利时人宣布独立，推选科堡的利奥波德（英国女王维多利亚的舅父）为王。这是解决困境的好办法。比利时、荷兰两国本不该联合在一起，现在终于分道扬镳。此后他们像彬彬有礼的邻居一样相安无事。

那时只有几条不长的铁路，消息传得比较慢。但法国与比利时革命者胜利的消息一传到波兰，波兰人就与俄国统治者发生了冲突，引发了持续一年之久的可怕战争，结果俄国人大获全胜。俄国人以众所周知的俄国方式，在"维斯瓦河沿岸确立了秩序"。尼古拉一世1825年继承了哥哥亚历山大的王位，他坚信自己家族的神圣权利。神圣同盟的原则，在神圣的俄国不过是一句空话，在西欧避难的数千波兰移民可以为此做证。

意大利也经历了一段动荡时期。玛丽·路易丝，帕尔马女公爵（前皇帝拿破仑的妻子，她在滑铁卢惨败后抛弃了丈夫），被从帕尔马赶出来 ①。在教皇国，愤怒的人们想建立一个独立共和国。但奥地利军队开进罗马，很快一切又变成了老样子。梅特涅继续住在"鲍尔豪斯广场"②，那是哈布斯堡王朝外交大臣的驻地。密探复归原位，和平再次压倒一切。又过了十八年，才有了第二次更为成功的努力，将欧洲从维也纳会议的可怕遗产中拯救出来。

这次发出起义信号的，又是欧洲的革命风向标 —— 法国。查理十世之后即位的是路易·菲利普，他父亲就是那位著名的奥尔良公爵 —— 这位公爵加入了雅各宾派阵营，投票支持判处表弟国王路易十六死刑；在革命早期，他以"平等的菲利普"或"平等的菲利普"的称号，立下了汗马功劳；最后，当罗伯斯庇尔试图在全国清洗所有"叛徒"（所谓"叛徒"就是与他意见不合之人），"平等的菲利普"被杀。他的儿子路易·菲利普被迫离开革命军队，从此四处漂泊。他在瑞士教过书，又花了两年时间探索美国未知的"遥远西部"。拿破仑倒台后，他回到巴黎。他比波旁亲戚们聪明得多，他生活简朴，胳膊下夹着红棉布雨伞，在公园里行走，身后跟着一群孩子，像所有一家之主那样。但法国已不需要国王，路易直到1848年2月24日才明白这一点。那一天，一群人袭击了杜伊勒里宫，赶走了国王陛下，

---

① 玛丽·路易丝本是奥地利公主，维也纳会议把帕尔马划归她治下。

② Ball Platz, 应指 Ballhaus Platz, 维也纳的外交部门所在地。

宣布成立共和国。

消息传到维也纳，梅特涅满不在乎地说，这只不过是1793年的一次重演，并说，神圣同盟只好再次出兵巴黎，终结这不体面的民主暴乱。但两星期后，梅特涅自己的奥地利首都也发生了公开叛乱。梅特涅从府邸的后门，逃脱了群众围堵。斐迪南皇帝被迫向百姓颁布一部宪法，它体现了梅特涅首相过去三十三年中力图消灭的大部分革命原则。

这一次，整个欧洲都震动了。匈牙利宣布独立，在路易·科苏特领导下，对哈布斯堡王朝宣战。这次对比悬殊的斗争持续了一年多，最终被沙皇尼古拉的军队镇压，沙皇军队越过喀尔巴阡山，平定了匈牙利，让那里再次可以实行独裁制。哈布斯堡王朝成立了罕见的军事法庭，绞死自己在公开战斗中无法击败的大部分匈牙利爱国者。

在意大利，西西里岛宣布脱离那不勒斯而独立，赶走了自己的波旁国王。在教皇国，首相罗西被杀，教皇出逃。教皇第二年率一支法国军队回来，这支军队留在罗马保卫教皇陛下，对抗他的子民，一直到1870年（1870年这支军队被召回去保卫法国，对抗普鲁士，罗马成了意大利的首都）。在北方，米兰、威尼斯起来反抗它们的奥地利统治者，得到撒丁王国的国王阿尔伯特的支持。但老拉德茨基率一支强大的奥地利军队，开进波河谷地，在库斯托扎、诺瓦拉附近打败了撒丁军队，迫使阿尔伯特退位，把王位传给了儿子维克托·伊曼纽尔（若干年后，伊曼纽尔成了统一的意大利的第一任国王）。

1848年的动荡，在德国表现为要求政治统一与代议制政府的全国大示威。在巴伐利亚，国王把时间和金钱挥霍在一位爱尔兰女士身上（这位女士自称是西班牙舞蹈家，她叫罗拉·蒙特兹，埋葬在纽约的贫民墓地），被暴怒的大学生赶走。在普鲁士，国王被迫脱帽，站在巷战中遇难者的棺材前，答应建立立宪政府。1849年3月，由全国五百五十名代表组成的德国议会，在法兰克福开会，提议普鲁士国王腓特烈·威廉为统一德国的皇帝。

但是，潮流开始逆转。软弱的斐迪南已退位，让位给侄子弗朗茨·约瑟夫。训练有素的奥地利军队，依然效忠于他们的战争头子。刽子手忙了起来。哈布斯堡王朝，按照这个奇怪家族"猫有九命"的本性，再次站了起来，很快又巩固了自己在东欧、西欧的霸主地位。他们政治游戏玩得很巧妙，利用德国小邦的彼此猜忌，阻挠把普鲁士国王擢升为皇帝。他们在忍辱含垢方面受过长期训练，学会了耐心。他们知道如何等待，他们静候时机。对实际政治全无经验的自由派夸夸其谈，陶醉于自己的精彩演说。这时，奥地利人悄悄聚集军队，解散了法兰克福议会，重新建立了此前那令人难以置信的德意志邦联——维也纳会议就把这样一个邦联，向没有心理准备的世人推出。

但在由异想天开的热情分子组成的奇怪的法兰克福议会中，有个名叫俾斯麦的普鲁士乡绅，他充分利用了自己的眼睛和耳朵。他对空谈不屑一顾，他知道（每个善于行动的人都知道），空谈从来无益。他以自己的方式真诚地爱国。他接受过老式外交训练，撒谎撒得比对手高明，正如他可以走路比他们快，喝酒比他们多，骑马也比他们快一样。

俾斯麦坚信，要想抵挡其他欧洲列强，由小国组成的松散的德意志邦联，必须变成一个强大的统一国家。他在封建忠君思想中长大，断定霍亨索伦家族（他是该家族最忠诚的仆人）应统治这一新国家，而不是无能的哈布斯堡家族。为此，他必须首先削弱奥地利的势力。于是他开始为这一辛苦行动做必要准备。

此时，意大利已解决了自己的问题，摆脱了它痛恨的奥地利主人。意大利的统一要归功于三人：加富尔、马志尼、加里波第。三人中，加富尔是土木工程师，眼睛近视，戴钢丝边眼镜，扮演谨慎的政治领航员的角色。马志尼大部分时间都在欧洲各地的阁楼里东躲西藏，躲避奥地利警察的追捕，他是政治鼓动家。而加里波第带着他那一群穿着红衬衫、惯于骑烈马的战士，激发着民众的想象力。

马志尼、加里波第都相信共和政府，但加富尔相信君主制。其他人认为加富尔在实际治国方面能力过人，于是采纳了他的意见，为了亲爱祖国的更大利益，放弃了自己的雄心壮志。

加富尔倾心于撒丁家族，正如俾斯麦倾心于霍亨索伦家族一样。加富尔凭着极度的谨慎、无比的精明开始工作，把撒丁国王推上高位，让国王陛下能领导所有意大利人民。欧洲其他地区的不安政局，帮了他大忙。对他的独立事业做出最大贡献的，是意大利古老的、被信任的（常常也不被信任的）邻国 —— 法国。

　　在法国这个动荡国度，1852年11月，共和国突然终结。这也在意料之中。拿破仑三世（荷兰前国王路易·波拿巴的儿子，伟大的拿破仑的小侄子），重新建立了一个帝国，自封为"上帝与人民意志任命的"皇帝。

朱塞佩·马志尼

　　这个年轻人在德国受过教育，他说的法语总掺杂着沙哑的条顿喉音（正如拿破仑一世说法语时，总带着浓重的意大利口音）。他力图利用拿破仑的传统，为自己的利益服务。但他树敌太多，觉得自己现成的王位坐得不牢。他赢得了英国维多利亚女王的好感，这不难做到，因为维多利亚女王不甚聪明，喜欢听奉承话。但其他欧洲君主则看不起这位法国皇帝。他们晚上凑在一起，寻找一些新方法，向这位新爆发的"好兄弟"显示他们有多么鄙视他。

拿破仑不得不想办法打破这种敌意，手段是爱对方，或令对方恐惧。他当然知道"光荣"一词对百姓有多大诱惑。既然不得不为王位下赌注，他就决定下大赌注来玩这场帝国游戏。他以俄国对土耳其的一次进攻为借口，发动了克里米亚战争。在这次战争中，英、法联合起来，站在苏丹一边，对阵俄国沙皇。这次战争代价惨重、所获甚微，法、英、俄都没赢得多少光荣。

但克里米亚战争成就了一件好事。它给了撒丁一个机会，使之主动加入获胜的战团。宣布和议时，它给了加富尔机会，让英国、法国感戴自己。

这位聪明的意大利人利用国际局势，让撒丁成了欧洲最重要的列强之一。然后，1859年6月，他又挑起了撒丁与奥地利之间的战争。他用萨伏伊的几个省份及尼斯做交换（尼斯实际上不过是个意大利小镇），争取到了拿破仑的支持。法意联军在马真塔、索尔弗利诺打败了奥地利人。以前的奥地利诸省和诸小公国，被统一为意大利王国，定都佛罗伦萨。直到1870年，法国才从罗马召回军队，以保卫法国，抵抗德国。法国人一走，意大利军队就进入永恒之城罗马，撒丁王朝入主古老的奎里纳尔宫（这是一位古代教皇在君士坦丁大帝的浴室废墟上建造的）。

教皇越过台伯河，躲在梵蒂冈的城墙后面——自从教皇1377年从亚维农流放归来，梵蒂冈就成了多任教皇的居所。教皇强烈抗议这种对其领土的野蛮掠夺，并给那些忠诚的天主教徒写信求助，他们倾向于对他的损失表示同情。然而这样的天主教徒本就不多，且正迅速减少。教皇一旦摆脱国务羁绊，就可以致力于精神问题。他居高临下，超越于欧洲政治家们的小打小闹之上，这为教皇赢得了新的高贵地位，对教会大有好处，使它成了一个有利于社会进步和宗教进步的国际力量。同大多数新教派别相比，教皇对现代的经济问题有着更深刻的认识。

就这样，维也纳会议试图让意大利半岛成为奥地利的一个省，以解决意大利问题，这一企图最终失败。

但德国问题还没有解决，事实证明，这是最棘手的一道难题。1848年革命失败，致使德国人中精力更充沛、心性更自由的分子，大规模移民。这些年轻人移居美国、巴西，以及亚洲、美洲的新殖民地。他们的事业在德国依然继续，但从事该事业的却是另一群人了。

德国议会垮台、自由派建立统一国家失败后，在新的法兰克福邦联会议上，代表普鲁士王国的是奥托·冯·俾斯麦。我们刚刚在前几页谈到他。现在，俾斯麦已完全赢得普鲁士国王的信任，这正是他梦寐以求的。普鲁士议会或普鲁士人民的意见，他全不在乎。他亲眼目睹了自由派的失败。他明白，不通过一场战争，是没法摆脱奥地利的，于是他开始强化普鲁士军队。普鲁士议会对他的高压手段很气愤，拒绝给他必需的贷款，俾斯麦甚至没费口舌去讨论这问题。他勇往直前，凭借普鲁士贵族院以及国王提供的资金，扩充军队。然后他四处寻找一项民族事业，希望在所有德国人中掀起爱国大潮。

德国北部有石勒苏益格、荷尔斯泰因两个公国，从中世纪起它们就麻烦不断。这两块土地上都住着一定数量的丹麦人与德国人。它们由丹麦国王统治，但并非丹麦王国的有机部分，这引发了没完没了的问题。最近的凡尔赛会议似乎解决了这个难题，我要是旧事重提，老天也不会饶我。荷尔斯泰因的德国人大骂丹麦人，而石勒苏益格的丹麦人则极力渲染自己的丹麦性。整个欧洲都对此议论纷纷。德国的男声合唱队、体操俱乐部，聆听着关于"沦陷的兄弟"的动情演说。各国总理府竭力想弄明白是怎么回事，普鲁士则动员军队去"拯救丧失的省份"。奥地利是德意志邦联的官方首领，它不会让普鲁士在这样的大事上独自行动，于是哈布斯堡的军队也动员起来。两个大国的联军越过丹麦边境，在丹麦人的英勇抵抗后，两个公国被联军占领。丹麦人向欧洲求助，但欧洲当时正忙于他事，不管丹麦人死活。

于是，俾斯麦着手帝国日程表上的第二项。他以分赃不均为由，找碴跟奥地利吵架，哈布斯堡王室上当了。新的普鲁士军队 —— 俾斯麦和他忠实的将军们的产物 —— 侵入了波希米亚。不到六星期时间，最后一支奥地利军队也在科尼西格拉兹、萨多瓦被消灭，到维也纳去的通道已敞开。但俾斯麦并不想太过分，他知道，他在欧洲也需要几个朋友。他向战败的哈布斯堡王室提出很体面的议和条款，条件是他们放弃邦联的领导地位。他对站在奥地利一边的很多德意志小国，就没有这么仁慈了，他将它们尽数并入普鲁士。北方的大部分国家于是形成了一个新组织，就是所谓的北德意志邦联，胜利的普鲁士成了德国人的无冕之王。

德国的统一完成得如此迅速，让欧洲大吃一惊。英国比较无所谓，法国则表示异议。拿破仑三世对法国人民的控制正在一步步削弱，克里米亚战争代价惨重，却收获甚微。

1863年，法国人第二次冒险。一支法国军队试图把一位名叫马西米连诺的奥地利大公，强加给墨西哥人当皇帝。后来，美国北方一赢得内战胜利，法国的这次冒险就以灾难告终，因为美国的华盛顿政府迫使法国撤军，让墨西哥人把敌人从国土赶出去，枪决了那位不受欢迎的皇帝。

拿破仑三世的宝座需要刷一层新的"光荣"油漆了。过不了几年，北德意志邦联就会成为法国的强大对手。拿破仑三世认为，与德国开战，对自己的王朝是件好事。他寻找借口。爆发了无数次革命的可怜的西班牙，给他提供了借口。

当时，西班牙王位恰好空缺，它被传给霍亨索伦家族的天主教一支。法国政府表示反对，霍亨索伦家族礼貌地拒绝接受王位。但拿破仑三世已显出病兆，在很大程度上听从他的漂亮妻子欧仁妮·德·蒙蒂霍的想法。她是一位西班牙贵族的女儿，威廉·基尔巴特里克的外孙女，威廉是美国驻出产葡萄的马拉加的商事裁判官。欧仁妮虽然精明，却像当时的大多数西班牙妇女一样缺乏教育。她对自己的宗教顾问言听计从，这些可敬的先生们对信奉新教的普鲁士国王没有好感。皇后对丈夫说"要勇敢"，但她没有加上那句著名波斯谚语的后半句，该谚语教英雄"要勇敢，但不要鲁莽"。拿破仑三世对自己军队的战斗力深信不疑，写信给普鲁士国王，要求对方向他保证"不许另一个霍亨索伦王公染指西班牙王位"。霍亨索伦家族刚刚拒绝了这一荣誉，所以法国的要求是多此一举。俾斯麦也如是告知法国政府，但拿破仑三世还不满意。

1870年，普鲁士的威廉国王正在埃姆斯温泉疗养。一天，法国驻普鲁士大使拜见了他，想重提此事。国王愉快地回答说，天气甚佳，西班牙问题已了结，对此再没有什么可谈的。作为例行公事，这次会见的报告，用电报发给了掌管一切外交事务的俾斯麦。俾斯麦为了普鲁士与法国媒体的方便，整理了这份报告。很多人因此而攻击他，但俾斯麦会辩护说，编发官方消息，自古以来就是所有文明政府的特权。当这份"编辑过的"电报发表时，柏林的善良民众觉得，他们可敬的、长着白胡子的老国王，遭到了一个傲慢的小法国佬的侮辱。同样善良的巴黎人士也勃然大怒，因为他们毕恭毕敬的大使，竟被一位普鲁士皇家仆役赶出了门。

于是双方宣战。不到两个月时间，拿破仑三世及其大部分军队，都成了德国人的俘虏。法兰西第二帝国结束，第三共和国准备保卫巴黎，抵抗德国入侵者。巴黎坚持了五个月。巴黎投降前十天，在巴黎附近路易十四国王修建的凡尔赛宫（路易十四曾是德国人的劲敌），普鲁士国王被宣布为德意志皇帝。轰鸣的炮声告诉饥饿的巴黎人民，一个新的德意志帝国，取代了以前的条顿大小国家组成的那个无关紧要的邦联。

德国问题就这样野蛮地解决了。到1871年年末，就是值得纪念的维也纳会议之后五十六年，维也纳会议的努力已完全失败。梅特涅、亚历山大、塔列朗想给欧洲人以持久和平，他们采取的手段却导致了无尽的战争与革命。十八世纪那种"四海之内皆兄弟"的想法结束之后，出现的是一个极端的民族主义时期，这一时期至今仍未终结。

57.发动机的时代

当欧洲人正为民族独立而战时，一系列发明改变了他们生活的世界。这些发明让十八世纪古老蹩脚的蒸汽机，成了人类最忠实高效的奴隶

人类的最大恩主，是五十多万年前死去的。他浑身长着毛，眉毛很低，眼睛凹陷，下巴宽大，牙齿像老虎牙一样结实。在现代科学家的集会上，他的相貌令人不敢恭维，但现代科学家都会尊他为始祖，因为他曾用一块石头打碎一枚坚果，用木棒撬起一块巨石。他发明了锤子和杠杆，这是我们最初的工具。他让人类相对于地球上其他动物有了巨大优势，任何后来者都不及他功勋卓著。

从那以后，人类一直想发明更多工具，让生活更舒适。第一个轮子（用一根老树凿成的圆盘）在公元前十万年的社会上引起的轰动，不亚于几年前飞行器的发明引起的轰动。

在华盛顿流传着这样一个故事，说十九世纪三十年代初，专利局的一位官员提出取消专利局，因为"能发明的一切，都已发明出来

了"。在史前时期,当第一个帆挂到船上,不必划桨、撑篙、在岸上拉,船就能从一处移到另一处时,人们必定有此同感。

的确,历史上最有趣的情形之一,就是人们总想让别人或别的东西为他干活,自己则悠闲自在地晒太阳,或者在石头上画画,或训练小狼小虎,让它们像家畜一样驯顺。

当然,在古代,人们总能奴役弱小的邻居,迫使他劳作。为什么跟我们一样聪明的希腊人、罗马人没有发明更有趣的机器?原因之一就在于奴隶制的普遍存在。一个伟大的数学家如果能到市场上,低价买到他所需的所有奴隶,那么,他何必把时间浪费在金属线、滑轮、齿轮上,让空气中充满噪音与烟雾呢?

在中世纪,奴隶制已经废除,只保留下一种温和的农奴制。但行会仍阻挠人们使用机器的念头,因为他们觉得,这会让他们的很多兄弟失业。此外,中世纪对于制造大宗商品毫无兴趣。中世纪的裁缝、屠夫、木匠,可以满足其所在小社会的直接需求。他们不想与邻居竞争,也不想生产多于自己直接需求的产品。

文艺复兴时期,教会无法再像从前那样,把自己对科学研究的偏见,严格地强加在人们头上。很多人开始投身于数学、天文、物理、化学。就在三十年战争爆发前两年,一位名叫约翰·奈皮尔的人出版了一本小书,描述了"对数"这一新发现。三十年战争期间,莱比锡的戈特弗里德·莱布尼茨,完善了微积分体系。《威斯特伐利亚和约》之前五年,伟大的英国自然哲学家牛顿诞生。就在前一年,意大利天文学家伽利略去世。这期间,三十年战争毁掉了欧洲中部的繁荣，人们突然对"炼金术"产生了广泛兴趣。这是中世纪的一种奇怪的伪科学，人们希望通过它把低等金属变成金子。金子没有炼出来，但炼金术士在实验室里误打误撞，开启了很多新思想，大大有助于他们的后来者——化学家的工作。

这些人的工作，为世界提供了坚实的科学基础，在此基础上，最复杂的机器也可以制造出来。一些务实之人抓住良机。中世纪的人们在制作几种必要的机械时，用的是木头。木头易腐烂，铁比木头强得多，但英格兰以外的地区铁很稀少。因此，大多数冶炼活动都是在英格兰进行的。要炼铁，就需要大火。一开始，人们用木头生火，但森林很快就用光了。于是人们开始使用"石煤"（史前时代石化的树）。然而你知道，煤得从地下挖出来运到冶炼炉，煤矿得随时防止浸水。

这两个问题必须马上解决。暂时还可以用马来拖拉煤车，而从煤矿里抽水则需专门机器。几个发明家都忙于解决这一难题。他们都知道，他们的新机器必须使用蒸汽。制造蒸汽机是个古老的想法。公元前一世纪亚历山大城的希罗，就曾描述过几种蒸汽驱动的机器。文艺复兴时期，人们曾想到蒸汽驱动的战车。与牛顿同时代的伍斯特侯爵，在他关于发明的著作里，提到过一台蒸汽机。不久以后，1698年，伦敦的托马斯·萨弗里为一台抽水机申请了专利。同时，荷兰人克里斯蒂安·惠根斯，正在完善一种发动机，用火药来引发有规律的爆炸，就像我们今天在引擎中用汽油一样。

在整个欧洲，到处都有人为这想法忙碌起来。一个叫丹尼斯·帕

现代城市

潘的法国人（惠更斯的朋友和助手）在几个国家都做着蒸汽机试验。他发明了一台用蒸汽驱动的小车，还发明了一条蒸汽驱动桨轮的小船。但当他想坐着自己的船旅行时，当局将其没收，因为船员工会提出抗议，担心这种船会让他们失业。帕潘将钱都花在了发明上，最后在极度贫困中死于伦敦。在他去世之际，另一个热衷于机器的人托马斯·纽科门，正致力于发明新的蒸汽泵。五十年后，格拉斯哥的一位工具制造商詹姆斯·瓦特改进了纽科门的机器。1777年，瓦特发明了世界上第一台真正具有实用价值的蒸汽机。

在人们试验"热力机"的这几个世纪里，政局发生了剧变。英国人取代荷兰人，成了世界贸易的转运商。他们开辟了新殖民地，把殖民地生产的原材料运到英国，加工为成品，出口到世界各地。十七世纪，佐治亚州和南北卡罗莱纳州的人，已经开始种植一种新的灌木，它能长出奇怪的类似羊毛的东西，就是所谓的"原棉"。摘下的棉花运往英国，兰开夏郡的人们再把它纺织成布。这种工作在工人家里手工完成。很快，纺织工艺有所改进。1730年，约翰·凯伊发明了"飞梭"。1770年，詹姆斯·哈格里夫斯为自己的"珍妮纺纱机"申请了专利。一个名叫伊莱·惠特尼的美国人发明了轧棉机，把棉花同棉籽分开（以前是用手工做的，一天只能分一磅）。后来，理查·阿克莱特与教士埃德蒙·卡特赖特，发明了水力驱动的大织布机。此后，十八世纪八十年代，正当法国召开三级会议（那著名的会议后来摇撼了欧洲的政治体系），瓦特的蒸汽机被引进，以驱动阿克莱特的织布机。这促成了一场经济与社会革命，改变了世界各地人与人之间的关系。

固定的发动机一取得成功，发明家就把注意力转到借助机器来驱动轮船、车辆的问题上。瓦特本人设计了一套"蒸汽机车"，但他还没来得及完善自己的想法，1804年理查德·特里维希克就发明了一辆机车，在威尔士的佩尼德兰煤矿，运载了二十吨货物。

这时，一位名叫罗伯特·富尔顿的美国珠宝匠兼肖像画家，正在巴黎游说拿破仑，声称借助他的"鹦鹉螺"号潜水艇和他的"汽船"，法国可以摧毁英国的海上霸权。

富尔顿关于汽船的想法并非原创。毫无疑问，他是从约翰·菲奇那里借用来的（菲奇是康涅迪格州的一个机械天才，他设计的巧妙汽船，早在1787年就在特拉华河上首航）。但拿破仑和他的科学顾问，不相信真能造一艘自行驱动的船。尽管这条装备了苏格兰人造的发动机的小船，在塞纳河上快活地突突作响，拿破仑皇帝却没有利用这一可怕武器——它本可以帮他报特拉法尔加之仇。

至于富尔顿，他回到了美国。他是个务实的实业家，与罗伯特·利文斯顿一起创办了一家成功的汽船公司。利文斯顿是《独立宣言》的签字人之一，当富尔顿在巴黎兜售自己的发明专利时，利文斯顿正是美国驻法国公使。这家新公司的第一艘汽船"克莱蒙特"号获得了纽约州所有水域的垄断权，其发动机是英国伯明翰的博尔顿和瓦特造的。从1807年起，"克莱蒙特"号开始在纽约、奥尔巴尼之间定期航行。

至于可怜的约翰·菲奇，他凄凉地死去。他曾先于所有人，第一个把"汽船"用于商业目的。他身体垮了，钱包空了。当他用螺旋桨推进器驱动的第五条船被毁后，他到了穷途末路。邻居们嘲笑他，就像一百年后他们嘲笑制造了可笑飞行器的兰利教授一样。菲奇本希望让他的国家能方便地通向西方的大江大河，他的同胞却宁愿坐平底船或步行。1798年，在彻底绝望与悲惨之中，菲奇服毒自杀。

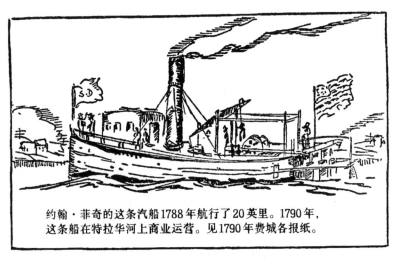

约翰·菲奇的这条汽船1788年航行了20英里。1790年，这条船在特拉华河上商业运营。见1790年费城各报纸。

第一条汽船

但二十年后，"萨凡纳"号——一条一千八百五十吨的汽船，一小时能走六海里（"毛里塔尼亚"号速度是其四倍），用创纪录的二十五天时间，渡过了从萨凡纳到利物浦之间的大西洋。这时，群众的嘲笑戛然而止。他们以极大的热情，把发明的荣誉错安在别人头上。

六年后，一个苏格兰人乔治·史蒂芬孙（他一直在制造机车，以

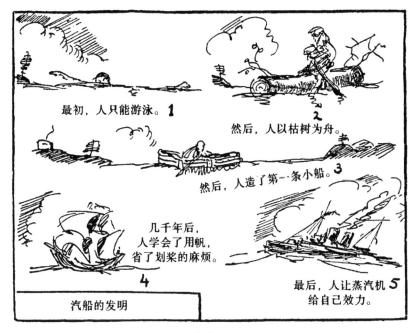

最初，人只能游泳。 **1**

然后，人以枯树为舟。 **2**

然后，人造了第一条小船。 **3**

几千年后，人学会了用帆，省了划桨的麻烦。 **4**

最后，人让蒸汽机 **5** 给自己效力。

汽船的发明

汽船的发明

便把煤从煤矿运到冶炼炉和纺纱厂）制造了著名的"火车"，它使煤的价格几乎降低了百分之七十。曼彻斯特与利物浦之间，修建了第一条定期往返的客车线路，人们能以史无前例的每小时十五英里的速度，从一座城奔到另一座城。十二年后，这个速度提高到了每小时二十英里。现在，任何一辆性能尚可的廉价汽车（十九世纪八十年代发动机驱动的戴姆勒、勒瓦索小机动车的直接后代），都比这些早期的蒸汽火车跑得快。

当这些有着实用头脑的工程师改进突突响的"热力机"时，一群"纯粹"科学家（就是一天十四个小时都在研究科学"理论"的人，没

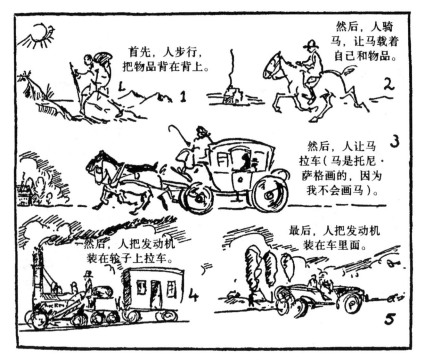

汽车的发明·

有他们的研究，就不可能改进机械）则"嗅出了新的味道"，走进了大自然最隐秘的领域。

两千年前，一些希腊和罗马哲学家，尤其是米利都的泰勒斯以及普林尼（普林尼于公元79年研究维苏威火山爆发时遇难，那次火山爆发把庞贝城和赫库兰尼姆城埋在了火山灰下）已经注意到，如果用羊毛摩擦一片琥珀，琥珀周围的稻草和碎羽毛，就会出现奇怪的反应。中世纪的学者对这些神秘的"电力"不感兴趣。文艺复兴后不久，伊丽莎白女王的私人医生威廉·吉尔伯特写了一篇著名论文，论述磁铁的特点与习性。三十年战争中，马格德堡市长、抽气机的发明人奥托·冯·格里克，制造了第一台电机。接下来的一个世纪中，一大群科学家致力于研究电。1795年，有三个教授发明了著名的莱顿瓶①。同时，本杰明·富兰克林（这位全才在美国仅次于本杰明·汤普森，汤普森由于有亲英倾向，从新罕布什尔州出逃，后被封为拉姆福德伯爵）致力于研究这一问题。他发现，闪电与电火花都是电力的表现。他继续从事电的研究，直到他繁忙而卓有贡献的一生结束。然后是发明了著名"电堆"的伏特，以及伽伐尼、戴伊、丹麦教授汉斯·克里斯蒂安·奥斯特、安培、阿拉戈、法拉第，他们都孜孜不倦地探索电的本质。

他们慷慨地将自己的发现献给世人。塞缪尔·摩尔斯（与富尔顿一样，最初他也是画家）认为，可以用这种新的电流，把信息从一城传输到另一城。他打算用铜丝以及他发明的一台小机器，来完成这一任务。人们嘲笑他，于是摩尔斯只好自己承担实验费用，很快就花光了所有积蓄。他穷困潦倒，人们嘲笑得就更加厉害。他求助于国会，一个专门的商业委员会答应资助他。但国会议员们根本不感兴趣，摩尔斯不得不等了十二年，才拿到一小笔国会拨款。于是他在巴尔的摩与华盛顿之间建了一条"电报线"。1837年，他在纽约大学的演讲厅中，展示了他的第一份成功的"电报"。最后，1844年5月24日，第一条长途信息从华盛顿发到了巴尔的摩。今天，整个世

---

① 最初的电容器。

界都布满了电报线，我们可以在几秒钟之内，就把消息从欧洲发到亚洲。二十三年后，亚历山大·格拉汉姆·贝尔把电流用在电话上。半个世纪后，马可尼改进了这些想法，发明了一个传递信息的系统，完全摆脱了老式的电报线。

当新英格兰人摩尔斯投身于"电报"时，英国的约克郡人迈克尔·法拉第造出了第一台"发电机"。这个极小的机器是1831年完成的（当时欧洲正因伟大的七月革命而战栗，七月革命严重颠覆了维也纳会议的计划）。发电机越来越大。现在，它已能给我们提供热与光（你知道，爱迪生在十九世纪四五十年代法国、英国实验的基础上，于1878年发明了小白炽灯泡），还给各种机器提供能源。如果我没弄错的话，发电机将很快完全取代"热力机"，正如有严密组织的史前动物取代了效率低下的邻居一样。

我个人对此乐观其成（但我对机器一无所知）。因为用水力驱动的电机，是人类的干净而和气的仆人。而"热力机"这个十八世纪的奇迹则吵闹肮脏，让世界布满了可笑的烟囱、灰、油烟，而且还"吃"煤，而煤只能靠数千人冒着极大的不便与风险，从矿井里挖出来。

如果我是小说家，而不是历史学家（历史学家只能依据事实，不能发挥自己的想象力），我会这么描述未来让人快乐的日子 —— 那时，最后一台蒸汽机车被送进自然历史博物馆，放在恐龙、翼指龙的骨架和其他古代灭绝的生物旁边。

58.社会革命

但这些新发动机很昂贵,只有富人才买得起。木匠或鞋匠以前是自己小作坊的主人,现在他们被迫受雇于那些拥有机器的人。他们比以前赚得更多,却丧失了从前的独立,他们不喜欢这样

以前,世上的活计是由独立工匠们干的。他们坐在自己屋前的小作坊里,有自己的工具,教训着自己的学徒,在行会规定的范围内,按照自己的喜好来做生意。他们过着简朴的生活,不得不每天工作很长时间。但他们是自己的主人,如果他们起床后发现天气晴好,适合钓鱼,他们就去钓鱼,没人能对他们说不。

机器的出现改变了这种局面。机器不过是一个极端扩大了的工具。一辆载着你一分钟跑一英里的火车,实际上不过是一双很快的腿。能砸扁粗大铁块的蒸汽锤,也只不过是一只可怕的钢铁大拳头。

我们都可以有两条好腿和一只强有力的好拳头,但火车、蒸汽锤、织布机则是昂贵的机器。它们不属于某个人,而常常属于一群人(公司)。他们都投入一定的钱,按照投资的份额,瓜分铁路和纺

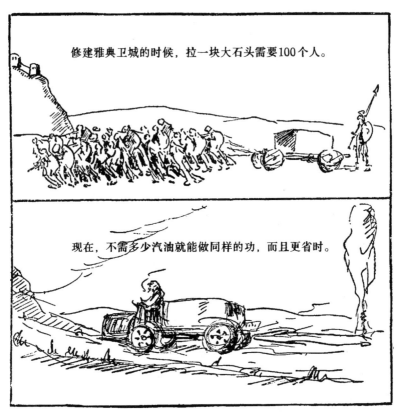

修建雅典卫城的时候，拉一块大石头需要100个人。

现在，不需多少汽油就能做同样的功，而且更省时。

人力与机器之力

纱机的利润。

于是，当机器已改进得真正实用并有利可图时，制造这些大工具的人，也就是机器制造商，开始寻找能给现金的买主。

中世纪早期，土地几乎是财富的唯一形式，贵族也是唯一被认为富有的人。但正如我在此前的一章所说的，他们拥有的金银数量微不足道。他们用古老的以物易物的形式，以牛换马，以蛋换蜂蜜。

十字军东征期间，城市居民可以从东西方复兴的贸易中积累财富，成了贵族和骑士的强大对手。

法国革命摧毁了贵族的财富，大大增加了中产阶级（资产阶级）的财富。大革命之后的动荡岁月，很多中产阶级人士趁机大发横财。教会的田产被法国国民公会没收并拍卖。贪污盛行，土地投机商攫取了数千平方英里的宝贵土地。拿破仑战争期间，他们用自己的资本，做谷物和火药的"投机生意"。现在，他们拥有的财富，家人已用之不尽，于是他们能投资建厂，雇用男女工人来操作机器。

这使数十万人的生活发生了骤变。不到几年工夫，很多城市的人口翻了番。古老的城市生活中心（那里曾是市民的真正"家园"），周围环绕着丑陋廉价的郊区，工人在工厂里劳作十一二个甚至十三

工厂

小时后，就睡在这里。哨声一响，他们又从那里回到工厂。

乡村到处流布着城里能赚大钱的传言。习惯了乡野生活的农村少年，也进了城。在充斥着烟尘灰土、通风不善的早期车间里，他很快丧失了以前的健康体魄，结果常常死在救济院或医院里。

当然，很多人从农场走进工厂，这一变化过程并非全无阻力。一台机器抵得上一百个人，失业的那九十九人对此深感不满。他们常常破坏厂房，焚烧机器。但早在十七世纪就已出现了保险公司，于是工厂主常常得到良好保护，不必担心损失。

很快，工厂安装了更新、更先进的机器，工厂周围竖起高墙，工人的暴动结束了。在这个蒸汽和钢铁的新时代，古老的行会是无法生存的。行会消失，然后工人努力想组织正规的工会。但工厂主凭借财富，对各国政治家施加很大影响，他们到立法机关，让它通过禁止组织工会的法律，因为工会妨碍了工人的"行动自由"。

请不要以为，通过了这些法律的尊贵的国会议员，都是邪恶的暴君。他们是真正的革命时代之子，那时人人谈着"自由"，如果邻居不像理所应该的那样热爱自由，别人就会杀死他。既然"自由"是人的首要美德，工会就不应规定其成员能工作多少小时，应要求多少工资。工人任何时候都应该"自由地在公开市场上出卖自己的劳务"，而雇主也必须同样"自由地"随心所欲做生意。在重商主义时代，国家规范着整个社会的工业生活，这样的时代正在结束。"自由"这一新思想坚持认为，国家应该完全靠边站，让商业自行发展。

十八世纪下半叶不仅是思想和政治领域的怀疑时代，旧的经济思想也被更适应时代需要的新思想取代。法国大革命前几年，杜尔哥（路易十六几位不成功的财政部长之一）已经在宣扬"经济自由"的新理论。杜尔哥所在国家的弊端，在于有太多的官样文章、太多官方规定、太多官员想推行太多的法律。"去除这种官方监督，"杜尔哥写道，"让人们自由行事，一切就都会好转。"很快，他的"自由放任"的著名提议成了一个口号，那一时期的经济学家都聚拢在这一口号之下。

同时，英国的亚当·斯密在撰写巨著《国富论》，再次呼吁"自由"以及"贸易的自然权利"。三十年后，即拿破仑覆灭后，欧洲的反动势力在维也纳取得胜利，人们在政治关系中没能得到的自由，却在工业生活中被强加于他们头上。

我在本章开头说过，机器的普遍使用，证明大大有利于国家。财富迅速增加，机器让英格兰这样一个国家，能承受拿破仑大战的全部负担。资本家（出资购买机器的人）获取了巨大利润。他们变得野心勃勃，开始对政治产生了兴趣，想跟有田产的贵族竞争，这些贵族仍在对欧洲大部分国家的政府施加很大影响。

在英国，议会议员仍按1265年的一条谕旨进行选举。大量新出现的工业中心，在议会中没有代表。资本家在英国促成了1832年的《改革法案》，改变了选举体系，使工厂主阶层对立法机构能有更大影响。但这在数百万工人中引发了强烈不满，他们在政府中没有任何发言权，他们也行动起来，争取选举权。他们把诉求写在一份文件里，后来称为《人民宪章》。关于这个宪章的争论变得越来越激烈，争论未休，1848年革命就爆发了。英国政府生怕会出现新的激进革命和暴力，任命八十高龄的惠灵顿公爵为军队领袖，招募志愿军，包围了伦敦，准备镇压即将到来的革命。

但宪章运动由于领导不力而胎死腹中，暴力并没有发生。新的富有工厂主阶级（我不喜欢"资产阶级"一词，宣扬社会新秩序的人把这个词用得太多了）逐渐加强了对政府的控制。大城市中的工业生活，继续把大片牧场和麦田变成破败的贫民窟。在每个欧洲现代城市的入口处，都是这样的贫民窟。

59.解 放

看见了马车被铁路取代的那一代人曾预言说，机器的全面出现会带来一个幸福繁荣的时代。但那样的时代并未到来。有人提出了一些改良措施，但都没有彻底解决问题

1831年，就在第一个改革法案通过之前，杰里米·边沁（一位研究立法方法的大学者，也是当时最务实的政治改革家）给一个朋友写信道："要让自己舒适，其方法就是让别人舒适。要让别人舒适，其方法就是显得爱他们。要显得爱他们，就要真心爱他们。"杰里米是个诚实的人，他说的是他认为正确之物。成千上万的同胞都同意他的观点，他们觉得自己必须让不幸的邻居快乐起来，于是竭力帮助他们。天知道，的确该采取些措施了！

"经济自由"的理想（杜尔哥的"自由放任"）在旧的社会里是必要的，因为中世纪的限制妨碍了所有工业方面的努力。但这种"行动自由"若作为国家的最高法律，就会导致可怕（真的很可怕）的局面。工厂里的工作时间只受工人体力的限制。只要一个妇女能坐在纺车

前，没有累得晕过去，人们就觉得她应该工作。五六岁的孩子被招进棉纺厂，以免他们在街头流浪，或者一辈子游手好闲。英国通过一项法律，强迫穷苦儿童去做工，否则就要把他们拴在机器上，以示惩罚。他们的劳动换来的是糟糕的食物，让他们不至于死掉，还有猪圈般的地方，供他们晚上休息。他们常常累得在工作时就睡着了，为了让他们清醒，一个手拿鞭子的工头走来走去，如需让工人重新干活，工头就打他们的手指关节。当然，在这样的条件下，成千上万的儿童死去。这很令人遗憾，雇主毕竟也是人，并非没有人性，他们真诚希望能废除"童工"。既然人是"自由"的，儿童也应该是"自由"的。此外，如果琼斯先生不想用五六岁的童工在工厂干活，他的对手斯通先生就可以雇更多小男孩儿，琼斯先生就会破产。因此，如果议会不颁布法案，禁止所有雇主使用童工，琼斯就不能不用童工。

但在议会中占主导地位的，已不是以前的有田产的贵族（他们鄙视暴富的、手握钱袋的工厂主，公开对其表示不屑），而是一群来自工业中心的代表。只要法律不许工人通过工会组织起来，就什么也做不成。当然，当时明智正直的人，不是没看到这些可怕局面，他们只是没办法。机器突然征服了世界。成千上万男女用了多年努力，才把机器变成它应该扮演的角色，即人的仆人，而不是人的主人。

出人意料的是，对当时盛行于全世界的野蛮雇佣体制的第一次冲击，是以非洲和美洲黑奴的名义发起的。奴隶制由西班牙人引入美洲大陆。他们想用印第安人在农田、矿山里做苦力，但印第安人一离开在大自然中的生活，就会躺倒死去。为防止印第安人绝种，一个好心的牧师提出可以从非洲把黑人运过来干活。黑人很强壮，能忍受虐待。此外，跟白人在一起，也可以让他们有机会学习基督教教义，这样他们就能拯救自己的灵魂。从各种角度看，这对好心的白人以及无知的黑人兄弟来说，都是上佳选择。但随着机器的引入，对棉花的需求增加，黑人被迫比以前劳作得更辛苦。他们也像印第安人一样，在监工的虐待下倒毙。

令人发指的残忍故事不断传到欧洲，各国的男男女女都开始为废除奴隶制而行动起来。在英国，威廉·威伯福斯、扎迦利·麦考利（著名历史学家麦考利的父亲，如果你想知道历史书能写得多么妙趣横生，那你一定要读麦考利的英国史）为废除奴隶制组织了一个团体。首先，他们迫使议会通过了一项法律，宣布"奴隶贸易"非法。1840年之后，英国所有殖民地中就没有一个奴隶了。1848年革命结束了法国领地上的奴隶制。葡萄牙人1858年通过法律，承诺从当时起二十年后，给所有奴隶以自由。荷兰1863年废除了奴隶制。同年，沙皇亚历山大二世，把两百多年前从农奴手里夺取的自由还给了他们。

在美国，这个问题带来了很多困难，引发了一场旷日持久的战争。尽管《独立宣言》宣布"人人生而平等"，但那些黑皮肤的、在南方州种植园里劳作的男女是例外。随着时间推移，北方人对奴隶制越来越不满，他们并不隐讳自己的看法。但南方人称，没有奴隶劳动他们就没法种棉花。几乎有五十年的时间，众议院和参议院里争论不休。

北方人固执己见，南方人寸步不让。当南方州看到似乎无法妥协时，它们威胁说要脱离联邦。这是联邦历史上最危险的时刻，很多事都"可能"发生。而它们没发生，要归功于一个非常伟大、非常善良的人。

1860年11月6日，亚伯拉罕·林肯（伊利诺伊州的律师，一个自学成才的人）被共和党人选为总统（共和党在反奴隶制的州里势力很大）。他对人类奴役的邪恶之处有切身体验。他睿智的理性告诉他，北美大陆容不下两个对抗的国家。一些南方州退出联邦，组成了"美利坚联盟国"。林肯接受了挑战，他在北方州招募志愿军，几十万年轻人热切响应。然后是四年的艰苦内战。南方准备更充分，而且有李将军①、杰克逊的得力指挥，多次击败北方军队。然后，新英格兰和西部的经济实力开始显现出来。一个名叫格兰特的不为人知的军官声名鹊起，成了伟大废奴战争中的查理·马特，连续重锤痛击日益瓦解的南方防线。1863年年初，林肯总统颁布《解放宣言》，宣布解放所有奴隶。1865年4月，李将军在阿波马托克斯率领自己最后的勇敢军队投降。几天后，林肯总统被一个疯子暗杀。但他的事业已完成。除了仍在西班牙控制之下的古巴，奴隶制在文明世界宣告终结。

黑人享有了越来越多的自由，欧洲"自由"的工人则没这么幸运。

---

① 指罗伯特·E.李（Robert E. Lee），美国内战中"美利坚联盟国"的将军。

实际上，工人群众（亦称无产阶级）居然没有因悲惨而死光，这让当时很多作者和观察家感到惊奇。工人住在贫民窟最凄惨角落的肮脏房子里。他们吃的是糟糕的食物。他们得到的学校教育，刚好够他们完成活计。如果发生了死亡或其他事故，他们的家人没人照管。但各种酿酒厂的利益集团（它们对立法机构可以施加很大影响），以便宜价格给工人提供没完没了的威士忌等烈酒，以鼓励他们忘却痛苦。

十九世纪三四十年代的巨大进步，并非因为某一个人的努力。两代人中最聪明的头脑都致力于挽救世界，消除机器突然降临带来的灾难性后果。他们并不想消灭资本主义体系，那将太愚蠢了，因为别人积累起来的财富如果使用得当，可以对全人类都大有裨益。他们不相信，有钱人和工人能真正平等（有钱人拥有工厂，可以随时关门而无饥饿之虞；工人则只能接受别人给他的任何工作，接受能得到的任何工资，否则一家老小就要挨饿）。

这些精英努力制定法律，规范工厂主与工人间的关系。在这方面，改革派在各国都越来越成功。今天，大多数工人都得到了良好保护。他们的工作时数下降到了极合理的每天八小时，他们的孩子被送到学校，而不是煤坑或棉花厂的梳棉间。

还有一些人，他们也看到了那么多冒烟的大烟囱，听到了火车的轰鸣，看到仓库里堆满多得用不完的各种物品，然后他们想到，在以后的岁月里，这些大规模的活动究竟有什么终极意义？他们想起，人类几十万年都没有商业和工业竞争。他们能否改变事物的现有秩序，摈弃竞争制度（这种制度常常为了利润而牺牲人类幸福）？

这种思想，这种对更好世界的模糊向往，并不限于某一国。在英国，拥有很多纺织厂的罗伯特·欧文，成功建立了称为"社会主义社区"的新拉纳克。但他死后，新拉纳克就告终结。法国记者路易·博朗在法国各地建立"社会工场"的尝试，也不甚成功。实际上，越来越多的社会主义作家很快意识到，孤立于正常工业生活之外的小独立社区，永远不会有所作为。要提出有效的解决方案，必须研究整个工业社会（资本主义社会）的深层基本原则。

继罗伯特·欧文、路易·博朗、傅立叶等实践派社会主义者之后，出现的是研究社会主义的理论学者，如卡尔·马克思、弗里德里希·恩格斯。这两个人中，马克思更为著名。他是特别聪明的犹太人，其家族已在德国生活了很长时间。他听说了欧文、博朗的实验，开始对劳动、工资、失业等问题产生兴趣。但他的自由观点使德国警察当局特别不满。他被迫逃亡到布鲁塞尔，此后又到了伦敦。在伦敦，他以《纽约论坛报》记者的身份，过着清贫的生活。

到此为止，还没有人对他那些经济学著作感兴趣。但在1864年，他组织了工人的第一个国际组织。三年后，也就是1867年，他出版了名著《资本论》第一卷。马克思认为，全部历史就是"有产者"与"无产者"之间长期斗争的历史。机器的出现和全面使用，在社会上造就了一个新阶级，即资产阶级。他们利用多余的财富来购买工具，然后工人用工具生产更多财富，这些财富又反过来建造更多工厂，依此类推，永无止境。同时，马克思认为，第三等级（资产阶级）越来越富有，第四等级（无产阶级）则越来越贫困。他预言说，最终，一个人将拥有世界上的全部财富，而其他人都是他的雇工，仰仗他的善心才能活下去。

为防止这种局面，马克思呼吁全世界的工人阶级联合起来，为多项政治、经济措施而战。他在1848年的《共产党宣言》中列出这些措施，那也是最后一场欧洲革命发生的年份。

这些观点当然让欧洲的政府都很不快。很多国家，尤其是普鲁士，颁布了针对社会主义者的严刑峻法。警察奉命破坏社会主义者集会，逮捕发言者。但这类迫害是从来都没有好结果的。对一个尚未流行的事业来说，殉道者是最好的宣传。在欧洲，社会主义者的数量稳步上升。人们很快明白了，社会主义者并不是想着暴力革命，而是用他们在各国议会中越来越大的权力，来促进劳工阶级的利益。社会主义者甚至可以做内阁大臣。他们与进步的天主教徒、新教徒一起，修复工业革命造成的破坏，把机器的出现、越来越多的财富生产所带来的众多好处，加以更公平的分配。

60. 科学的时代

世界还发生了比政治革命和工业革命更重要的一个变化。经过多个世纪的压制与迫害后，科学家终于赢得了研究自由，他们现在努力揭示支配宇宙的基本法则

埃及人、巴比伦人、迦勒底人、希腊人、罗马人，都对我们最初的科学和科学研究的模糊观念做出了贡献。但四世纪的大迁徙摧毁

哲学家

了地中海的古典世界。基督教会感兴趣的是灵魂生活，而不是肉体生活。教会认为科学表现了人类的傲慢，人类居然想窥探万能上帝管辖的神圣之事，因此科学跟七宗重罪紧密联系在一起。

在某种有限的程度上，文艺复兴冲破了中世纪偏见的藩篱。但十六世纪初期取代了文艺复兴的宗教改革运动，则仇视"新文明"的理想，科学家若想跨出《圣经》规定的狭隘的知识界限，将再次被严惩。

我们的世界里到处都是伟大将军的雕像，他们跨着奔马，率领着欢呼的士兵，走向辉煌的胜利。偶尔，也有一块不起眼的大理石碑告诉我们，一个研究科学的人长眠在那里。再过一千年，我们大概会以不同的方式做这些事情了，那一代的幸福儿童，会知道这些科学家超凡的勇气和超乎想象的责任感。他们是抽象知识的先锋，而正是抽象知识让我们的现代世界得以存在。

这些科学先锋中，有很多饱受贫穷、侮蔑、屈辱之苦。他们住在阁楼里，死在地牢中。他们不敢在著作的封面上印自己的名字。他们不敢在祖国发表自己的结论，而要把手稿偷运到阿姆斯特丹、哈勒姆的某个秘密印刷厂。他们被新教教会、天主教教会切齿痛恨，无数次布道都以他们为靶子，鼓动教区的教民以暴力对付这些"异端分子"。

他们偶尔会找到一个避难所。荷兰的宽容精神是最强的。荷兰当局也很不喜欢这些科学研究，但并不干涉人们的思想自由。荷兰成了思想自由的一个小避难所，在那里，法国、英国、德国的哲学家、数学家、物理学家，可以享受一段短暂的休息，呼吸自由的空气。

在之前的一章中我说过，十三世纪的伟大天才罗杰·培根，多年被禁止写作，免得惹来与教会当局的新麻烦。五百年后，哲学《大百科全书》的撰稿人，也总处于法国宪兵的密切监视之下。半个世纪后，达尔文居然敢质疑《圣经》中揭示的创造人类的故事，在每个布道坛上他都被宣布为人类公敌。即便今天，对那些敢于进入科学未知领域的人，迫害也并未完全终止。我在写本书时，布里安先生就鼓动很多群众，大谈"达尔文主义的威胁"，警告听众不要听信那个英国伟大博物学家的谬论。

伽利略

但这些只是细枝末节而已。应做的工作，最后总会做成，发现、发明的最终好处是属于群众的——他们一直咒骂那些有远见的人，说他们是不切实际的理想主义者。

十七世纪的人喜欢研究遥远的天空，研究我们的星球在太阳系中的位置。即便如此，教会也很不喜欢这种不体面的好奇心。哥白尼第一个证明了太阳是宇宙的中心，他一直到告别人世的那天，才发表他的著作。伽利略一生的大部分时间都在教会当局的监控之下，但他继续用他的望远镜，为艾萨克·牛顿提供了大量实际观察资料——牛顿发现所有落体的有趣规律（"万有引力定律"）的过程中，伽利略的资料对那位英国数学家大有帮助。

至少在当时，人们对天空的兴趣到此为止。人们开始研究地球。十七世纪下半叶，安东尼·范·列文虎克发明了一台比较实用的显微镜（一种奇怪而笨拙的小玩意儿），使人能研究造成很多疾患的"微"生物。这为"细菌学"奠定了基础。在我撰写本书前的四十年中，细菌学发现了致病的微小有机物，把世人从大量疾病中拯救了出来。显微镜也让地质学家能仔细研究在地壳深处发现的各种岩石、化石（石化的史前植物）。这些研究使他们相信，地球肯定比《创世记》中记载的古老得多。1830年，查理·莱伊尔爵士发表了他的《地质学原理》，否认了《圣经》中的创世故事，生动描绘了地球缓慢成长、逐渐发展的过程。

同时，德·拉普拉斯爵士正着手创立一个新的创世理论，把地球视为星云大海中的一个小圆点，行星系统就是从这个星云大海中诞生的。本生和基尔霍夫用光谱仪，探索恒星以及我们的好邻居太阳的化学成分（第一个发现了太阳上奇怪黑斑的是伽利略）。

同时，解剖学家、生理学家，在同天主教、新教国家的教会当局进行了艰苦卓绝的斗争后，最终被允许解剖尸体，用对我们的器官及其习性的确切知识，取代了中世纪江湖郎中的胡乱猜度。

在一代人的时间里（1810到1840年），科学的诸领域取得的进步，比过去几十万年都多（从人类第一次仰望星星，心想它们为什么在那里时算起）。对旧体制培育出来的人们来说，那必定是一个悲哀的年代。我们可以理解他们对拉马克、达尔文等人的仇恨，这些人并没有明确说他们"是从猴子变来的"（我们的祖辈听到这种说法会感到奇耻大辱），但却暗示道，骄傲的人类从一系列漫长的祖先演化而来，家谱可以一直上溯到地球的最早居民 —— 水母。

统治着十九世纪的尊贵富有的中产阶级，愿意用煤气、电灯，以及科学大发现的很多种实际应用。但那些探索者，搞"科学理论"的人 —— 没有他，就不会有进步 —— 则直到最近仍不被信任。然后，他的贡献终于得到认可。富人以前捐款修教堂，如今则捐款修实验室。在实验室里，一群默默无闻的人与人类的隐秘敌人作战，为了我们的后代能享有更大的幸福与健康，他们常常牺牲生命。

实际上发生了这样的事：世上很多疾病，都被我们的祖先看成是不可避免的"上帝的意旨"，但科学家揭示出，它们只表明我们自己的无知和粗心。如今每个孩子都知道，在选择饮用水时稍微留点儿心，就可以避免伤寒。但医生在多年的艰苦工作之后，才让人们相

飞艇

信这一点。现在我们很少害怕牙医的椅子了。研究一下生活在口腔中的微生物，就可以让我们的牙齿不致烂掉。也许有某颗牙得拔去，这时我们就闻一下麻醉气体，之后兴高采烈地走人。当1846年的报纸报道了借助于乙醚而在美国进行"无痛手术"的故事时，欧洲的善良民众摇了摇头。对他们来说，人类要是能摆脱众生都要承受的病痛，似乎有违上帝的意志。过了很长时间，手术时用乙醚、氯仿的做法，才流行开来。

但进步的一方已获胜，"偏见"的残墙上豁口越来越大。随着时间推移，"愚昧"的古代石堆坍塌了。追求新的、更幸福的社会秩序的战士们，奋勇冲锋。突然，他们发现自己面对着一个新障碍。从旧时代的废墟里，另一个反动堡垒耸立了起来。数百万人不得不献出生命，才能毁掉这最后一个堡垒。

61. 艺　术

关于艺术的一章

如果一个婴儿什么毛病也没有，吃饱睡够了，那么他就会哼一支小曲，来表达自己有多么快乐。对成人来说，这种哼哼什么也不是，听起来不过是"咕噜，咕噜，咕，咕，咕……"，但对婴儿而言这是完美的音乐，是他对艺术的第一份贡献。

一旦他（她）稍微长大了一点儿，能坐着了，就开始了做泥团的时期。大人们对这些泥团毫无兴趣。但有亿万个孩子，同时做着亿万个泥团。对那个小孩儿来说，泥团代表着他在快乐艺术王国的又一次远征。孩子现在是个雕塑家了。

到了三四岁，当他的手开始听大脑使唤，孩子就成了画家。他亲爱的妈妈给了他一盒彩色蜡笔，每张纸片上很快都布满了奇怪的"挂钩"和涂鸦，代表房子、马、可怕的海战。

很快，这种单纯"创造东西"的幸福生活结束了。孩子上了学，一天的大部分时间都被功课挤满。生活的问题，或者毋宁说"谋生"

的问题，成了每个男孩儿女孩儿的人生要务。学过了乘法表、不规则法语动词的过去分词，哪里还有多少时间来从事"艺术"。除非孩子创造的愿望很强烈，而且只为了创造的愉悦，并不指望物质回报，否则，孩子就长成了大人，忘记了他一生中的头五年主要是献给艺术的。

民族也跟孩子差不多。穴居人一旦摆脱了漫长寒冷的冰川期的威胁，把房子整理就绪，就开始做一些他认为美的东西，尽管在与丛林野兽的斗争中，这些东西对他毫无实际用处。他在洞穴墙上画满了他猎捕的大象和鹿。他用一块石头，刻出他认为最迷人的女性的简单形象。

埃及人、巴比伦人、波斯人以及所有东方民族，一旦在尼罗河、幼发拉底河畔奠定了他们的小国家，就开始为国王修建华丽的宫殿，为女人制作绚丽的珠宝，装点花园，花园里五颜六色的花朵，似乎唱着快乐的色彩之歌。

我们自己的祖先 —— 来自遥远亚洲草原的游牧部落 —— 作为勇士和猎手，过着自由自在的日子，创作着歌颂杰出领袖丰功伟绩的歌曲，发明了一种保留至今的诗歌样式。一千年后，当他们在希腊大陆上站稳脚跟，建立了"城邦"，他们就用华美的神庙、雕塑、喜剧、悲剧，以及各种能想得到的艺术形式，表达自己的悲喜。

罗马人像其迦太基对手一样，太忙于管人、赚钱，而不太喜欢那些"无用无益"的精神探险。他们征服了世界，修建了桥梁和道路，但他们的艺术都从希腊人那里全盘照搬而来。他们发明了某些实用的建筑形式，以满足那个时代的要求。但他们的雕塑，他们的历史，他们的镶嵌画，他们的诗歌，都只是希腊原作的拉丁翻版。缺少了世人称为"个性"的那种模模糊糊、难以定义之物，就不会有艺术。罗马世界不信任个性。帝国需要的是高效的士兵和商人，写诗、画画这类活计，就留给外国人好了。

此后，黑暗时代降临。蛮族人就是谚语中"瓷器店里的公牛"①，他用不着自己无法理解的东西。用现在的话说，他喜欢杂志封面的漂亮女郎，但会把伦勃朗的蚀刻版画扔进垃圾箱。但他的品位很快就提高了，他竭力想弥补自己若干年前造成的损失，但垃圾箱已经不在了，那些画都没了。

到这个时候，蛮族人从东方带来的艺术，已是一种很美的艺术。他用所谓的"中世纪艺术"弥补自己过去的疏忽与漠视。就欧洲北部来说，"中世纪艺术"是日耳曼心灵的产物，借用的希腊、拉丁因素很少，对更古老的埃及和亚述艺术形式则毫无借鉴，更不要说印度和中国 —— 对那个时代的人来说，印度和中国根本不存在。实际上，北方民族受到南方邻居的影响是如此之少，以至于他们的建筑作品完全被意大利人误解，遭到后者的白眼。

你们都听说过"哥特式"一词，你们大概想到一个可爱的古老教堂，纤细的塔尖直插云霄。但这个词究竟是什么意思？

它的意思是"粗野"和"野蛮"，来自"不开化的哥特人"。"哥特

---

① 指行动鲁莽、粗手大脚的人。

人"是粗鲁的边疆居民，对既定的古典艺术规则毫无敬意。他修建了"现代的怪物"来满足自己的低级趣味，却没有适当考虑罗马广场、雅典卫城这样的典范。

然而，在几个世纪的时间里，这种哥特式建筑都是对艺术的诚挚情感的最高体现，它激发了整个北方大陆的灵感。在前面某一章中，你还记得中世纪后期的人是如何生活的。他们要么是农民，住在村中；要么是"城市"或称"civitas"（拉丁语的"部落"）的公民，实际上，虽然他们有高高的围墙和深深的护城河，但这些好市民是真正的部落人，共同分担危险，共同享受来自互助体系的安稳与繁荣。

古希腊罗马的城市中，神庙所在的集市是政治生活的中心。在中世纪，教堂——上帝之屋——成了这样的中心。我们现代的新教徒一星期只去一次教堂，每次只待几小时，我们很难明白中世纪的教堂对社区来说意味着什么。那时，你出生还不到一星期，就要被抱到教堂去受洗。你小时候要到教堂去，学习《圣经》中的神圣故事。再往后，你成了教堂会众的一员。如果你很有钱，就会给自己建一个单独的小教堂，纪念你家的那位恩主圣人。至于神圣的教堂，它在整个白天都开放，很多晚上也开放。从某种意义上来说，它就像现代俱乐部，为镇上所有居民服务。在教堂里，你很可能会第一眼看到成为你新娘的那个姑娘，你后来与她在神圣祭坛前举行婚礼。最后，当死期来临，你被埋葬在这座熟悉建筑的石头底下，这样，你的所有子孙都可以经过你的坟墓，直到末日审判。

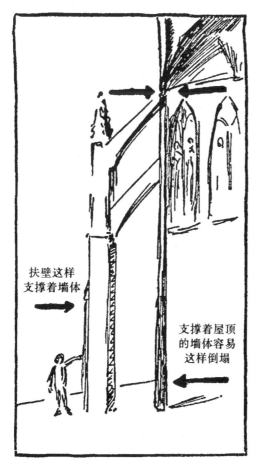

扶壁这样
支撑着墙体

支撑着屋顶
的墙体容易
这样倒塌

哥特式建筑

　　教堂不仅是"上帝之屋"，也是一切公共生活在真正意义上的中心，必须不同于人类的其他一切建筑。埃及人、希腊人、雅典人的神庙，只是当地某个神的托身之所。在奥西里斯、宙斯、朱庇特的神像前并不进行布道，所以神庙没必要容纳很多人。古代地中海民族的所有宗教仪式都是露天进行的。而北方气候恶劣，大多数法事都得在教堂内进行。

很多个世纪里，建筑师都苦心孤诣地琢磨怎样建一个足够大的建筑。罗马传统告诉他们如何修建厚重的石墙，上面的窗户很小，这样墙就不会失去坚固性，在顶上放一个沉重的石头屋顶。但十一世纪十字军东征开始之后，建筑师看到了穆斯林建筑师的那种尖拱，西方建筑师于是发现了一种新风格，这让他们第一次有机会建造当时丰富的宗教生活所需的那种建筑。此后他们发展出了一种奇特风格，意大利人轻蔑地称之为"哥特式"，意思是野蛮的。哥特式建筑师发明了一种圆拱形屋顶，用"肋架"支撑，于是达到了自己的目的。但这样的屋顶如果太重，容易压塌墙壁，正如一个三百磅重的人坐在一把儿童椅上，会把椅子压塌。为克服这一困难，某些法国建筑师开始用"扶壁"来加固墙壁，"扶壁"其实就是厚重的大石头，墙壁在支持屋顶时，可以倚靠在这些大石头上。为进一步确保屋顶的安全，他们用所谓的"飞扶壁"来支持屋顶的"肋架"，这是一种很简易的建筑方法，你看一下我们的图就会马上明白。

这种新的建筑法，让建筑师可以采用巨大的窗户。十二世纪，玻璃仍是昂贵的稀罕物，拥有玻璃窗的私人住宅很少，甚至贵族的城堡都没有保护，这可以解释为什么那里面总有过堂风，以及为什么那时候的人在室内室外都要穿皮毛。

幸运的是，制造彩色玻璃的工艺（地中海的古代人就精通此道）并没有完全失传，彩色玻璃制造业得以复兴。很快，哥特式教堂的窗户就用光彩夺目的小片玻璃（玻璃用长的铅条框架嵌住）描绘《圣经》故事。

看吧，新的光辉的"上帝之屋"里，聚满了热情的民众，空前绝后地"体验"着自己的宗教！为建造这"上帝之屋"和"人类之家"，多好、多贵、多奇妙的东西，人们都在所不惜。罗马帝国覆亡后，雕塑家就失了业，现在他们又迟疑着回到他们的高贵艺术上来。正门、柱子、扶壁、檐口上，都雕满了上帝和圣徒的形象。刺绣工人开始工作，为教堂的墙壁制作挂毯。珠宝匠献上自己的最高艺术，让祭坛的神龛令人倾慕。甚至画家也倾尽全力。可怜的人，他因为缺乏合适的材料，本领很是施展不开。

这又引出了一个故事。

基督教时代早期的罗马人，在其神庙、房屋地面和墙面上，覆盖上马赛克画，也就是由彩色碎玻璃镶嵌而成的画。但这种工艺特别困难，它让画家无法表达自己想表达的一切。凡曾试着用彩色木块堆成各种形象的孩子，都明白这一点。所以中世纪晚期，马赛克画工艺几乎绝迹，只在俄国保留了下来。拜占庭马赛克画艺术家在君士坦丁堡陷落后，在俄国找到了避难之所，继续装饰着东正教教堂的墙壁，直到布尔什维克时代（那时建造教堂的活动全部终止）。

当然，中世纪画家可以把颜料掺在湿石膏里，敷在教堂的墙壁上。这种在"湿石膏"上作画的方法（一般称做"fresco"，意思是"湿壁画"），流行了好几个世纪。今天，它就像在手抄本中画小画像一样稀罕，我们现代城市的几百个画家中，大概只有一个会摆弄这种材料。但在中世纪别无他法，画家都是湿壁画工作者，因为没有更好的材料。但这种方法有一些严重缺陷。石膏常常过几年就会从墙上剥落，或者潮气会损害壁画，正如潮气会损坏我们的壁纸图案一样。人们试了各种权宜之计摆脱这种石膏背景。他们在颜料里面掺上酒、醋、蜂蜜、黏稠的蛋清，但收效不大。这些试验持续了一千多年。在手抄本的羊皮纸上绘画时，中世纪的画家非常成功。但在大面积的木头或石头上创作牢固的画，他们不太成功。

最后，十五世纪上半叶，尼德兰南部的扬·凡·艾克与胡波特·凡·艾克解决了难题。这对著名的弗拉芒兄弟，在颜料中掺入专门调制的油，使他们能在木头、帆布、石头或任何背景上作画。

此时，中世纪早期的宗教热情已成为过去，城市里的富有市民取代了以前的主教，成了艺术的保护人。由于艺术家也要有饭碗，所以现在艺术家开始为这些世俗雇主工作，给国王、大公、富有的银行家作画。不久，这种用油彩作画的新方法风靡欧洲，各国都发展出自己的绘画流派，表现出订制这些肖像画与风景画的人的典型品位。

比如，在西班牙，委拉斯凯兹画宫廷里的侏儒、皇家地毯厂的织工，以及与国王、宫廷有关的各式人物。但在荷兰，伦勃朗、弗兰斯·哈尔斯、维米尔画的则是商人家庭的谷场，画这位商人不那么时髦的妻子，以及他健康却骄横的孩子，还有给他带来财富的船只。在意大利，教皇仍是艺术的最大保护人，米开朗琪罗、柯勒乔继续画圣母和圣徒。在英国（贵族很富有强大）与法国（国王在国家中举足轻重），画家画的是显贵人士，以及国王陛下迷人的女友。

绘画上的大变革，伴随着人们对古老教堂的忽视，以及一个新的社会阶层的兴起。这也反映在其他所有艺术形式上。印刷术的发明，让作者能通过为大众写书来赢得名声，于是出现了小说家和插图画家。但有钱买新书的人，一般都不喜欢晚上坐在家里，盯着天花板或枯坐，他们喜欢娱乐。中世纪的那几个行吟诗人，已无法满足人们对娱乐的需求。两千年前的古希腊城邦时代之后，职业剧作家第一次有机会操起他们的生意。中世纪人们所知的戏剧，只是某种教堂庆祝仪式的一部分，十三、十四世纪的悲剧说的是我主基督受难的故事。但在十六世纪出现了世俗戏剧。的确，一开始职业剧作家和演员的地位不太高，威廉·莎士比亚被看作马戏团里的人物，用他的悲剧和喜剧娱乐邻居们。但在他1616年去世时，他已开始赢得邻居们的尊敬，演员也不再是警察监视的对象了。

威廉的同时代人洛坡·德·维加是个令人难以置信的西班牙人，写了不下一千八百部世俗戏剧、四百部宗教剧。他有爵位，他的作品获得了教皇的首肯。一个世纪后，法国人莫里哀已被认为有资格与国王路易十四为伴。

从那时起，戏剧越来越受到人们喜爱。如今，"剧院"是每个像样城市的一部分，而电影"默片"也渗透到我们大草原上最小的村镇。

但另一种艺术注定最受欢迎，这就是音乐。大多数古老的艺术形式都需要很多技巧。要经过多年练习，你笨拙的手才能听从大脑指挥，在帆布或大理石上再现头脑中浮现之物。要用一生去学习表演，或写一本好小说。公众也需要大量训练，才能欣赏上乘的绘画、写作、雕塑。但几乎每个人，只要不是五音不全，都能唱一支小曲，几乎每个人都从某种音乐中得到享受。中世纪的人也听一点儿音乐，但都是教堂音乐。圣歌有严格的节奏规律与和声规律，很快就变得单调乏味。此外，它们不能在大街上或集市上演唱。

文艺复兴改变了这种状况。音乐再一次获得自主，成了人类最好的朋友，不论在人们快乐还是悲伤的时候。

埃及人、巴比伦人、古代犹太人，都酷爱音乐。他们甚至把不同乐器组合起来，形成了正规乐队。但希腊人对这些野蛮的异域之声不以为然，他们喜欢听人朗诵荷马或品达的高贵诗歌，他们允许唱诗者用里尔琴（所有弦乐器中最差的一种）给自己伴奏。要想不引起公众反对，就只能走这么远了。罗马人则喜欢在宴会、聚会上演奏器乐，他们发明了我们今天仍采用的大多数乐器（但后来经过了很大

游吟诗人

改造）。早期的教会鄙视这种音乐，因为它太富于刚灭亡的那邪恶异端世界的风味。三四世纪的主教只能容忍全体教众唱几首歌。教众如果没有乐器伴奏，会唱得跑调，于是教会后来允许使用一架管风琴，这是公元二世纪发明的，由潘神的古老管子与一对风箱组成。

然后大迁徙时代到来。最后的罗马音乐家要么被杀，要么成了流浪的琴手，从一城走到另一城，在大街上演奏，像现代渡船上的竖琴家一样靠讨几个小钱过活。

但在中世纪晚期，更加世俗化的文明在城市中复兴，产生了对音乐家的新需求。像"号"这种乐器（本来是在打猎、战斗中发出信号的器物）被加以改造，使之能在舞厅、宴会厅中发出悦耳的声音。人们用马毛制成的弓，演奏旧式的吉他（吉他是所有弦乐器中最古老的，可以上溯到埃及、亚述），到中世纪结束前，这种六弦乐器已发展成我们现代的四弦小提琴——十八世纪的斯特拉迪瓦里等意大利小提琴制造家，把它们制作得臻于完美。

最后发明出来的是现代的钢琴。它是所有乐器中最普及的，跟随人们进入蛮荒的丛林、格陵兰的冰原。管风琴是第一种键盘乐器，但演奏者总要依赖一个操作风箱的人的合作（现在这种活计由电来代劳）。因此，音乐家寻找一种更易操作、更简便的乐器，来帮助他们训练很多教堂唱诗班里的学生。在伟大的十一世纪，阿雷佐城（诗人彼特拉克的出生地）一个名叫圭多的本笃派修士，发明了现代音乐记谱法。也是在十一世纪，当人们对音乐产生了普遍兴趣，既有键盘又有弦的乐器出现了。它发出的声音很粗，就像在任何玩具店都能买到的儿童小钢琴一样。维也纳城里的中世纪巡回音乐家（地位等同于杂耍演员、赌场老千）在1288年组成了第一个独立的音乐家协会。在那里，小单弦琴发展成了类似我们现代的施坦威钢琴。这种"翼琴"（那时它常叫这个名字，因为它有"翼"或键盘）从奥地利来到了意大利。在意大利，它被改造成了斯皮耐特琴（以它的发明者威尼斯的乔万尼·斯皮内蒂命名）。最后，在1709年和1720年之间的某个时候，巴托洛缪·克里斯托弗里制造了一个"键盘"，让演奏者既可以大声演奏，也能轻声演奏，或者用意大利语来说，可以"弱"或"强"地演奏。这种乐器几经改造，成了我们现代的钢琴。

于是，世人第一次拥有了一种简便的乐器，它能在两年之内被掌握，不需要像竖琴、小提琴那样经常调音，而且比中世纪的大号、单簧管、长号、双簧管听起来悦耳得多。正如留声机让数百万现代人第一次爱上了音乐，早期钢琴也把音乐知识带到了更广泛的领域。音乐成了每个出身良好的男女必受的一种教育，王公与富有的商人有自己的私人乐队。音乐家不再是流浪的"游吟艺人"，而成了社会上受尊重的人。音乐被添加到剧院的戏剧表演上，我们现代的歌剧就起源于此。最初，只有几个特别富有的王公养得起"歌剧团"。但随着人们对这种娱乐形式越来越喜爱，很多城市建起了剧院，先是演出意大利歌剧，然后是德国歌剧，给全社会带来了无尽欢乐——但少数特别严肃的基督徒除外，他们仍抱着深深的怀疑，认为音乐太可爱了，肯定对灵魂没有好处。

十八世纪中叶，欧洲的音乐发展到全盛时期。然后出现了一个最伟大的人物，他是莱比锡圣托马斯教堂的一个普通管风琴师，名叫约翰·塞巴斯蒂安·巴赫。他为各种已知的乐器都作过曲，从幽默歌曲、流行舞曲，到最庄严的圣歌、清唱剧。凭着这些作品，他为我们所有的现代音乐奠定了基础。1750年他去世后，取代他的是莫扎特。莫扎特创造了极为秀雅的音乐结构，让我们想起用和弦与节奏编织成的蕾丝。然后出现的是路德维希·冯·贝多芬，一个最具悲剧色彩的人，他给我们带来了现代乐队，但他却听不到自己的任何一部伟大作品，因为他已失聪（在潦倒的日子里，他得了一次感冒，因而致聋）。

贝多芬经历了法国大革命，他满心期盼着一个光辉的新时代，并把自己的一部交响曲献给拿破仑。结果他后悔了。1827年他死去时，拿破仑已经不在，法国大革命也已过去，但蒸汽机却诞生了，让世界充斥着一种与《第三交响曲》中的诸多梦幻毫无共同之处的声音。

实际上，在蒸汽、铁、煤、大工厂的世界新秩序中，艺术（绘画、雕塑、诗歌、音乐）没有什么用处，艺术从前的保护人（中世纪以及十七八世纪的教会、王公、商人）已经消失。新工业世界的领袖们太忙，受的教育也太少，哪会去操心什么蚀刻版画、奏鸣曲、象牙雕刻，更不要说去理睬这些东西的创造者了，这些人对他们所生活的社会没有任何实用价值。工厂工人听着机器的单调轰鸣，直到听不出自己的农民祖先的长笛、小提琴旋律有多么动听了。艺术成了新工业时代的继子，艺术和生活完全脱节。那些保留下来的绘画也只是在博物馆里缓慢死亡。音乐成了几个"大师"的专利，他们把音乐从人们家里带到了音乐厅。

但艺术在稳步地（虽然是缓慢地）重新赢得地位。人们开始明白，伦勃朗、贝多芬、罗丹才是人类的真正先知与领袖，没有了艺术和欢乐的世界，就如同没有笑声的育婴室。

62. 殖民扩张与战争

这一章本该向你提供本书写作前五十年的大量政治信息，但其实本章只有几个解释、几条道歉

如果我本来知道写一部世界史有多难，那我一定不会干这傻事的。当然，任何人只要兢兢业业，在图书馆发霉的书堆里埋头六七载，都能编出大部头的书，罗列出每个世纪每个国家发生的大事。但那不是本书的目的。出版社希望出版一本有"韵律"的历史书——一个"奔驰"而非行走的故事。现在，当我快完工时，我发现有的章节"奔驰"，有的章节则在久被遗忘的时代的荒漠里跋涉，难以迈步，有的则热衷于一堆花哨的行动与传奇。我不喜欢这样，我提出毁掉整部手稿，从头再来，但出版社不允许。

我退而求其次。为解决难题，我把打印稿拿给几个好心的朋友，请他们阅读，并不吝赐教。这次经历让人沮丧。人人都有自己的倾向和爱好。他们都想知道我为什么胆敢没提他们最喜欢的国家、他们最喜欢的政治家，甚至他们最钟爱的罪犯。对他们中的某些人

来说，拿破仑和成吉思汗应该给予崇高荣誉。我解释说，我已竭力想对拿破仑公平些，但在我看来，他远逊于乔治·华盛顿、古斯塔夫·瓦萨、奥古斯都、汉漠拉比、林肯以及二十多个其他人，因篇幅有限，那些人也都只能用几段委屈一下。至于成吉思汗，我只承认他善于大肆杀人，我不愿意给他做什么宣传。

拓荒者

"这些都是可以的，"下一个批评者说，"但清教徒呢？美国最近刚刚庆祝了清教徒登陆美洲三百周年，他们应该占更多篇幅。"我的回答是，如果我写的是美国史，清教徒可以占有头十二章中的整整一半。但这是人类史。普利茅斯岩石上发生的事①，直到几个世纪后才成为有国际意义的事件。美国是由十三个殖民地建立的，而不是

——————————

① 清教徒乘坐"五月花"号，在普利茅斯岩石上登陆。

436

一个。美国历史上头二十年的杰出领袖，来自弗吉尼亚、宾西法尼亚、尼维斯岛①，而不是来自马萨诸塞。所以，清教徒就只能有一页文字、一张专门地图。

然后又来了史前专家。他们问我为什么没有用更多篇幅写杰出的克罗马农人②？他们一万年前，就发展出了高等文明。

的确，为什么呢？原因很简单。我不像某些最著名的人类学家那样，如此看好这些完美的早期民族。卢梭和十八世纪的哲学家创造了"高贵野蛮人"的形象，据说他们在太古之初，就生活在全然幸福的状态。现代科学家摈弃了我们的祖辈钟爱的"高贵野蛮人"，取而代之的是法国谷地"出色的野蛮人"，他们在三万五千年前，就终止了低级趣味的、卑劣的尼安德特人等日耳曼人的全面统治。这些科学家给我们看克罗马农人画的大象、做的雕塑，给他罩上了一圈光环。

我不是说他们错了，但我认为，我们对那一时期了解甚少，哪怕稍微准确地再现那个早期西欧社会都做不到。某些事我宁愿缄口不谈，也不愿信口开河。

还有别的批评家干脆指责我不公平。我为什么忽略了爱尔兰、保加利亚、暹罗，却扯进另外一些国家，比如荷兰、冰岛、瑞士？我的回答是，我没有扯进任何国家，它们主要是靠特定情境的力量自己挤进来的，我根本无法忽略它们。为了让大家明白我的意思，

---

① 尼维斯岛（Nevis）：在美属维尔京群岛，美国政治家汉密尔顿出生于此。
② 克罗马农人：在法国克罗马农发现的欧洲史前人类。

让我说一下我是以什么为依据，考虑是否把某内容写入本史书。

我只有一条原则，"某国或某人产生了某种新思想，或完成了一项创新，没有这些，整个人类历史就会不同"。这不是个人偏好问题，而是一个冷静得近于数学的判断问题。在历史上没有哪个民族比蒙古人的角色更多彩，但从成就或思想进步角度看，没有哪个民族对其他人类的价值更小。

亚述的提格拉－帕拉萨的一生，充满了戏剧性。但在我们看来，似乎他不存在也没有关系。同样地，荷兰共和国的历史之所以有趣，不是因为德·勒伊特的水手曾在泰晤士河里钓鱼，而是因为北海边这片面积不大的滩涂，给形形色色的人提供了好客的避难所，这些人对形形色色不受欢迎的题目，有形形色色的奇思妙想。

诚然，雅典或佛罗伦萨即便在其全盛时期，人口也只有堪萨斯城的十分之一。但如果地中海盆地上的这两座小城不曾存在，我们现在的文明就会迥然不同。而对堪萨斯这个密苏里河畔繁忙的大都市（我要对怀恩多特县的好居民们道歉了），就不能这么评价。

既然我的言论已经带有个人色彩，请允许我再说一个事实。

我们去看医生时，会事先了解一下他是外科大夫，还是诊断专家，是从事"顺势疗法"，还是"信仰疗法"，因为我们想知道他会从哪个角度看待我们的疾病。我们在选择历史学家时，也应像选择医生一样谨慎。我们以为"啊，历史就是历史"，就不再深究。但假如某作者是在苏格兰边疆地区一个严厉的长老会家庭里长大，而他的邻居从小就被拖去听罗伯特·英格索尔（一切启示论的敌人）演说，

438

那么，这两人对所有人类关系问题的看法，都会大相径庭。随着时间推移，两人会忘记自己接受的早期教育，再不去教堂或演讲厅。但在可塑性很强的早期年月里受的影响，会一直伴随他们。他们说话、做事，都无不显出这种影响。

在本书前言中我告诉过你，我不会是个永远正确的向导。现在我们已快到终点，我还要重申那个警告。我出生并接受教育的氛围，是达尔文以及十九世纪其他先驱者的科学发现之后出现的那种老派的自由主义氛围。我小时候醒着的很多时间，都跟我的一个舅舅一起度过。他收集了十六世纪法国伟大散文家蒙田的大量作品。我出生在鹿特丹，受教育的城市是豪达，所以我总会"遇到"伊拉斯谟。不知为什么，这位提倡宽容的伟大人物征服了我这个并不宽容的人。后来我发现了阿纳托尔·法朗士。我对英语的第一次体验，来自与萨克雷的《亨利·艾斯芒德》的邂逅，这个故事对我的影响，比任何英语书籍都更为深刻。

如果我出生在美国中西部的某个快乐城市，我大概会对童年时听到的赞美诗颇有好感。但我对音乐的最初记忆，来自我母亲一天下午带我去听巴赫的赋格曲。这位新教音乐大师的数学精确性，深深影响了我，我一听到祈祷集会上的赞美诗，都不能不感到深深的折磨、明确的苦痛。

如果我出生在意大利，沐浴过阿诺河快乐谷地的阳光，我大概会热爱很多绚丽灿烂的绘画。但我现在对这类绘画无动于衷，因为我最初的艺术印象来自这样一个国家，那里罕见的太阳近乎残忍地直射在泥泞大地上，把一切都置于强烈的明暗对比中。

我有意叙述这几个事实，以便你能了解这本历史书作者的个人倾向，可以理解他的视角。

征服西部

说完了这段短暂而必要的离题话，让我们回到本书写作之前五十年内的历史。这段时间里发生了很多事，但目前看来，具有重大意义的似乎很少。列强中大多数都不再只是政治机构，而成了大商业组织。它们修建铁路，开创并资助通往世界各地的汽船航线。它们用电报线把不同领土连接起来，它们稳步扩张着在其他大陆的领地。非洲或亚洲的每块现有领土，都有某个列强声称为自己所有。法国成了在阿尔及尔、马达加斯加、亚洲东部的安南、东京①获利的

---

① 东京：越南北部一地区的旧称。

殖民国家。德国占据着西南非洲、东非，在非洲西海岸的喀麦隆、新几内亚，在太平洋上的很多岛屿都建立了居民点，并迫不及待地以几个传教士被杀为借口，占领了中国黄海边的胶州。意大利在阿比西尼亚碰运气，被当地皇帝的士兵打得惨败，于是转而占领了北非的黎波里的土耳其领地，聊以自慰。俄国占领了整个西伯利亚，又从中国夺取了旅顺。日本在1895年的战争中打败中国，占领了台湾，1905年开始夺取整个大韩帝国。1883年，世界上有史以来最大的殖民帝国英国开始"保护"埃及。它"保护"得很有效，让几乎被遗忘的埃及获得了巨大的实际"好处"——自从1868年苏伊士运河开通以来，埃及就面临着外来入侵的危险。在此后三十年中，英国在世界各地打了很多殖民战争。1902争，它经过三年苦战，征服了布尔人的德兰士瓦共和国、奥兰治自由邦。同时，英国支持塞西尔·罗兹，为一个非洲大国奠定基础，它从好望角几乎一直延伸到尼罗河口，一路不忘了吞并还没有欧洲主人的岛屿或省份。

精明的比利时国王利奥波德，利用亨利·斯坦利的发现，1885年建立了刚果自由邦 ①。起初，这个庞大的热带帝国实行的是"绝对君主制"。但经过多年骇人听闻的野蛮管理后，它被比利时民众接管，比利时民众1908年使之成为殖民地②，终止了无耻至极的君主利奥波德一直纵容的可怕的权力滥用现象——这位君主只要能得到象牙、橡胶，就不管当地人死活。

---

① 刚果自由邦相当于比利时国王利奥波德的私人领地。
② 即比属刚果。

至于美国，它的土地已经够大，不想要更多的领土。但古巴恶劣的管理不善状况（这是西半球最后一块西班牙殖民地），迫使华盛顿政府采取行动。经过一段相当平淡的短暂战争后，西班牙人被赶出了古巴、波多黎各、菲律宾群岛，波多黎各和菲律宾成了美国殖民地。

世界的这种经济发展状况是自然而然的。英国、法国、德国的工厂越来越多，需要越来越多的原材料。同样，欧洲工人也越来越多，需要越来越多的食物。人们到处都在呼吁要更多更富有的市场，交通更方便的煤矿、铁矿、橡胶种植园、油田，更多的麦子与谷物。

一些人策划着维多利亚湖上的汽船航线，山东境内的铁路线。对这些人来说，欧洲大陆上的纯粹政治事件毫无意义。他们明白欧洲仍有很多问题亟待解决，但他们不在乎。他们的漠不关心、毫不在意，给子孙留下了仇恨和悲惨的可怕遗产。不知有多少个世纪了，欧洲东南一隅就起义、流血不断。十九世纪七十年代，塞尔维亚、保加利亚、黑山、罗马尼亚人，再一次奋力争取自由。土耳其人在西方列强的支持下竭力阻挠。

1876年保加利亚出现了残酷的大屠杀，俄国民众哗然。俄国政府被迫干预，正如麦金莱总统被迫去古巴，阻止韦勒将军在哈瓦那的射击队一样①。1877年4月，俄国军队渡过多瑙河，袭击石普卡隘口，占领了普列文，之后朝南进军，一直打到君士坦丁堡城下。土

---

① 西班牙1896年派韦勒将军（General Weyler）去镇压古巴。

442

耳其求助于英国，英国政府站在土耳其的苏丹一边。很多英国人谴责政府的这种行为，但英国首相迪斯雷利决定插手（他刚刚让维多利亚女王成了印度女皇，他喜欢奇装异服的土耳其人，仇恨俄国人，因为俄国人残酷对待其境内的犹太人）。俄国被迫签署了《圣斯特法诺条约》（1878年），同年六月和七月在柏林召开会议解决巴尔干问题。

这次著名的会议完全被迪斯雷利的性格所支配，甚至俾斯麦都害怕这位精明的老人——他的卷发油光可鉴，他极傲慢，却有一股玩世不恭的幽默感。他也特别擅长吹捧。在柏林，这位英国首相认真维护着土耳其朋友的命运。黑山、塞尔维亚、罗马尼亚被承认为独立王国。保加利亚公国取得了半独立地位，国家元首是巴滕堡的亚历山大公爵，他是沙皇亚历山大二世皇后的侄子。但这些国家都没能获得本应得到的发展实力、开发资源的机会。要是英国没有对苏丹的命运如此关切，它们是有这些机会的。对英帝国的安全来说，苏丹的领土很要紧，可以阻挡俄国的进一步扩张。

更糟糕的是，这次会议让奥地利从土耳其手里拿走了波斯尼亚、黑塞哥维那，作为哈布斯堡领地"进行管理"。奥地利诚然管理得不错，这些被忽略的省份管理得就像英国的模范殖民地，这可不容易。但那里住着很多塞尔维亚人。以前他们曾属于斯蒂芬·杜尚的大塞尔维亚帝国，杜尚在十四世纪早期保卫西欧，抵挡了土耳其人的入侵。他的都城在斯科普里，哥伦布发现西方新大陆之前的一百五十年，斯科普里是文明的中心。塞尔维亚人想起了自己曾经的辉煌。

谁不是如此呢？他们不希望奥地利人占据这两个省，因为他们觉得从任何传统权利的角度讲，这两个省都是他们的。

就在波斯尼亚首府萨拉热窝，1914年6月28日，奥地利王储斐迪南大公遇刺。刺客是一位塞尔维亚学生，其举动完全出于爱国动机。

这次可怕的灾难是世界大战的导火索，但并非唯一原因。对此，我们不该责怪那几乎丧失理智的塞尔维亚青年，或者他的奥地利受害者。必须追溯到著名的柏林会议时期，那时欧洲太忙于建设物质文明，没工夫关心古老巴尔干半岛的荒凉一角上，一个被遗忘民族的抱负与梦想。

63. 新 世 界

世界大战实际上是为建立更美好的新世界而斗争

导致法国大革命爆发的一群诚实热情的革命分子中，德·孔多塞侯爵是最高贵的人之一。他把一生都献给了穷人和不幸者的事业。达朗贝尔、狄德罗编撰著名的《百科全书》时，他是他们的助手。大革命的最初年月，他是国民公会中温和派的领袖。

国王与宫廷小集团的叛国，给了极端激进派以夺取政权、杀戮对手的机会，这时，孔多塞仍宽容、和善、恪守理性。这让他成了被怀疑的对象。他被宣布为"非法分子"，也就是逃犯，每个真正的爱国者都可以杀死他。他的朋友们不顾危险，提出把他藏起来。孔多塞拒绝接受他们这种舍己为人的做法。他逃走了，想逃回家里，在家里他也许是安全的。在野外过了三夜后，他遍体鳞伤，流着血，走进一家酒馆，要些东西吃。那些乡下人起了疑心，搜他的身，在他口袋里发观了拉丁诗人贺拉斯的集子。这说明此人出身高贵，不该出现在大路上，因为当时任何有教养的人都被视为法国大革命的敌人。他们抓住孔多塞，把他捆绑起来，塞住他的嘴，把他扔进了村拘留所。但早晨士兵来把他拖回巴黎砍头时，唉！他已经死了。

这个人献出了一切，却一无所获。他完全有理由对人类感到绝望。但他写下了几行字，在今天听起来与一百三十年前一样正确。为读者方便，在此我引述一下。

战争

"大自然没有给我们的希望划定界限，"他写道，"人类如今已经从枷锁下解放，正以坚定的步伐，大步迈进在真理、美德、幸福之路上。对哲学家而言，此情此景让他欣慰，虽然错误、罪行、不公仍玷污并困扰着这世界。"

我写作本书时，世界刚刚经历了一场剧痛，法国大革命与之相比就是小巫见大巫。其震动之巨大，熄灭了数百万人心中最后的一线希望之火。他们唱着进步之圣歌，而他们祈祷完和平之后，接踵而来的却是四年的屠杀。他们问道："为这些尚未超越最早穴居阶段的人而工作、操劳，值得吗？"

只有一个答案。

那就是:"值得!"

世界大战是一场浩劫,但它并非世界末日。相反,它带来了新的一天。

写希腊史、罗马史或中世纪史很容易,那被遗忘的舞台上露面的演员都早已辞世。我们可以冷静评判他们,为他们的功业而欢呼的人群已散去,我们的评论不可能伤及他们的感情。

但要想如实描绘当代事件却难得多。与我们同行的那些人心里想的问题,也是我们自己的问题。它们要么太伤害我们,要么太让我们高兴,使我们无法保持"公正",而如果你想写历史,而不是吹响宣传的号角,就必须"公正"。即便如此,我仍打算告诉你,当可怜的孔多塞说他坚信更美好的未来,我同意他的看法。

以前我常常警告你,使用我们所谓的历史分期时,要当心得到错误印象。这种分期把人类历史分成四部分:古代、中世纪、文艺复兴与宗教改革、现代。最后一个词最危险,"现代"暗示我们二十世纪的人处在人类成就的巅峰。五十年前,追随着格拉斯顿的英国自由派,觉得真正有代表性的民主政体问题,已经由第二个大改革法案解决,该法案给工人与雇主参与政府管理的同等权利。当迪斯雷利与他的保守派朋友说这是危险的"黑暗中一跃"时,自由派断然否认。他们对自己的事业满怀信心。他们相信从此以后,社会上所有阶级都会携手合作,让祖国的政府成功运转下去。那以后发生了许多事,让现在仍活着的几个自由派人士开始意识到自己错了。

任何历史问题,都没有明确答案。

每一代人都必须重新打这场恶仗，否则就要灭亡，就像史前很多行动迟缓的动物都灭绝了一样。

一旦掌握了这一伟大真理，你就会对人生有崭新的、更广阔的认识。然后，再朝前走一步，请设想你处在你的千百代曾孙的位置上，他们将取代你，出现在公元10000年。他们也会研究历史，但对我们以文字记录自己的行动和思想的这短短四千年，他们会怎么看？他们会觉得拿破仑跟亚述征服者提格拉－帕拉萨是同时代人，他们也许还会把拿破仑与成吉思汗、马其顿的亚历山大混淆起来。他们会把我们刚结束的世界大战，看成一种长期的商业冲突，就像罗马、迦太基为争夺地中海霸权而打了一百一十八年的那种冲突。对他们来说，十九世纪巴尔干的动荡（塞尔维亚、希腊、保加利亚、黑山为争取自由而斗争），仿佛是大迁徙导致的动荡局面的延续。他们看昨天刚被德国大炮轰塌的兰斯大教堂的照片，就好像我们看二百五十年前毁于土耳其与威尼斯之战的雅典卫城的照片一样。他们会把很多人都怀着的对死亡的恐惧，看成幼稚的迷信——对1692年仍在烧死女巫的人类来说，这种迷信也情有可原。即便是我们引以为傲的医院、实验室、手术室，看起来也只比炼金术士、中世纪外科医生的作坊稍好一点儿罢了。

之所以如此，原因很简单。我们这些现代人类，其实一点不"现代"。相反，我们仍属于最后几代穴居人。新时代的基础只是不久前才奠定。人类鼓起勇气质疑一切，让"知识与理解"成为建立更合理、更理性的人类社会的基础，这时，人类才获得了第一次成为真正文明人的机会。世界大战是这一新世界的"成长之痛"。

在未来很长时间里，很多人会撰写巨著，论证究竟是谁引发了世界大战。社会主义者会出版一卷卷的书，指控"资产阶级"为"商业利益"发动了战争。资产阶级则会反驳说，他们在战争中损失的比赚到的多得多；他们的孩子是第一批去打仗并战死疆场的；他们还会证明，各国银行家都竭力避免战争爆发。法国历史学家将历数德国的罪恶，从查理大帝时代起，一直到霍亨索伦家族的威廉时代。德国历史学家将还以颜色，历数法国的可怕罪行，也从查理大帝时代起，一直到普恩加莱总统。然后他们分别得意地宣布，是对方"导致了战争"。各国政治家（有的如今已去世，有的还在世）都枯坐在打字机前，解释他们如何竭力避免战争，他们邪恶的对手如何迫使自己卷入战争。

一百年后的历史学家则不可能理会这些辩护和托词，他会理解深层动因的实质。他会明白，个人的野心、邪恶和贪婪与战争的最终爆发关系甚微。要对所有这些苦难负责的最初错误是我们的科学家犯下的：他们开始创造一个由钢铁、化学、电构成的新世界，却忘记了人类的思维速度比寓言中的乌龟还要慢，比著名的树懒还要迟缓，常常比一小群激进的领袖落后一百到三百年。

一个穿着长礼服的祖鲁人，仍是祖鲁人。一条狗即使训练得能骑自行车、能抽烟斗，也依然是狗。一个有着十六世纪商人头脑的人，即使开着最新款的劳斯莱斯，也还是十六世纪的商人。

如果你起初还不明白，就请再读一遍，你就会明白的。这可以解释过去六年中的许多事。

也许我可以举一个大家更熟悉的例子，来说明我的意思。在电影院里，笑话以及可笑的言语，常常打在屏幕上①。下一次你有机会，请观察一下那些观众。有几个人似乎马上能心领神会，只用一秒钟就能读懂那些文字。有的人则迟钝一点，还有的人要用二十到三十秒钟。最后，那些能不读书就不读书的人们，直到观众中更聪明的人已经开始读下一段字幕了，才看懂上一段。我在下面就会告诉你，人类生活也是这个道理。

在前面的某一章我说过，罗马帝国的观念，在最后一任罗马皇帝死后，一直延续了一千年。它导致了大量"翻版帝国"的出现。它让罗马主教成了整个教会的领袖，因为他们代表罗马的世界霸权观念。它驱使大量本无恶意的蛮族酋长，终身作恶，不断厮杀，因为他们总处在"罗马"这个符咒的影响之下。所有这些人 —— 教皇、皇帝、普通士兵 —— 都跟你我差不多。但在他们生活的世界，罗马传统是一个重要因素，是活生生之物，是父辈、子孙辈都记忆犹新之物。于是他们为此而斗争、牺牲，而在今天，这一事业连十几个追随者都找不到。

在另外一章中我曾告诉你，第一次宗教改革后一个多世纪爆发了宗教大战。如果你把"三十年战争"那一章与关于"发明"的那一章对照一下，你会发现，那场令人发指的屠杀发生时，第一个蹩脚

---

① 当时是无声电影。

的蒸汽机已在法国、德国、英国科学家的几个实验室里突突冒烟了。但广大的世界对这些怪物不感兴趣，而是继续其神学大讨论，这种讨论在今天只会让人们打哈欠，而不是愤怒。

就是这么回事。从今天算起一千年后的历史学家，在谈论十九世纪末的欧洲时，也会这样分析。他会发现，当人们忙于轰轰烈烈的民族斗争时，他们周围的实验室里则满是一些严肃的人，他们对政治毫不关心，只想着能迫使大自然献出它千百万个秘密中的几个。

你逐渐就会明白我的意思。工程师和科学家们在三十年左右的时间里，就让欧洲、美洲、亚洲充斥着他们的巨大机器，还有他们的电报、飞行器和焦煤产品。他们创造了一个新世界，在这个世界里，时间和空间都变得不重要。他们发明了新产品，他们让这些产品便宜得几乎人人都买得起。我以前就谈过这个话题，但它完全值得重申。

要让越来越多的工厂都维持运转，工厂主（他们也成了世界的主人）就需要原材料与煤，尤其是煤。同时，绝大多数人仍然是十六、十七世纪的思维方式，固守着把国家看成王朝或政治组织的旧观念。中世纪的这个蹩脚体制（国家），突然被要求处理机械化的工业世界中极为现代的问题。国家按几个世纪前设定的游戏规则而努力。各国都创建了庞大的陆军、海军，在遥远的土地上攫取新地盘。只要还剩下一小块土地，那里就会出现一个英国、法国、德国、俄国殖民地。如果当地人反对，这些殖民者就杀掉他们。大多数情况下，当地人并不反抗。他们被允许平静地活着，只要他们不插手钻石矿、煤矿、油田、金矿、橡胶种植园的事务，他们还能从外国殖民者身上获益匪浅。

有时候，两个寻找原材料的国家，恰巧同时想要同一块地盘，这时双方就会爆发战争。十五年前就发生了这样的事，当时俄国和日本为争夺属于中国人的某些土地而开战。但这种冲突是例外情况。谁都不喜欢打仗。实际上，对二十世纪初的人来说，用陆军、战舰、潜水艇打仗的想法似乎很荒谬。他们总是把暴力同很久以前的绝对君主制和充满阴谋的王朝统治联系在一起。他们每天都在报上读到更多的发明，读到一群群英国、美国、德国科学家为了医学和天文学的进步，而毫无芥蒂地合作。他们生活在一个充斥着贸易、商业、工厂的繁忙时代。但只有少数人注意到，国家（就是一大群承认某些共同理想的人）的发展落后了几百年。这些先知先觉者想警告其余人，但那些人正忙于自己的事务。

我用了这么多比喻，抱歉我还要用一个。乘载着埃及人、希腊人、罗马人、威尼斯人以及十七世纪商人冒险家的"国家之舟"（这是人们喜爱的一种古老而常新的说法，总是很生动），是一条结实的船，用的材料是晒得特别干燥的木头，船上的长官们了解船员和船，知道祖先传给他们的航海术有很大局限。

然后，钢铁和机器的新时代到来，古老的国家之舟逐渐发生了变化。它个头变大了，帆船变成了汽船。生活区的条件改善了，但更多的人被迫下到锅炉舱里工作。他们工作安全，报酬不菲，但他们不喜欢，就像他们也不喜欢以前装配索具的危险活计。最后，这条古老的方帆木船，神不知鬼不觉地变成了现代海上客轮。但船长和大副、二副却没换，他们的任命或选举方法就跟一百年前一样，他们学的航海理论是十五世纪水手们用的那种，他们船舱中挂的地图和信号旗还是路易十四和腓特烈大帝时代的。简而言之，他们完全不能胜任（尽管这怪不得他们）这项工作。

国际政治这片"海"并不大。当这些帝国或殖民地客轮开始你追我赶时，必然会发生事故。事故的确发生了。如果你冒险渡过那片海域，你仍能看到沉船的残骸。

这个故事的主旨很简单。世界急需新的领袖。他们有自己的远见，因而有勇气。他们清楚意识到我们的航行刚刚开始，必须学习一套崭新的航海术。

他们不得不做多年的学徒，不得不跨越各种障碍，才能奋斗到最上层。当他们到达驾驶台时，一群嫉妒的船员可能会叛乱，杀死他们。但终有一天，有个人会站出来，把这条船安全地带入港湾。他会是时代的英雄。

64. 颠扑不破的真理

"我越是思考我们的人生问题，就越相信，我们应选择'反讽'与'怜悯'做我们的评论员与法官，就如古埃及人让女神伊西斯和奈芙蒂斯来评判死者一样。

"反讽与怜悯都是好帮手，前者的微笑让人生变得愉快，后者的泪水让人生变得神圣。

"我所提倡的反讽并非残忍之神。她并不嘲笑爱与美。她温文尔雅，她的笑让人放下戒备。是她教会我们嘲笑流氓与笨蛋，如果没有她，我们大概就会软弱起来，只能去鄙视、仇恨这些人。"

我就用一个非常伟大的法国人的这段至理名言，向你说再见吧。

纽约，巴罗街8号

1921年6月26日星期六

454

附录　图画年表

公元前50万年到公元1922年

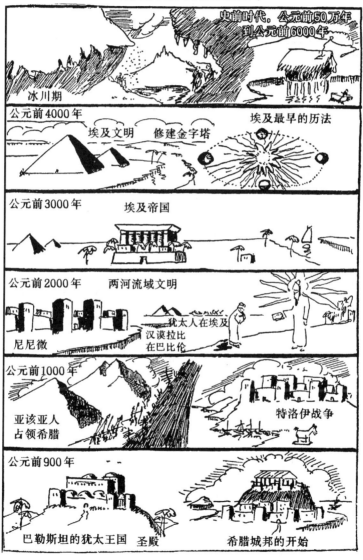

史前时代。公元前50万年到公元前6000年

冰川期

公元前4000年
埃及文明　修建金字塔
埃及最早的历法

公元前3000年
埃及帝国

公元前2000年
两河流域文明
尼尼微
犹太人在埃及
汉谟拉比在巴比伦

公元前1000年
亚该亚人占领希腊
特洛伊战争

公元前900年
巴勒斯坦的犹太王国　圣殿
希腊城邦的开始

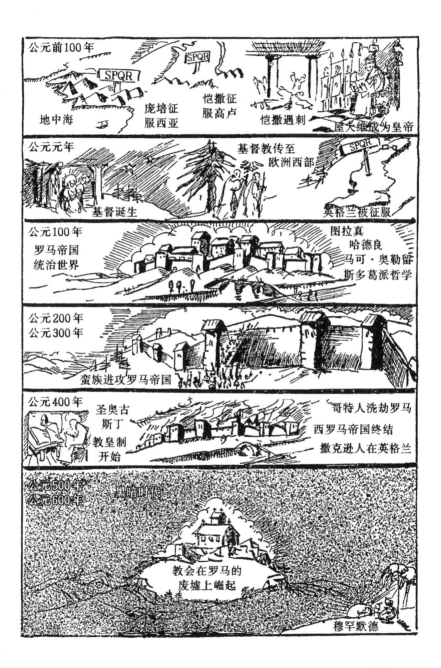

公元前100年
地中海　庞培征服西亚　恺撒征服高卢　恺撒遇刺　屋大维成为皇帝

公元元年
基督诞生　基督教传至欧洲西部　英格兰被征服

公元100年
罗马帝国统治世界　图拉真　哈德良　马可·奥勒留　斯多葛派哲学

公元200年
公元300年
蛮族进攻罗马帝国

公元400年
圣奥古斯丁　教皇制开始　哥特人洗劫罗马　西罗马帝国终结　撒克逊人在英格兰

公元500年
公元600年
黑暗时代　教会在罗马的废墟上崛起　穆罕默德

457

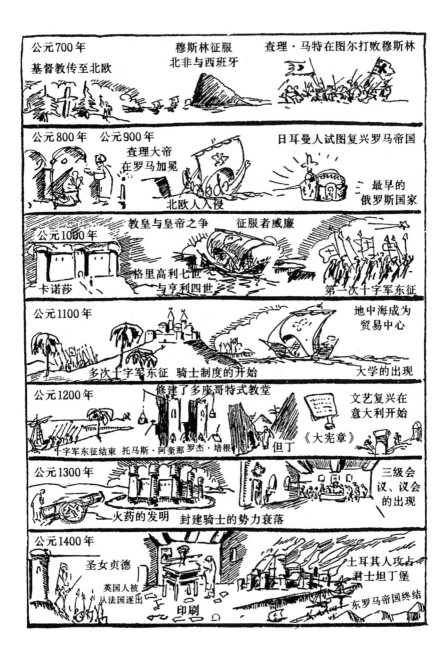

公元700年

基督教传至北欧

穆斯林征服
北非与西班牙

查理·马特在图尔打败穆斯林

公元800年　公元900年

查理大帝
在罗马加冕

北欧人入侵

日耳曼人试图复兴罗马帝国

最早的
俄罗斯国家

公元1000年

教皇与皇帝之争

格里高利七世
与亨利四世

卡诺莎

征服者威廉

第一次十字军东征

公元1100年

多次十字军东征　骑士制度的开始

地中海成为
贸易中心

大学的出现

公元1200年

修建了多座哥特式教堂

十字军东征结束　托马斯·阿奎那罗杰·培根　但丁　《大宪章》

文艺复兴在
意大利开始

公元1300年

火药的发明　封建骑士的势力衰落

三级会
议、议会
的出现

公元1400年

圣女贞德

英国人被
从法国逐出

印刷

土耳其人攻占
君士坦丁堡

东罗马帝国终结

458

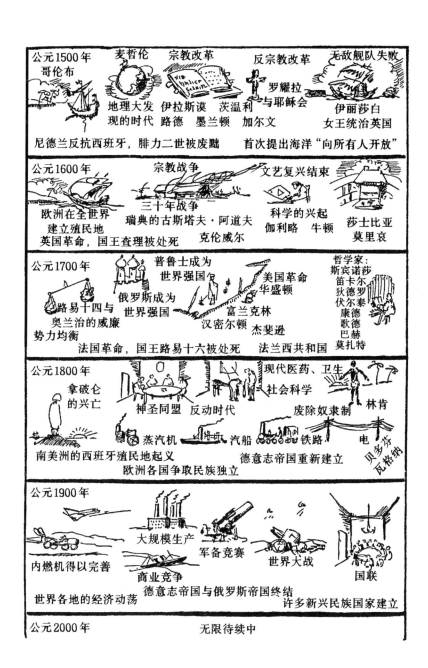

公元1500年
哥伦布
麦哲伦
宗教改革
反宗教改革
无敌舰队失败
地理大发现的时代
伊拉斯谟 茨温利
路德 墨兰顿
加尔文
罗耀拉与耶稣会
伊丽莎白女王统治英国

尼德兰反抗西班牙，腓力二世被废黜　首次提出海洋"向所有人开放"

公元1600年
欧洲在全世界建立殖民地
宗教战争
三十年战争
瑞典的古斯塔夫·阿道夫
克伦威尔
文艺复兴结束
科学的兴起
伽利略 牛顿
莎士比亚
莫里哀

英国革命，国王查理被处死

公元1700年
路易十四与奥兰治的威廉
势力均衡
普鲁士成为世界强国
俄罗斯成为世界强国
美国革命
华盛顿
富兰克林
汉密尔顿 杰斐逊
哲学家：
斯宾诺莎
笛卡尔
狄德罗
伏尔泰
康德
歌德
巴赫
莫扎特

法国革命，国王路易十六被处死　法兰西共和国

公元1800年
拿破仑的兴亡
神圣同盟 反动时代
蒸汽机 汽船 铁路
现代医药、卫生
社会科学
废除奴隶制
林肯
电
贝多芬
瓦格纳

南美洲的西班牙殖民地起义
欧洲各国争取民族独立
德意志帝国重新建立

公元1900年
内燃机得以完善
大规模生产
商业竞争
军备竞赛
世界大战
国联

世界各地的经济动荡　德意志帝国与俄罗斯帝国终结　许多新兴民族国家建立

公元2000年　无限待续中

全书终